CATALOGUE RAISONNÉ

DES PLANTES

COMPOSANT L'ÉCOLE BOTANIQUE DU JARDIN D'AVRANCHES

CATALOGUE RAISONNÉ DES PLANTES

COMPOSANT

L'ÉCOLE BOTANIQUE DU JARDIN D'AVRANCHES

Reconstitué entièrement en 1864.

Par

M. LÉON BESNOU

Ancien Pharmacien en Chef de la Marine au Port de Cherbourg, Chevalier de la Légion-d'Honneur, Officier d'Académie, Professeur de Chimie agricole, Lauréat et Membre titulaire et correspondant de plusieurs Académies françaises et étrangères et de l'Institut des Provinces.

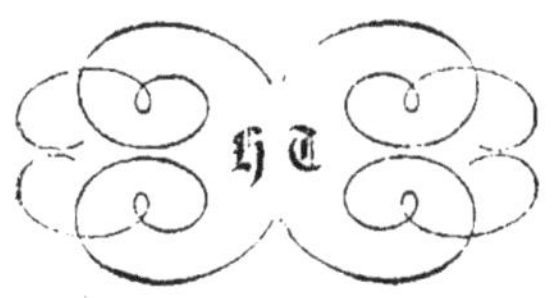

AVRANCHES

IMPRIMERIE TYPOG. ET LITHOG. DE Mme HENRI TRIBOUILLARD,

Rue des Fossés, 4 et 6.

INTRODUCTION

Avant de parler de la réorganisation entière que nous avons entreprise en 1864 au Jardin des Plantes de la ville d'Avranches et que nous complétons, bien tardivement, il est vrai, mais non par suite de notre négligence, en publiant ce catalogue, nous sommes heureux et il nous paraît utile de placer en tête de cette introduction l'historique succinct de cet établissement qui date de près de trois quarts de siècle et qui a eu, dès sa création, une véritable importance scientifique.

Le Jardin des Plantes d'Avranches fut fondé à la suite de la loi sur l'instruction publique décrétée par la Convention nationale.

Le citoyen Perrin, professeur d'histoire naturelle, fut chargé, sous l'administration de M. Tesnière de Bremesnil, de la partie matérielle de ce jardin qu'il commença et qu'il termina en l'an VII. C'est à lui que l'on doit la construction des murs et la disposition du vaste carré qui compose l'école botanique et qu'il divisa en 54 plates-bandes ou planches. Des raisons de santé l'ayant forcé de quitter ses fonctions, l'autorité appela à lui succéder le citoyen Le Chevalier qui continua le travail de son prédécesseur ; il dirigea la plantation et l'ordonnancement des plates-bandes avec le concours du citoyen Dubuisson, le jardinier titulaire de cette époque.

M. Le Chevalier, plein de jeunesse et d'ardeur, établit sans retard d'actives et sérieuses relations avec les écoles de Brest, de Caen, le Muséum de Paris, et aussi avec quelques amateurs passionnés de la botanique, entre autres avec M. Fréret, peintre distingué de Cherbourg, qui avait réuni dans son jardin particulier une riche collection de plantes étrangères et ornementales, nécessaires ou utiles à ses travaux.

Dès l'an VIII, l'école botanique d'Avranches comptait déjà *huit cents* espèces, tant en plantes de plein air et de serre, que péloriées ou modifiées par la culture.

En l'an X, ce chiffre s'était énormément accru, et il s'élevait à 2,357 espèces naturelles et doubles, ainsi qu'il résulte du catalogue qu'en dressa, en l'an X (1802), le savant professeur de l'école centrale.

A la hauteur des connaissances de l'époque, M. Le Chevalier adopta la méthode naturelle de Jussieu ; il commença sa classification par les Aroïdées, les Typhacées, les Cypéracées et les Graminées; il la termina par la grande famille des Amentacées, qui formèrent bientôt un magnifique rideau protecteur vers l'Ouest, tandis que, vers le Sud et l'Est, les autres familles étaient abritées des vents et encadrées par une belle charmille dont on ne saurait trop déplorer la perte. Joignons-y nos vifs regrets de la disparition des beaux et épais ombrages que nous ont donnés dans notre jeunesse les ormes séculaires qui couvraient la place aujourd'hui si nue et si désolée du champ de foire.

De cet encadrement, à la fois si utile et si ornemental, du Jardin des Plantes, il ne reste plus comme un souvenir amer de sa splendeur passée qu'une Yeuse, maltraitée par la foudre, il y a quatre ans, et habilement restaurée, le Houx des îles Baléares et le Cèdre du Liban, qui ferait envie aux plus beaux jardins publics de France.

Nous avons, en plus, conservé dans les quatre carrés, quoique n'y étant plus à leur place, un Magnolia à grandes fleurs, une Bruyère en arbre des îles d'Hyères, un Erable de Montpellier et un Laurier Sassafras, de la plus extrême rareté, s'il n'est unique en France par sa taille qui atteint au moins 15 à 16 mètres.

Dans la plantation vers la mer se trouvent un superbe Alizier de Fontainebleau, un Micocoulier à rameaux fort pittoresques et un Planera greffé sur orme, qui date de plus de 70 ans ; leurs cymes énormes donnent un ombrage épais qu'utilisent et qu'apprécient fort nos visiteurs pendant les chaleurs de l'été.

Peu à peu les richesses botaniques, accumulées par M. Le Chevalier, se sont évanouies. Aussi, lorsqu'en 1864, mon excellent ami et condisciple, M. Victor Sanson, maire actuel, m'a prié de reconstituer cette école, il ne restait à peu près rien. Quelques anciennes plantes des plus vigoureuses s'étaient fait la part du lion, et, en s'emparant de l'espace par reproduction soit par semis, soit par développement souterrain, elles sont venues nous créer de sérieux embarras pour les arracher, les détruire et en empêcher la réapparition.

Par convenance pour le droit d'auteur en quelque façon et plus encore comme un témoignage de notre respectueuse estime pour le créateur de ce jardin, M. Le Chevalier, nous aurions tenu à conserver l'ordre adopté par ce savant : cela nous eût évité bien des difficultés et du travail; mais, avec la marche de la science, cela n'était plus possible. Il a donc fallu, à notre bien vif regret, y renoncer, et choisir entre les diverses classifications suivies par les différents auteurs. Notre sympathie était acquise à celle de M. de Candolle; mais, comme il n'existe pas d'ouvrages élémentaires et d'un prix modique comprenant les plantes du globe classées d'après cette méthode, nous avons adopté celle de M. Brogniart. acceptée par Adrien de Jussieu : c'est celle du Jardin des Plantes de Paris. Nous y avons été surtout décidé parce qu'elle est suivie dans la *Flore des jardins et des champs*, de MM. Le Maout et Decaisne, ouvrage excellent, très-méthodique, d'un prix modique et mis à la portée de tout le monde.

Avant de repeupler l'école, afin d'obvier à la monotonie et à la trop grande régularité des plates-bandes et aussi pour flatter l'œil et satisfaire les goûts des amateurs et du public qui veut surtout jouir, nous avons cru à propos de sacrifier dans chaque carré quelques bouts des planches et réparer ainsi la perte de l'ancien et regrettable encadrement dont nous avons parlé. Nous avons alors créé quelques corbeilles de formes variées, plantées d'arbustes à feuillages et à fleurs de bon goût et d'ornement.

Dans les pelouses verdoyantes de l'Est et du Sud ont été espacés çà et là quelques belles Amentacées et Conifères remarquables, tels que Sequoia, Cephalotaxus, Salisburia, Abies Pinsapo, et Quercus ballota et suber, etc., etc.

L'école s'est trouvée par cela même un peu rétrécie; mais quoiqu'elle ne renferme aujourd'hui que 830 genres et 2,100 espèces au moins, la collectiou est plus riche que celle de l'an X. En effet, on n'y voit plus figurer les plantes, doubles ou pélorlées, ni celles panachées ou modifiées d'autre façon par la culture et l'art.

Au lieu des riches et nombreux conservatoires tempérés ou chauffés de M. Dubuisson, il n'existe plus qu'une serre de la pire espèce où l'on ne peut préserver des rigueurs du froid et des pluies d'hiver que des végétaux peu impressionnables. Dans l'école ne figurent donc par suite que les genres et espèces dits de pleine terre, et ce n'est qu'en très-petit nombre que sont représentées les plantes étrangères dont la connaissance intéresse réellement au point de vue de l'étude et de leur utilité alimentaire ou médicale.

Pour pouvoir entretenir à leurs places respectives nos plantes aquatiques les plus belles et les plus importantes, nous avons fait un marécage factice où se disputent en un bien petit espace, il est vrai, les Typhas, les Scirpes, quelques Graminées, les Nénuphars, Hippurides, Sagittaires, Fluteau Butôme et Potamots, etc., etc. On y voit supporter nos hivers l'Aponogeton à double épi que les botanistes parisiens disent ne résister que difficilement au climat de Montpellier.

Sur le rocher poussent à l'envi des plantes des murs et des falaises : le Ceterach, l'Epervière amplexicaule, quelques Arabis, la Valériane rouge, le Sedum des rochers, les divers Capillaires, le Violier, etc., etc.

Notre classification comprend quelques acotylédones vasculaires que ne renferme pas le catalogue ou mieux la liste de M. Le Chevalier. La famille des Fougères y est représentée par presque toutes les espèces de notre pays ; elles sont à la fois nombreuses et de végétation luxuriante. Nous y apportons chaque année quelques Equisétacées et Lycopodiacées du pays; mais il est impossible d'y conserver les Cryptogames cellulaires, telles que Mousses, Lichens, Champignons, Algues.

L'étiquetage de M. Le Chevalier laissait beaucoup à désirer; en effet, c'était, une simple ardoise avec un numéro qui le plus souvent était sali ou détruit par la boue que les pluies ou le travail des jardiniers y faisaient adhérer.

La liste, imprimée d'autre part, ne donnait que le nom latin et sa traduction française. Le nom du parrain de la plante ou du classificateur n'y figurait même pas; c'était là une lacune très-fâcheuse à laquelle nous avons dû remédier. Pour cela, nous avons adopté un système d'étiquettes avec plaque en zinc, peinte au blanc de zinc, portée sur des supports en fer carré de 75 centimètres à un mètre de haut, selon qu'elles sont destinées aux espèces, aux familles ou aux classes. Les premières sont vertes, les secondes rouges et celles des classes, blanches. Quelle que soit l'intensité des pluies, elles ne peuvent être maculées ou détruites; leur durée est proportionnée à la loyauté du peintre et au soin du conservateur.

Afin d'éviter toute espèce de critique, malgré la position tout indépendante dont nous jouissions, nous avons jugé convenable de mettre chaque modèle d'étiquettes sous les yeux du conseil municipal, qui les a adoptées, séance tenante, avec acclamation et unanimité. Les étiquettes pour les classes sont les plus grandes; elles sont blanches. Elles donnent l'explication des termes scientifiques et techniques qui leur sont propres. Sur celles de seconde grandeur qui sont rouges et destinées aux familles, se trouve inscrite la correspondance avec les diverses méthodes artificielle ou naturelles de Linnée, Tournefort, Jussieu, Lamark et de Candolle, A. Richard, Ventenat, Robert Brown et autres classificateurs.

Les troisièmes, peintes en vert, qui figurent devant chaque espèce, présentent toutes les indications utiles à connaître et à classer dans la mémoire, soit pour les botanistes sérieux, soit pour les gens du monde; c'est un abrégé de ce qu'il y a d'important à retenir. En effet, on y trouve les noms latins avec celui du classificateur, les noms français, les synonymes latins avec les noms des auteurs, les noms vulgaires, sous lesquels l'espèce est connue en France et surtout dans notre pays. Puis viennent les renseignements sur la durée de la plante, l'époque de sa floraison; les stations qu'elle préfère, sa patrie, son degré d'abondance ou de rareté dans notre pays; ses usages dans l'économie domestique, l'agriculture, la médecine, l'industrie; ses qualités suspectes et vénéneuses, puis enfin son emploi comme ornement.

Afin de réveiller l'intérêt de la population et exciter ses encouragements en faveur d'une création à la disparition de laquelle nous assistons avec bien de la peine depuis plusieurs années, qu'il nous soit permis de citer ici deux alinéas extraits d'une publication faite en 1868 par l'un de nos savants les plus distingués de France, M. Charles Martins, directeur du beau jardin botanique de Montpellier, intitulés : *Les Jardins botaniques de l'Angleterre comparés avec ceux de la France* (1).

« Les jardins botaniques sont les laboratoires de la science des végétaux. Ils réunissent dans un espace limité les plantes des diverses régions du globe dont le climat est analogue à celui du jardin lui-même, et qui peuvent, par conséquent, y vivre en plein air. Le botaniste les range méthodiquement en genres, familles, ordres et classes. L'ensemble de ces végétaux ainsi coordonnés constitue ce que l'on nomme une école botanique. »

Comme on le voit, c'est une sorte d'école de géographie botanique et de climatologie.

Plus loin, à propos des squares, des pépinières et des jardins de multiplication de la ville de Paris, à Passy, comparé au Jardin des Plantes de cette ville, on lit :

---

(1) Ce jardin est le plus ancien de France ; il fut créé en 1596 par Richer de Belleval, étudiant en médecine, à Montpellier, né à Châlons-sur-Saône d'une famille de Picardie.

« On ne saurait qu'applaudir à ce luxe intelligent et de voir le public initié à des jouissances qui, autrefois, étaient le privilége exclusif des riches ; mais n'est-il pas à regretter que l'horticulture soit si bien traitée quand la botanique l'est si mal ; c'est une fille qui vit dans l'opulence, tandis que sa mère languit dans la misère. Il semble que toute idée scientifique a été soigneusement bannie de ces splendides jardins. Jamais les plantes ne sont groupées selon leurs affinités ou le pays dont elles sont originaires ; jamais on n'y découvre une étiquette qui indique le nom, la famille naturelle, les usages économiques ou industriels, la patrie de la plante, l'époque où elle fut introduite. »

Puis, M. Martins se plaint de n'avoir qu'une allocation de 12,500 francs pour son école, qui ne contient que 2,800 espèces, tant de pleine terre que d'orangerie. La nôtre en renferme au moins 2,100, et chaque année l'on s'efforce d'y élever quelques espèces rares que l'on a fait venir ou que l'on a découvertes dans le pays en y plaçant une étiquette provisoire.

Notre intention avait été de compléter notre travail par un herbier. Mais, pour cela, il nous fallait un concours et une collaboration que l'on nous a refusés. Notre âge et d'autres motifs faciles à comprendre, qu'un sentiment de convenance nous a fait taire jusqu'ici, ne nous laissaient pas assez de liberté pour nous livrer seul à la partie essentiellement matérielle et manuelle de ce travail. C'eût été un complément, sinon nécessaire, pour le moins de première utilité pour les conservateurs à venir, ainsi qu'on en pourra juger par la citation suivante, due au savant illustre précité.

« Un herbier et des collections sont le complément d'un jardin botanique. L'herbier reçoit les échantillons des végétaux à mesure qu'ils fleurissent et fructifient dans le jardin, et le botaniste peut analyser sur le sec la plupart des organes essentiels qui servent à caractériser et à classer une espèce.

« Pour déterminer une plante, c'est-à-dire trouver son nom, et lui assigner sa place dans la série végétale, il est nécessaire de la comparer avec les figures et les descriptions qui en ont été faites ; *aussi le nombre des ouvrages à consulter est-il fort considérable.* »

D'où il découle tout naturellement que, si pour un botaniste instruit un herbier est si utile, que sera-ce, dans les localités où tel directeur et tel conservateur auront disparu, et où l'entretien et la classification de l'école seront remis et confiés aux soins d'un jardinier adonné simplement à la culture et à la tenue d'un jardin ordinaire, quelque soigné et quelque riche qu'il soit en plantes d'ornement, de pleine terre ou de serre. Jamais le nombre n'y atteint, dans notre pays, une cinquantaine d'espèces.

Puissent ces vérités, un peu sévères peut-être, faire songer à l'avenir et faire porter un remède prompt et énergique. Les meilleures santés, les dispositions les plus sympathiques peuvent s'user ou se modifier.

Notre catalogue, qui n'est en quelque sorte que le classement du jardin et la reproduction de l'étiquetage de l'école, donne ces indications avec plus de développement. On y a ajouté l'étymologie du nom des Genres. Ce sera un guide suffisant pour les commençants, pour les gens de la campagne, MM. les instituteurs et les gens du monde; voire même un *aide-mémoire* et un *vade mecum* pour les botanistes qui se livrent aux herborisations.

Il ne nous reste plus, avant de terminer, qu'à adresser nos sentiments de gratitude aux personnes qui ont bien voulu concourir à former notre collection. Signalons la générosité de MM. Thierry, conservateur du magnifique Jardin public de Caen, Martins, professeur de la Faculté de médecine de Montpellier, Blanchard, conservateur du Jardin des Plantes de l'École de médecine navale de Brest, Hamel, notre horticulteur aussi habile qu'il est justement apprécié, Le Marchand et Baubigny, conservateur du Jardin qui, pendant les premières années, nous a secondé avec zèle et intérêt. Aussi le conseil municipal lui a-t-il, sur notre demande, accordé une augmentation de traitement qui devrait surexciter son activité et son dévouement à la partie utile de notre Jardin, si connu par son admirable situation et apprécié aussi depuis sa réorganisation.

Cet acte de nos édiles n'est pas le seul témoignage d'estime dont nous ayons à les remercier et puissions nous honorer. Ils ont tenu à compléter leur œuvre en votant une subvention suffisante pour la publication de ce catalogue, à laquelle la Société d'Archéologie, des Sciences et Arts a aussi voulu s'associer par une allocation fort sérieuse pour son budget. Nous n'avons pas les mêmes obligations à remplir envers les deux sociétés locales qui, par leurs études et le but qu'elles se proposent auraient dû, ce nous semble, être les premières à stimuler notre ardeur.

Rappelons aussi la bienveillance que, dans son journal, M. Henri Tribouillard nous a montrée et que nous a conservée, avec le même désintéressement, sa gracieuse compagne, en facilitant, par une concession qui les honore, l'impression de ce catalogue raisonné dont l'exécution typographique était loin d'être facile dans une petite ville de province.

Puissent nos efforts, puisse le fruit de ces recherches et

travaux de longue durée et de courses nombreuses et fatigantes être convenablement appréciés, et nos autorités et fonctionnaires, à quelque degré que ce soit, tenir la main à sa conservation, à son entretien, et surtout à la bonne tenue de cette école.

Qu'il nous soit permis d'espérer qu'en retour et comme récompense à la fois flatteuse et légitime de notre dévouement plus que gratuit, il nous sera donné de voir quelques jeunes élèves de nos écoles, pensionnats et collége, tirer profit de cette création faite surtout pour eux et dont il reconnaîtront plus tard l'utilité réelle, surtout ceux qui se destineront aux carrières scientifiques, telles que la médecine, la pharmacie, les écoles forestières et agricoles, et l'instruction publique elle-même.

Toute modeste qu'elle paraît, cette école est collectionnée de manière à former des botanistes de valeur et à les rendre capables d'entreprendre des recherches locales ou lointaines, avec autant de fruit et de succès que s'ils avaient consacré une même durée de travail dans des jardins bien plus riches par le nombre des espèces, mais non par les renseignements susceptibles de simplifier et d'accélérer leurs études.

L. B.

PRINCIPALES CORRECTIONS A FAIRE

Page.	Ligne.	
35	5	Au lieu de **Erythaea**, lisez **Erythræa**.
44	25	A intercaler avant le genre **Nolana**. Fam. **Nolanées** *Endl.* — **Nolanaceæ**. (Nom tiré du genre *Nolana*).
		Pentandrie *L.* **Campaniformes ou Infundibuliformes** *Tourn.* ; cette petite famille a été placée tour à tour dans les Hypophyllées ou les Borraginées.
53	18	Au lieu de Lign., lisez Bisannuel.
53	22	Au lieu de Lign., lisez Vivace.
66	25	Avant Print., ajoutez Vivace.
66	31	Inscrire G. **VERBENA** *L.* — *VERVEINE* (Nom tiré de *Ferfaen*, nom celtique de la plante).
67	16	Au lieu de FLAGRANS, lisez FRAGRANS.
68	15	Au lieu de **Tétandrie**, lisez **Tétrandrie**.
73	35	Après Lign., ajoutez Printemps.
93		Avant la famille des **MÉSEMBRYANTHÉMÉES**, inscrire la sous-classe Dicotylédones polypétales périgynes pleurosporées. — *Ovaire adhérent ou libre. Placentation pariétale.* Graine pourvue d'un albumen.
99		Le genre **Punica-Grenadier** a été laissé dans les **Myrtacées**, au lieu d'en former la petite famille des **Granatées** qui présente si peu de différence qu'elle n'en a pas été séparée par la plupart des auteurs.
140	25	Au lieu de **Glaucie**, lisez **Glaucière**.
143	9	Après le G. **Hesperis**, ajouter (de Εσπερα soir, à cause du parfum qu'elle répand le soir).
160	3	Le genre **Tetragonia**, inscrit à la famille des **Portulacées**, est classé, par quelques auteurs, dans celle des **Chénopodées**, au lieu d'en faire une petite famille qui se rattache par la plupart des caractères à l'une et l'autre de ces familles, et dont les **Tétragoniées** ne diffèrent que par une organisation bien peu saillante et fort difficile à saisir. L'analogie avec les **Chénopodées** me

CATALOGUE RAISONNÉ

DES

PLANTES COMPOSANT L'ÉCOLE BOTANIQUE

DU JARDIN D'AVRANCHES

RECONSTITUÉ ENTIÈREMENT EN 1864

PAR

M. LÉON BESNOU

ANCIEN PHARMACIEN EN CHEF DE LA MARINE AU PORT DE CHERBOURG
CHEVALIER DE LA LÉGION-D'HONNEUR
LAURÉAT ET MEMBRE TITULAIRE ET CORRESPONDANT DE PLUSIEURS
ACADÉMIES FRANÇAISES ET ÉTRANGÈRES ET DE L'INSTITUT DES PROVINCES

Ier EMBRANCHEMENT.

PLANTES PHANÉROGAMES OU COTYLÉDONÉES.

Organes reproducteurs visibles et constitués par des Etamines et un Pistil. Plantule à radicule et gemmule distinctes et apparentes.

1re CLASSE.

PHANÉROGAMES DICOTYLÉDONÉES.

Plantule à deux cotylédons opposés ou à plusieurs cotylédons verticillés. Tige à faisceaux fibro-vasculaires formant un cylindre autour d'une moëlle centrale. Accroissement par couches concentriques.

1re SOUS-CLASSE.

Dicotylédones monopétales périgynes.

Corolle insérée au haut du tube formant le calice. Ovaire adhérent au calice.

COMPOSÉES. *COMPOSITÆ.* Vent.

Fleurs réunies en capitules. (*Synanthérées* Rich.) Etamines réunies ou soudées par les anthères. (*Syngénésie* L.)

(*Semi-Flosculeuses, Flosculeuses* et *Radiées* Tourn.)

1re *Tribu.* CHICORACÉES. Juss.

(Semi-flosculeuses ou fleurs en ligule.) (du genre *Cichorium* T.)

G. **Hieracium** *L.* — **Epervière.**

(ιεραξ, épervier, herbe à l'épervier; suivant une croyance populaire, les oiseaux de proie se servent du suc de ces plantes pour se fortifier la vue).

H. UMBELLATUM L. — *E. EN OMBELLE.* Viv. Eté. Bois, coteaux, buissons. C. Indigène.

Cette espèce varie beaucoup dans son port et son inflorescence selon les stations et la nature du sol où elle se trouve ; aussi M. Boreau, dans sa nouvelle *Flore du Centre,* en fait-il un grand nombre d'espèces sur la légitimité desquelles la science n'a pas dit son dernier mot.

H. TRIDENTATUM Fries. — *E. TRIDENTÉE (H. lævigatum* Willd.) Viv. Bois, lieux couverts. TR. Indigène.

H. SYLVATICUM Lamk. — *E. DES BOIS. (H. vulgatum* Fries.—*argillaceum* Jord?) Viv. Eté. Lisières des bois. R. Indigène.

H. MURORUM L. — *E. DES MURS.* Viv. Print. Murs, talus des Fossés. AR. Indigène. (Cette espèce est au moins très-rare, si elle n'est inconnue dans le nord du département, tandis qu'elle abonde ici sur le bord de nos chemins).

H. AMPLEXICAULE L. — *E. AMPLEXICAULE.* Viv. Eté. Rochers, lieux pierreux. Midi, Centre. Naturalisée sur nos murs et sur les débris de rocher près le Couvent.

H. AURICULA L. — *E. AURICULE* (*H. Lactucella* Wallr. — *H. dubium* Willd. —non L.) *(Grande Oreille de Rat).* Viv. Print., Eté. Bords des chemins, pelouses humides. R. Indigène.

H. PILOSELLA L. — *E. PILOSELLE.* (*Oreille de Souris, de Rat, Veluette*). Viv. Print., Eté. Coteaux arides, murs, bords des chemins, pelouses. C. Indigène.

Les plantes de ce genre, peu importantes au point de vue agricole, sont peu recherchées des bestiaux, surtout à l'état sec.

G. **Mulgedium** *Cass.* — **Mulgédie.**

(*Mulgere*, traire, c.-à-d. plante à suc laiteux).

M. ALPINUM Less. — *M. DES ALPES.* (*Sonchus* L.) Viv. Eté. Hautes montagnes. Alpes. Très-bon fourrage.

G. **Andryala** *L.* — **Andryale.**

(Ἀνηρ, homme ; αλη, erreur ; c.-à-d. genre à espèces difficiles à distinguer).

A. RAGUSINA L. — *A. DE RAGUSE.* (*A. lyrata* Pourr). Viv. Eté. Lieux stériles ; Midi, Corse.

G. **Crepis** *L.* — **Crépide.**

(κρηπις, pantoufflle ; allusion à la forme du fruit).

C. POLYMORPHA Wallr. — *C. VARIABLE.* (*C. virens* Will.— *stricta et diffusa* DC.) Ann. Print. Prés. champs, murs. TC. Indigène. Offre plus. variétés.

C. BIENNIS L. — *C. BISANNUELLE.* (*Chicorée d'hiver, Fuselée biennale*). Bisann. Print. Prés humides. TR. Indigène.

C. TARAXACIFOLIA Thuil.— *C. A FEUILLES DE PISSENLIT.* (*Barkausia taraxacifolia* DC. — *Crepis tectorum* Vill. et non L.) Bisann. Print. Champs, prairies, bords des chemins. C. Indigène.

Ces espèces sont d'excellents fourrages méritant d'être cultivés à l'égal de la Chicorée. Elles croissent vite et procurent plusieurs coupes.

G. **Chondrilla** *T.* — **Chondrille**

(Χονδρος, Grumeau ; allusion à l'involucre farineux).

C. JUNCEA L. — *C. EFFILÉE.* Bisann. Eté. Champs sablonneux, lieux pierreux, TR. Haute Normandie. Indigène. Ardevon, Huynes.

G. **Taraxacum** *Juss.* — **Pissenlit**.

(ταφαχη, trouble ; ακεομαι, guérir, c.-à-d. plante calmante).

T. DENS-LEONIS Desf.— *P. DENT DE LION* (*Leontodon*

Taraxacom L.) (*Chopine, Cochet, Couronne de Moine, Laitue de Chien, Salade de Taupe, Liondent*). Viv. Toute l'année et partout. TC. Indigène. Excell. fourr. — Aliment. et médic. Dépurat. amère.

T. PALUSTRE DC. — *P. DES MARAIS.* (*Leontodon palustre* Sm. — *Hedypnois paludosa* Scop.) Viv. Print. Prés humides. R. Indigène. Rac. et feuill. aliment.

Les pissenlits mériteraient comme fourrages une culture spéciale.

G. **Lactuca** *L.* — **Laitue.**

(*Lac*, lait, c.-à-d. plante à suc laiteux).

L. MURALIS Frés. — *L. DES MURS.* (*Prenanthes* L. — *Chondrilla* Lamk. — *Phœnixopus* Koch.) Ann. Murs, chemins ombragés. AC. Indigène. Recherchée par les bestiaux.

L. SATIVA L. — *L. CULTIVÉE.* Ann. Eté. Patrie inconnue. Hémisph. septentr., la Baltique. Aliment. et médic.

L. SCARIOLA L. — *L. SCARIOLE.* (*L. sylvestris* Lamk.) Bisann. Eté. Lieux arides, murs. TR. Haute Normandie. Indig.

L. VIROSA L. — *L. VIREUSE.* (*Laitue sauvage, papavéracée*). Bisann. Eté. Lieux incultes, murs. TR. Indigène. Murs de Coutances, Haute-Normandie. Médic. narcotique. Nuisible aux bestiaux.

L. PERENNIS L. — *L. VIVACE.* Viv. Eté. Moissons calcaires. Haute-Normandie. TR. Indigène. Fourrage.

G. **Sonchus** *L.* — **Laitron.**

(Σογχος, nom grec du Laitron).

S. LÆVIS Will. — *L. LISSE.* (*L. oleraceus* L. part. — *ciliatus* Lamk.) (*Luceron, Liarge, Vaisseron, Lait d'Âne, Laitue de Lièvre, Palais de Lièvre, Laitue de muraille.*) Ann. Eté. Décombres, lieux cultiv. TC. Indigène.

S. ASPER Will. — *L. RUDE.* (*S. spinosus* Lamk. — *oleraceus* L. part.) Ann. Eté. Décombres, lieux cultivés. C. Indig.

Les jeunes feuilles et les racines sont mangées en salade dans quelques pays ; en outre ce sont d'excellents fourrages.

G. **Picris** *Juss.* — **Picride**).

(πικρος, amer, c.-à-d. plante à suc amer).

P. HIERACIOIDES L. — *P. VIPÉRINE.* Bisann. Print., Eté. Lieux incultes, pierreux. Midi. R. Indig.

G. **Picridium** *Desf.* — **Picridie.**

(Diminutif de *Picris*, amer.)

P. VULGARE Desf. — *P. COMMUNE.* (*Scorzonera picrioides* L. — *Sonchus picrioides* Lamk.) (*Terra Crepola*). Ann. Eté. Rég. méditerr. Aliment.

G. **Helminthia** *Juss.* — **Helminthie.**

(ελμινς, ver ; c.-à-d. fruit strié transversalement et aplati comme un ver).

H. ECHIOIDES Gærtn. — *H. VIPÉRINE.* (*Picris* L.) Ann. Eté. Champs, chemins calcaires et du littoral. AC. Indigène.

G. **Scorzonera** *L.* — **Scorzonère.**

(*Scorza nera* en patois, écorce noire, ou de l'Espagnol *Scurzo*, nom d'un serpent venimeux contre la morsure duquel l'espèce est, dit-on, efficace).

S. HISPANICA L. — *S. D'ESPAGNE.* (*Salsifis noir*). Viv. Bisann. Eté. Midi-Espagne. Aliment. Dans le Midi on la consomme sous le nom de Salsifis.

S. PLANTAGINEA Bor. — *S. PLANTAIN.* (*S. humilis* L.) (*Scorzonère d'Allemagne, de Bohême*). Viv. Print. Prés, Bois marécag. AC. Rac. aliment. très-recherchée par les porcs.

G. **Tragopogon** *Tourn.* — **Salsifix.**

(τραγος, bouc ; πωγων, barbe, c.-à-d. poils de l'aigrette figurant une barbe de bouc).

T. PORRIFOLIUS L. — *S. A FEUIL. DE POIREAU.* (*Salsifis blanc, Barbelon, Sersifix*). Bisann. Eté. Midi. Indigène? Aliment,

T. DALECHAMPII L. — *S. VERTICILLÉ.* (*Tragopogon verticillatum* Lamk. — *Urospermum Dalechampii* Desf.) Viv. Eté. Rég. méditerranéenne.

T. ORIENTALIS L. — *S. D'ORIENT.* Bisann. Print., Eté. Talus, prés. R. Indigène?

G. **Leontodon** *L.* — **Lion-dent.**

(λεων, Lion ; οδονς, dent, c.-à-d. feuilles découpées figurant les dents de Lion).

L. AUTUMNALE L. — *L. D'AUTOMNE.* (*Apargia* Willd. — *Oporinia* Don.) Viv. Eté. Prés, lieux incultes, coteaux maritimes. AC. Indigène.

L. TUBEROSUM L. — *L. TUBÉREUX.* (*Thrincia* DC.) Viv. Eté. Italie, Midi, Méditerran.

L. HIRTUM L. — *L. HÉRISSÉ.* (*Thrincia* Roth). Viv. Eté. Sables maritimes. TC. Indigène.

Ces espèces sont considérées comme d'excellents fourrages.

G. **Seriola** *Lois.* — **Sériole.**

(Diminutif de Σεριϛ, sorte de Chicorée).

S. ÆTHNENSIS L. — *S. DE L'ETNA.* Ann. Eté. Lieux secs, montagnes, Corse, Midi.

G. **Hypochœris** *L.* — **Porcelle.**

(υπο, pour ; Χοιρος, pourceau ; c.-à-d. servant de pâture aux pourceaux).

H. RADICATA L. — *P. ENRACINÉE.* Viv. Print., Eté. Prés, bords des chemins. TC. Indigène.

H. GLABRA L. — *P. GLABRE.* Ann. Print., Eté. Coteaux maritimes. R. Indigène.

G. **Cichorium** *Tourn.* — **Chicorée.**

(Κιχορα, nom grec de la Chicorée.)

C. INTYBUS L. — *C. SAUVAGE.* (*Cheveux de paysan, Ecobuette*). Viv. Eté. Bords des chemins et des champs, surtout de la rég. maritim. AR. Indigène. Pl. amère et aliment.

C. ENDIVIA L. — Willd. — *C. ENDIVE.* Ann. Eté. Indes-Orientales. 1548. Aliment.

Cette espèce offre trois variétés : les *C. frisée, petite Endive* et *Scarole.*

G. **Drepania** *Juss.* — **Drépanie.**

(δρεπανος, faux ; c.-à-d. fol. de l'invol. recourbé en faucille à la maturité.)

D. BARBATA Desf. — *D. BARBUE.* (*Tolpis* Adans. — *Crepis* L.) Ann. Eté. Canaries. 1610. Natural. dans le Midi.

G. **Catananche** Vent. — **Cupidone.**

(καταναγκη, contrainte fatale, c.-à-d. herbe qui force à aimer; employée par les anciens dans leurs filtres amoureux).

C. CŒRULEA L. — *C. BLEUE.* Viv. Print., Eté. Midi. Ornement.

G. **Hyoseris** L. — **Hyoséride**.

(υς, truie ; Σερις, Chicorée, c.-à-d. Chicorée des truies).

H. HEDYPNOIS L. — *H. DORMEUSE*. (*Hedypnoïs polymorpha* DC. — *Hyoseris* et *Hedypnoïs Rhagadioloïdes* L. — *Hedypnoïs monspeliensis*, *mauritanica* Willd. — *Globulifera* Lamk.) Ann. Eté. Rég. méditerran. Excellent fourrage.

H. RADIATA L. — *H. RAYONNANTE*. (*Leontodon radiatum* Lamk.) Viv. Print. Midi. Corse.

H. LUCIDA L. — *H. LUISANTE*. Viv. Print., Eté, Grèce.

Ces deux dernières espèces mériteraient d'être introduites comme fourrages printaniers.

G. **Lapsana** *L.* — **Lampsane**.

(Altération de λαπαζω, amollir, c.-à-d. herbe émolliente),

L. COMMUNIS L. — *L. COMMUNE*. (*Lampsana* Lamk.) (*Grageline*, *Gras de mouton*, *Poule grasse*, *Saune blanche*, *Herbe aux mamelles*). Ann. Eté. Murs, décombres, lieux cultivés. TC. Indigène.

L. STELLATA L. — *L. ÉTOILÉE*. (*L. Rhagadiolus* L. — *Rhagadiolus stellatus* Gærtn.) Ann. Eté. Midi, Provence.

G. **zacyntha** *Tourn.* — **Zacynthe**.

(Ζακυνθα, Zacynthe, île de la Mer Ionnienne où abonde cette plante).

Z. VERRUCOSA Gærtn. — *Z. VERRUCUEUSE*. (*Lapsana Zacyntha* L.) Ann. Eté. Méditerran., Grèce, Barbarie. 1633. Pl. pittoresque.

G. **Scolymus** *Tourn.* — **Scolyme**.

(Σκολυμος, nom d'un Chardon à racine comestible).

S. HISPANICUS L. — *S. D'ESPAGNE*. (*S. congestus* Lamk. — *Myscolus microcephalus* Cass.) (*Epine jaune*). Bisann. Eté. Midi, Espagne.

2° *Tribu*. CARDUACÉES. (Flosculeuses). (Du G. *Carduus* L.)

G. **Serratula** *L.* — **Sarrète**.

(*Serra*, scie ; allusion aux feuilles dentées en scie).

S. CYNAROIDES DC. — *S. A FEUILLES D'ARTICHAUT*. (*Stemmacantha* Cass. — *Rhaponticum* Less. — *Cnicus* L. — *Cni-*

cus Cynara Lamk. — *inermis* Willd. — Viv. Eté. Midi de l'Europe, Pyrénées, Espagne. 1640. Ornement.

S. TINCTORIA L. — *S. DES TEINTURIERS.* (*Carduus* Scop.) Viv. Bois ombragés, la Nafrée. TR. Indigène. Rac. tinctoriale.

S. HETEROPHYLLA Desf. — *S. HÉTÉROPHYLLE.* Viv. Eté, Montagn., Dauphiné, Hautes-Alpes.

G. **Jurinea** Cass. — **Jurinée.**

(Dédié à L. Jurine, professeur de médecine à Genève. 1751).

J. ALATA Cass. — *JURINÉE AILÉE.* (*Serratula* Willd.) Bisann. Eté. Sibérie, Caucase. Ornement.

G. **Lappa** *Tourn.* — **Bardane.**

(λαμβανειν, pendre ; allusion au fruit hérissé de pointes accrochantes).

L. PUBENS Bor. — *B. PUBESCENTE.* (*Arctium* Babingt.) (*Glouteron*, *Gloutonnier*, *Grâteau*, *Grippon*, *Bouillon noir*, *Herbe aux teigneux*, *Lappe*, *Napolier*, *Oreille de géant*, *Peignerolle*, *Poire de vallée*). Bisann. Eté. Décombres, bords des chemins. C. Indigène. Rac. sudorif. et dépurat. Plante à détruire.

G. **Chamæpeuce** *DC.* — **Chamæpeuce.**

(Χαμαι, à terre ; Πευκη, pin ; allusion à l'involuc. en forme de petite tête de pin).

C. DIACANTHA DC. — *C. A DEUX ÉPINES.* (*Cirsium* L.) Bisann. Eté. Syrie, Mont-Liban. 1800. Ornement.

G. **Cirsium** *Tourn.* — **Cirse.**

(Κιρσιον, nom d'un Chardon employé pour guérir les varices, κιρσος.)

C. ACAULE All. — *C. NAIN.* (*C. Allioni* Spenn. — *Carduus* L.) Viv. Eté. Pelouses, coteaux maritimes. A. R. Indigène.

C. ARVENSE Lamk. — *C. DES CHAMPS.* (*Carduus* Curt. — *Serratula* L.) (*Chardon hémorrhoïdal*). Viv. Eté. Champs incult., chemins. TC. Indigène.

C. ANGLICUM DC. — *C. D'ANGLETERRE.* (*Carduus pratensis* Huds). Viv. Print., Eté. Prés et bois marécageux. AC. Indigène. Plante à détruire.

C. ERIOPHORUM Scop. — *C. LAINEUX.* (*Carduus* L.) (*Chardon nid-d'oiseau*). Bisann. Coteaux maritimes et champs calcaires. TR. Indigène. Très-recherchée, dit-on, des animaux ?

G. **Carduus** *L. Gærtn.* — **Chardon**.

(Nom donné par les latins au chardon et à l'artichaut).

C. NUTANS L. — *C. PENCHÉ.* Bisann. Print., Eté. Chemins, lieux pierreux et sablonneux du littoral. AC. Indigène.

C. CRISPUS L. — *C. CRÊPU.* Bisann. Print., Eté. Lieux incultes des terrains calcaires. R. Indigène.

C. SYRIACUS L. — *C. DE SYRIE.* (*Notobasis* Cass. — *Cnicus* Willd.) Bisann. Eté. Corse, Syrie. 1771.

G. **Cynara** *Vent.* — **Artichaut.**

(Κιναρα, nom grec de l'artichaut).

C. SCOLYMUS L. — *A. COMMUM.* Viv. Eté. Europe méridion. Feuilles et involucre aliment. 1548.

C. CARDUNCELLUS L. — *A. CARDON.* (*Carde, Cardonnette*). Viv. Eté. Midi, Centre. Feuill. aliment.

Les feuilles blanchies de ces deux espèces sont mangées sous le nom de Cardes.

G. **Onopordon** *L.* — **Onoporde.**

(Ονος, περδον, pet d'âne, nom populaire de la plante).

O. ACANTHIUM L. — *O. ACANTHE.* (*Pédane*). Bisann. Eté. Chemins et champs du littoral. R. Indigène. Pl. pittoresque, à détruire.

O. ILLYRICUM L. — *O. D'ILLYRIE.* (*O. elongatum* Lamk. — *ambiguum* Frésen.) (*Onoporde allongé*). Bisann. Midi, Illyrie. Pl. pittoresque.

G. **Silybum** *Vent.* — **Silybe.**

(Σιλλυϐον, sorte de chardon à feuilles maculées de blanc).

S. MARIANUM Gærtn. — *S. CHARDON-MARIE.* (*S. maculatum* Mœnch. — *Carduus Marianus* L. — *Carthamus maculatus* Lamk.) (*Chardon Notre-Dame, Lait de Sainte-Marie, de Notre-Dame, Artichaut sauvage, Chardon argenté, Epine blanche*). Bisann. Eté. Chemins du littoral, Saint-Jean-le-Thomas, etc. TR. Indigène. Plante pittoresque.

G. **Carthamus** *L.* — **Carthame.**

(*Kartam*, teinture, nom de l'espèce principale).

C. TINCTORIUS L. — *C. DES TEINTURIERS* (*Safranum. Safran bâtard*). Viv. Eté. Orient. **1551.** Sert à frelater le safran. Fr. Purgatif.

C. LANATUS L. — *C. LAINEUX.* (*Kentrophyllum* DC.) Ann. Eté. Lieux stériles du littoral, terr. calc. R. Indigène. Rac. médic., sudorifique.

G. **Centaurea** *L.* — **Centaurée.**

(Κενταυρειος, herbe du centaure Chiron, qui en découvrit les propriétés).

C. BENEDICTA L. — *C. BÉNITE.* (*Cnicus* L.) (*Chardon bénit*). Ann. Eté. Champs cultivés. Midi. Rac. sudorifique.

C. SPLENDENS L.— *C. BRILLANTE.* (*C. leucolepis* Déc.) Viv. Eté. Italie, Naples. 1596. Ornement.

C. CROCODYLIUM L.— *C. DES CROCODILES.* (*Centaurée à feuilles de vulnéraire*). Ann. Eté. Syrie. 1777. Ornement.

C. SCABIOSA L.—*C. SCABIEUSE.* (*Jacea Scabïosa* Lamk.) Viv. Eté. Champs du littoral. R. Indigène.

C. CYANUS L. — *C. BLEUET.* (*Cyanus vulgaris* Cass. — *Jacea segetum* Lamk.) (*Aubifoin, Aubiton, Aubitou, Barbeau, Bavéole, Blavelle, Blaverolle, Blavette, Bluvette, Bouffa, Carconille, Casse-lunettes, Pérole, Chevalot, Fleur de Zacharie*). Ann. Moissons, surtout sur le littoral. TC. Indigène. Ornem.

C. CALCITRAPA L. — *C. CHAUSSE-TRAPE* (*Calcitrapa stellata* Cass.) (*Chardon étoilé*). Bisann. Eté. Chemins et lieux incultes, surtout du littoral. AR. Indigène.

C. MONTANA L. — *C. DES MONTAGNES.* (*Jacea alata* Lamk.) (*Grand bluet de montagne*). Viv. Eté. Montagnes, Midi. Ornement.

C. ARGENTEA L. — *C. ARGENTÉE.* Viv. Eté. Grèce.

C. NIGRA L. — *C. NOIRE.* (*C. nigrescens* Auct. — *Rhaponticum ciliatum* Willd.) (*Tétards, Hane*). Viv. Eté. Prés, Coteaux, chemins. TC. Indigène.

Cette espèce a été démembrée en plusieurs autres encore en litige.

C. AMERICANA Nutt. — *C. D'AMÉRIQUE.* (*C. Nuttalïi* Sprengel. — *Plectocephalus* D. Don.) Ann. Eté. automne. Amérique. 1824. Ornement.

C. AMBERBOÏ Lamk. — *C. ODORANTE.* (*C. moschata* L. Var. — *suaveolens* Willd. — *Amberboa odorata* DC.) (*Ambrette jaune*). Ann. Eté. Orient. 1683. Ornement.

C. MACROCEPHALA Mus. Ruis.— *C. A GROSSE TÊTE.* Viv. Eté. Espagne et Portugal. 1805. Ornement.

Les centaurées ont des tiges trop ligneuses pour être recherchées des bestiaux. Il serait avantageux de les détruire dans nos prairies.

G. **Xeranthemum** *Tourn.* — **Xéranthème.**

(ξηρος, sec ; ανθος, fleur ; allusion aux écailles scarieuses de l'involucre).

X. RADIATUM Lamk. — *X. RAYONNANT.* (*X. annuum* Jacq.) Ann. Eté. Champs arides, Midi, Provence. 1570.

G. **Carlina** *Tourn.* — **Carline.**

(*Carolus*, Charles; nom de Charlemagne ou de Charles-Quint, dont l'armée fut guérie, dit-on, de la peste par cette plante).

C. VULGARIS L. — *C. VULGAIRE.* Bisann. Eté. Lieux arides, du littoral surtout, mielles. AC. Indigène. Tonique ?

G. **Echinops.** *L.* — **Echinope.**

(εχινος, hérisson ; οψις, figure ; c.-à-d. fleurs en boule comme un hérisson).

E. SPHÆROCEPHALUS L. — *E. A TÊTE RONDE.* (*E. multiflorus* Lamk.—*villosus*, *Altaicus* et *giganteus* Hortul.) Viv. Eté. Lieux incultes. Haute Normandie. Autriche. Ornement. 1596.

E. RITRO L.— *E. RITRO.* (*E. pauciflorus* Lamk.) (*Boulette azurée*). Viv. Eté. Lieux arides, routes, Midi. 1570. Ornement.

3e *Tribu.* RADIÉES. Tourn. — CORYMBIFÈRES. Juss.

(Du mode d'inflorescence et de la forme de la fleur).

G. **Gazania** *Gœrtn.* — **Gazanie.**

(Dédié à Th. de Gaza, prêtre romain. 1393-1478).

G. PAVONIA R. Br. — *G. QUEUE DE PAON.* (*Gorteria* Andréz.) Viv. Eté. Cap. Ornement. 1804.

G. **Calendula** *Neck.* — **Souci.**

(*Kalendæ*, calendes ; c.-à-d. fleur fleurissant tous les mois).

C. OFFICINALIS L. — *S. OFFICINAL.* Ann. Eté. Cultiv. Midi. Pl. amère. Bon fourrage.

C. ARVENSIS L. — *S. DES CHAMPS.* (*Petit souci, Souci des vignes, fleur de tous les mois, Gauchefer*). Ann. Eté. Champs du littoral. TR. Indigène. Pl. amère. Bon fourrage.

G. **Senecio.** *L.* — **Seneçon.**

(*Senex*, vieillard ; allusion aux aigrettes figurant des cheveux blancs).

S. SYLVATICUS L. — *S. DES BOIS.* Ann. Eté. Bois secs, coteaux. AC. Indigène.

S. AQUATICUS Huds. — *S. AQUATIQUE*. Bisann. Eté. Lieux humides. TR. Indigène.

S. ERRATICUS Bert. — *S. DIVARIQUÉ*. (*S. barbareæfolius* Krock.) Bisann. Eté. Fossés et marécages du littoral. TR. Indigène.

S. ÉRUCÆFOLIUS L. — *S. A FEUIL. DE ROQUETTE*. Viv. Eté. Prés humides calcaires. R. Indigène.

S. JACOBÆA L.— *S. JACOBÉE*. (*Herbe St-Jacques, Fleur de St-Jacques, Herbe de Jacob, Fleur dorée, Herbe dorée, Jonc à moucher*). Viv. Eté. Prés, haies, chemins. TC. Indigène.

S. SPATHULÆFOLIUS DC.— *S. A FEUIL. SPATULÉES*. (*S. campestris* Bab. — *Cineraria spatulæfolia* Gm. — *integrifolia* Wither.) Viv. Print. Bois, lieux ombragés. TR. Indigèn.

Ces espèces indigènes sont rejetées par les bestiaux, même quand elles sont jeunes. Elles sont à détruire.

S. DORIA L. — *S. DORIA*. Viv. Eté. Midi. Ornement.

S. SARRACENICUS L. — *S. DES SARRASINS*. Viv. Eté. Bois des montagnes. Midi.

S. CINERARIA DC. — *S. CINÉRAIRE*. (*Cineraria maritima* L.) Viv. Eté. Rochers maritimes, Provence, Midi. Ornement.

S. CRUENTUS DC. — *S. SANGLANT*. (*Cineraria cruenta* L'hérit. — *aurita* Andréz.) Viv. Eté. Ténériffe. Ornem. 1777.

G. **Cacalia** *DC*. — **Cacalie.**

(Κακαλια, nom donné par Dioscoride à diverses plantes).

C. ALPINA DC. — *C. DES ALPES*. (*Adenostyles glabra* DC. — *Cacalia glabra* Vill. —*viridis* Cassini.—*alliariæfolia* Lamk.) Viv. Eté. Hautes montagnes, Alpes. Mauvais fourrage.

C. SUAVEOLENS L. — *C. ODORANTE*. Viv. Eté. Virginie. 1752. Ornement.

G. **Doronicum** *L*. — **Doronic.**

(*Doronidge*, nom arabe de l'espèce principale).

D. PARDALIANCHES.— *D. MORT AUX PANTHÈRES*. Viv. Print. Bois. TR. Indigène ? Bois de Marcey.

G. **Arnica** *L*. — **Arnique.**

(Altération de Ptarmica, Πταρμικος, qui fait éternuer. Allusion aux propriétés de ses feuilles et de ses fleurs).

A. MONTANA L. — *A. DES MONTAGNES*. (*Doronicum montanum* Lamk. — *D. Arnica* Desf.) (*Bétoine des montagnes*, *des Vosges, d'Allemagne, Plantain des Alpes, des Vosges, Panacée des chûtes, Tabac des montagnes, des Vosges, des Savoyards*). Viv. Eté. Pâturages des montagnes. Médicam. très-préconisé. dans le Midi contre les chûtes, etc., etc.

G. **Emilia** *Cass.* — **Emilie**.

(Dédié par Cassini à une personne inconnue).

E. SAGITTATA DC. — *E. A FEUILLES SAGITTÉES*. (*Cacalia coccinea* Curt.— *sonchifolia* Hortul.) Ann. Eté. Indes Orientales. Offre deux variétés très-jolies : *sagittata* et *aurantiaca*. Ornement. 1823.

C. SONCHIFOLIA DC. — *E. A FEUIL. DE LAITRON*. Ann. Eté. Indes Orientales. 1768. Ornement.

G. **Carpesium** *L.* — **Carpésie**.

(Καρπησιον, nom grec d'une plante inconnue).

C. CERNUUM L. — *C. PENCHÉE*. Viv. Eté. Lieux humides, ombragés. Alsace, Dauphiné, Roussillon, Suisse. 1739.

G. **Ammobium** *R. Br.* — **Ammobie**.

(αμμος, sable, βιος, vie ; c.-à-dire vivant dans les sables).

A. ALATUM R. Br. — *A. AILÉE*. (*A. spathulatum* Ch. Gaud.) Ann. Eté. Australie. 1822. Ornement.

G. **Gnaphalium** *L.* — **Gnaphale**.

(γναφαλον, bourre ; c.-à-d. plante cotonneuse).

G. LUTEO-ALBUM L. — *G. JAUNATRE*. Ann. Eté. Lieux sablonneux un peu humides. AR. Indigène.

G. FÆTIDUM L. — *G. FÉTIDE*. (*Helicrysum* Cass.) Ann. Eté. Cap. Natural. sur les côtes de France. 1692.

G. MARGARITACEUM L. — *G. PERLÉE*. (*Antennaria* R. Br.— *Helichrysum* Mœnch.) (*Immortelle blanche*). Viv. Eté. Amér. boréal. Ornement.

G. GALLICUM Huds. — *G. DE FRANCE*. (*Filago* L. — *F. Filiformis* Lamk. — *Logfia subulata* Cass. — *Gallica* Coss. et Germ.) Ann. Eté. Coteaux secs, incultes. TR. Indigène.

G. GERMANICUM Willd. — *G. D'ALLEMAGNE*. (*Filago Germanica* L. — *vulgaris* Lamk. — *canescens* Jord.) (*Herbe à coton, Cotonnière*). Ann. Eté. Murs, talus, lisièresdes chemins. C. Indigène.

G. MINIMUM Sm. — *G. NAINE.* (*Filago montana* L. — *Gnaphalium montanum* Huds.) Ann. Eté. Coteaux arides, lieux pierreux. PC. Indigène.

G. SYLVATICUM L. — *G. DES BOIS.* (*G. rectum* Sm.) Viv. Eté. Bois. TR. Indigène. Briquebec.

G. **Tanacetum** *L.* — **Tanaisie.**

(ακεομαι, je guéris ; allusion aux propriétés médicales de l'espèce principale).

T. VULGARE L. — *T. COMMUNE.* (*T. præcox* Hortul.) (*Herbe à vers, Barbotine, Larmise, Remise, Tanacée).* Viv. Eté. Haies, bords des chemins. AR. Indig. Amère, tonique, vermifuge, — convient aux moutons, qu'elle pourrait guérir du *Tournis*, occasionné par le *Tœnia* hydatigène. Pl. à propager.

La variété *crispum* possède les mêmes propiétés.

T. BALSAMITA L.— *T. BALSAMITE.* (*Pyrethrum Tanacetum* DC. — *Chrysanthemum Tanacetum* DC. — *Balsamita vulgaris* Willd. —*suaveolens* Frés.) (*Menthe-coq, grand Baume*). Viv. Eté. Midi.

Cette plante, qui jouit à la fois de l'amertume de l'absinthe et de la saveur de l'anis, ne serait-elle pas la base de l'absinthe de nos liquoristes? Pl. à propager comme la Tanaisie ordinaire.

G. **Artemisia** *L.* — **Armoise.**

(Αρτεμις, Diane ; c.-à-d. herbe des vierges. Allusion aux propriétés médicales des espèces principales.)

A. VULGARIS L. — *A. COMMUNE* (*Herbe St-Jean, à cent goûts, Couronne de St-Jean, Ceinture de St-Jean, Fleur de St-Jean, Remise).* Viv. Eté. Lieux incultes, talus des fossés. C. Indigène. Tonique, emménagogue.

A. ABSINTHIUM L. — *A. ABSINTHE.* (*Absinthium vulgare* Gærtn.) (*Aluyne, Alvine, Armoise amère, Absinthe suisse, Grande Absinthe*). Viv. Eté. Chemins du littoral. AR. Indigène. Amère, tonique.

A. MARITIMA L. — *A MARITIME.* (*Seriphidium* Bess.) (*Sanguenite*). Viv. Eté. Bord des rivières. TR. Indigène, vermifug.

A. DRACUNCULUS L. — *A. ESTRAGON.* (*Dracunculus hortensis* Blackw.) Viv. Eté. Sibérie. 1548. Pl. Condiment., antisorbut.

A. ABROTANUM L. — *A. AURONE.* (*Citronnelle, Aurône mâle, Garde-robe*). Lign. Eté. Collines sèches. Midi. Italie. 1548. Pl. aromat.

G. **Dimorphotheca** *Vent.* — **Dimorphothéque.**

(δις, deux ; μορφη, forme ; θηκη, capsule ; c.-à-d. fruit de deux formes).

D. PLUVIALIS Mœnch. — *D. DES PLUIES.* (*Calendula pluvialis* L. — *hybrida* Sweet.) Ann. Eté. Cap. Ornem. 1679.

G. **Podolepis** *Labill.* — **Podolépide.**

(πους, pied ; λεπις, écaille ; c.-à-d. écailles de l'involucre pédicellées).

P. GRACILIS Grah. — *P. GRÊLE.* (*Stylolepis* Lehm.) Ann. Eté. Australie. 1832. Ornement.

G. **Chrysanthemum** *L.* — **Chrysanthème.**

(Χρυσος, or ; Ανθημα, bouquet ; c.-à-d. fleurs dorées).

C. SEGETUM L. — *C. DES MOISSONS.* (*Matricaria* Lamk.) (*Marguerite dorée, Mullu.*) Ann. Eté. Champs cultiv., du littoral surtout. C. Indigène. Ornement.

C. LEUCANTHEMUM L. — *C. LEUCANTHÈME.* (*Matricaria Leucanthemum* Desv. — *Leucanthemum vulgare* Lamk.) (*Grande Paquerette, Amorauque, grande Marguerite, Marguerite des champs, grand Œil de bœuf, Herbe aux abeilles, Pâquette, Pétro.*) Viv. Eté. Prés, pelouses, champs. TC. Indigène. Pl. à détruire.

C. PARTHENIUM Pers. — *C. MATRICAIRE.* (*Pyrethrum* Sm. — *Matricaria* L. — *Matricaria odorata* Lamk. — *Leucanthemum* Gr. et Godr.) Viv. Eté. Décombres AR. Perse. 1804. Naturalisée. Pl. aromatique, amère, tonique.

C. CORONARIUM L. — *C. COURONNÉ.* (*Pinardia* Less. — *Glebionis* Cass.) (*Chrysanthème des jardins*). Ann. Eté. Provence. Corse. Très-belle plante d'ornement,

C. VISCOSUM Desf.—C. *VISQUEUX.* (*Heranthemis hirta* Hort.) Ann. Eté. Espagne 1820. Ornement.

C. CARINATUM Willd. — *C. TRICOLORE.* Ann. Eté. Afrique, Maroc. 1796. Très-belle plante d'ornement par les riches variétés de couleur qu'elle donne.

C. MYCONIS L. — *C. DE MYCON.* (*Pyrethrum* Mœnch.) Ann. Eté. Rég. Méditerr. Ornement.

C. BALSAMITA L.— *C. BALSAMITE* (*Pyrethrum* Willd.) Viv. Eté. Orient. 1779. Médic. et Ornement.

G. **Santolina** *Tourn.* — **Santoline.**

(Altération de *Sanctolina*, c.-à-d. plante sainte à cause de ses propriétés).

S. CHAMÆCYPARISSUS L. — *S. CYPRÈS.* (*Aurône femelle*). Lign. Eté. Coteaux calcaires. Midi, Corse. Pl. toniq., vermifuge.

G. **Diotis** *Desf.* — **Diotis.**

(δις, deux ; ωτιον, oreillette ; allusion aux deux oreillettes du tube de la corolle).

D. CANDIDISSIMA Desf. — *D. COTONNEUSE.* (*D. maritima* Cass. — *Athanasia maritima* L. — *Othanthus maritimus* Link. et Hoffm. — *Santolina maritima* Sm. — *tomentosa* Lamk. — *Filago maritima* L.) (*Immortelle maritime, Herbe blanche*). Viv. Eté. Mielles et graviers maritimes. R. Indigène.

G. **Achillea** *L.* — **Achillée.**

(Nom d'une plante médic. dont Achille, dit-on, découvrit les propriétés).

A. MILLEFOLIUM L. — *A. MILLEFEUILLE.* (*Herbe au charpentier, à la coupure, aux voituriers, St-Jean, militaire, Saigne-nez, Sourcil de Vénus*). Viv. Eté. Lieux incultes, prés, chemins. TC. Indigène. Excellent fourrage à propager. Pl. amère, aromatique, tonique, emménagogue.

A. PTARMICA L. — *A. STERNUTATOIRE.* (*Ptarmica vulgaris* Blackw.) (*Herbe à éternuer, Bouton d'argent, Ptarmique, Lin sauvage, Herbe Sarrasine*). Viv. Eté. Prés, bords des chemins. R. Indigène. Pl. médic. Nuisible à la qualité des foins.

A. MACROPHYLLA L. — *A. A GRANDES FEUILLES.* (*Ptarmica* DC.) Viv. Eté. Montagnes, Alpes. Ornement

A. AGERATUM L. — *A. AGGLOMÉRÉE.* (*A. viscosa* Lamk.) (*Eupatoire de Mésué*). Viv. Eté. Midi. Pl. vulnéraire.

G. **Anthemis** *L.* — **Camomille.**

(Ανθεμις, nom grec d'une Camomille.)

A. NOBILIS L. — *C. NOBLE.* (*A. odorata* Lamk. — *Chamomilla* Gr. et Godr. — *Ormenis* Gay.) (*Camomille romaine*). Viv. Eté. Coteaux, landes, bruyères. AC. Pl. éminemment aromatique et tonique.

A. COTULA L. — *A. FÉTIDE.* (*A. fœtida* Lamk. — *Maruta Cotula* DC. — *Chamæmelum Cotula* Allioni). (*Maroute*). Ann. Eté. Champs, chemins. C. Indigène.

A. PYRETHRUM L. — *C. PYRÈTHRE.* (*Anacyclus* DC.) Viv. Eté. Barbarie, Syrie. 1570. Rac. médic., salivaire.

A. AUREA DC. — *C. DORÉE.* (*Anacyclus aureus* L. — *Marcelia* Cass.) Viv. Eté. Levant. 1570. Cult. ornement.

A. TINCTORIA L.— *C. DES TEINTURIERS* (*Cota* Gay.) (*Camomille jaune, œil de bœuf*). Viv. Eté. Midi. Pl. vulnéraire, tinctoriale.

G. **Madia** *Don.* — **Madi.**

(*Madi*, nom chilien de l'espèce principale).

M. SATIVA Molin. — *M. CULTIVÉ.* (*M. viscosa.* — *mellosa* Willd.) Ann. Eté. Chili. 1794. Pl. aliment. et oléagin.

M. ELEGANS Don. — *M. ÉLÉGANT* (*Madaria* DC.) Ann. Eté. Chili. 1831. Ornement.

G. **Helenium** *L.* — **Hélénie.**

(Ελενιον, nom grec de l'Aunée, adapté à un autre genre).

H. AUTUMNALE L. — *H. D'AUTOMNE.* Viv. Automne. Canada. 1725. Ornement.

G. **Tagetes** *Tourn.* — **Tagète.**

(Nom mythologique d'un petit-fils de Jupiter).

T. SIGNATA Bart.—*T. MOUCHETÉ.* Ann. Eté. Mexique. 1838. Ornement.

T. PATULA Auct. — *T. ÉTALÉE.* (*Œillet d'Inde*). Ann. Eté. Mexique. Ornement.

T. LUCIDA Cav. — *T. LUISANTE.* Ann. Eté. Mexique. 1798. Ornement.

T. ERECTA L.—*T. DRESSÉE.* (*Grand œillet d'Inde, Rose d'Inde*). Ann. Eté. Mexique. 1596. Ornement.

G. **Cosmos** *Cavan.* — **Cosmos.**

(κοςμος, ornement; allusion à l'élégance des fleurs.)

C. GRANDIFLORA Hort. — *C. A GRANDES FLEURS.* Ann. Eté. Mexique. Ornement. Variété obtenue de culture.

C. BIPINNATA Cavan.— *C. BIPINNÉ.* (*Georgia* Spreng.) Ann. Eté. Lieux humides. Mexique. 1799. Ornement.

G. **Bidens** *L.* — **Bident.**

(*Bis, dens*; allusion aux deux dents ou arêtes du fruit).

B. TRIPARTITA L. — *B. TRIFIDE.* (*B. cannabina* Lamk. — *frondosa* Lamk. — *radiata* Thuill.) (*Chanvre d'eau*). Ann. Eté. Lieux humides. AR. Indigène.

B. CERNUA L. — *B. PENCHÉ.* — Ann. Eté. Lieux marageux. AR. Indigène.

B. HETEROPHYLLA Ortol. — *B. HÉTÉROPHYLLE.* Viv. Eté. Mexique. 1803.

B. DICHOTOMA Desf. — *B. DICHOTOME.* Viv. Eté. Brésil.

B. FERULÆFOLIA Déc. — *B. A FEUIL. DE FÉRULE.* (*Coreopsis* Jacq.) Viv. Eté. Mexique. 1779. Ornement.

G. **Spilanthes** *Jacq.* — **Spilanthe.**

(Σπιλος, tache ; ανθος; allusion à la couleur plus foncée du centre).

S. OLERACEA Jacq. — *S. POTAGER.* (*Bidens fervida* Lamk.) (*Abécédaire, Cresson de Para*). Ann. Eté. Pérou, 1768. Antiscorb. Odontalgique puissant.

G. **Helianthus** *L.* — **Hélianthe.**

(ηλιος, ανθος, fleur en soleil).

H. ANNUUS L. — *H. ANNUEL.* (*Girasol, grand Soleil, Couronne de Soleil*). Ann. Eté. Pérou. 1596. Ornement.

H. TUBEROSUS L. — *H. TUBÉREUX.* (*Topinambour, Artichaut du Canada, de Jérusalem, de terre, Poire de terre, Crompire, Soleil vivace*). Viv. Eté. Brésil. 1617. Rac. aliment.

H. MULTIFLORUS L. — *H. MULTIFLORE.* (*Soleil vivace*), Viv. Eté. Canada. Amér. boréale. 1597. Ornement.

H. MICRANTHUS Spreng. — *H. A PETITES FLEURS.* (*H. parviflorus* Kunth.) Viv. Eté. Mexique. 1826. Ornement.

H. DECAPETALUS L. — *H. A DIX PÉTALES.* Viv. Eté. Canada. 1759. Ornement.

G. **Guizotia** *Spach.* — **Guizotie.**

Plante dédiée à M. Guizot.

G. OLEIFERA Cass. — *G. OLÉIFÈRE.* (*G. Abyssinica* Cass. — *Polymnia Abyssinica* L. — *Verbesina sativa* Roxb. — *Heliopsis platiglossa* Cass. — *Helianthus oleifer* Wall. — *Tetragonotheca Abyssinica* Ladeb. — *Jagera Abyssinica* Sprengel. — *Ramtilla oleifera* DC.) Ann. Eté. Abyssinie. Pl. oléifère, sans importance.

G. **Coreopsis** *L.* — **Coreopsis.**

(Χορις, punaise ; οψις, figure ; allusion aux akènes).

C. DIVERSIFOLIA DC. — *C. HÉTÉROPHYLLE.* Viv. Eté. Caroline. Ornement.

G. **Calliopsis** *Reichb.* — **Calliopsis.**

(καλλος, beau, οψις, aspect; allusion à l'élégance des fleurs).

C. DRUMMONDII Don. — *C. DE DRUMMOND.* (*Coreopsis* Torr. — *diversifolia* Hook.) Ann. Eté. Texas. 1837. Cult. Ornement.

C. TINCTORIA DC. — *C. DES TEINTURIERS.* (*Coreopsis* Nutt. — *Calliopsis bicolor* Rchb.) Ann. Eté. Amér. boréale. Ornement.

C. CORONATA DC. — *C. COURONNÉ.* (*Coreopsis* Nutt.) Ann. Eté. Amér. boréal. Texas. 1835. Ornement.

G. **Rudbeckia** *L.* — **Rudbeckia.**

(Dédié à Rudbech, botaniste suédois, 1630-1702).

R. LACINIATA L. — *R. LACINIÉ.* Viv. Eté. Canada. Amér. boréal. 1640. Ornement.

G. **Zinnia** *L.* — **Zinnia.**

(Dédié à Zinn, professeur de médecine à Gœttingue. 1727).

Z. ELEGANS Jacq. — *Z. ÉLÉGANT.* Ann. Eté. Mexique. 1799. Ornement.

Z. MULTIFLORA L. — *Z. MULTIFLORE.* Ann. Eté. Mexique. 1770. Ornement.

Z. LUTEA Gærtn. — *Z. JAUNE.* (*Z. pauciflora* L. — *Chrysogonum Peruvianum*). Ann. Eté. Pérou. 1770. Ornement.

G. **Ambrosia** *Tourn.* — **Ambroisie.**

(Αμϐροςια, ambroisie ; allusion à l'odeur des feuilles).

A. MARITIMA L. — *A. MARITIME.* Ann. Eté. Espagne. 1570. Pl. aromat.

G. **Xanthium** *Tourn.* — **Lampourde.**

(ξανθος, jaune, allusion à la propriété de teindre les cheveux en blond).

X. STRUMARIUM L. — *L. GLOUTERON.* (*Herbe aux écrouelles*). Ann. Eté. Décombres, bords des eaux. TR. Indigène.

X. SPINOSUM L. — *L. ÉPINEUSE.* Ann. Eté. Lieux incultes, décombres. Midi.

Quelques auteurs ont fait des deux genres qui précèdent une famille sous le nom de *Ambrosiacées*, à cause de la monœcie des capitules.

G. **Silphium** *L.* — **Silphie.**

(Nom ancien d'une plante distillant une gomme-résine).

S. LACINIATUM L. — *S. LACINIÉE* (*S. spicatum* Poir.) Viv. Eté. Amér. boréal. 1781. Ornement.

S. PERFOLIATUM L. — *S. PERFOLIÉE.* (*S. tetragonum* Mœnch.) Viv. Eté. Amér. boréale. 1766. Ornement.

S. TEREBINTHACEUM L.— *S. TÉRÉBENTINÉE*). Viv. Eté. Amér. boréale. 1765. Ornement.

G. **Inula** *L.* — **Inule.**

(ἰναειν, purifier ; allusion à ses propriétés médicales).

I. HELENIUM L. — *I. AUNÉE.* (*Corvisartia* Mérat.) (*Enula campana*, *Aillaune*, *Œil de cheval*, *Panacée de Chiron*, *Lasor de Chiron*, *Aromate Germanique*). Viv. Eté. Champs, bords des chemins. TR. Indigène. Pl. médic. import. qui a reçu le nom de quinquina indigène. Indique un sol gras et profond.

I. CONYZA DC. — *I. CONYZE.* (*I. squarrosa* Berh., non L. — *Coniza squarrosa* L. — *vulgaris* Lamk.) Bisann. Eté. Fossés argileux, lieux stériles. AC. Indigène.

I. CRITHMOIDES L. — *I. PERCE-PIERRE.* (*Senecio crithmifolius* Scop. — *Limborda tricuspis* Cass. — *Inula critmifolia* Willd. — *Canariensis* Mill.) Viv. Eté. Rochers maritimes. TR. Indigène. Pl. condimentaire.

I. MONTANA L. — *I. DES MONTAGNES.* (*I. odora* D'Urv. — *calycina* Presl.) Viv. Eté. Lieux arides, Midi, Sicile. 1827.

I. DYSENTERICA L. — *I. DYSENTÉRIQUE.* (*Pulicaria* Gærtn.—*Conyza* Lamk.—*Aster* Alli.) *Herbe Saint-Roch*, *Mullu*). Viv. Eté. Lieux humides incultes. Pl. antidyssentérique ?

I. PULICARIA L. — *I. PULICAIRE.* (*I. uliginosa* Sibth. — *Aster pulicarius* Scop. — *Pulicaria vulgaris* Alli.) (*Herbe aux puces*). Ann. Eté. Lieux humides exondés. R. Indigène. Insecticide.

I. ODORA L. — *I. ODORANTE.* (*Pulicaria* Gmél.) Viv. Eté. Bords de la mer. Corse, Provence.

G. **Baccharis** *L.* — **Baccharis.**

(Plante consacrée à Bacchus).

B. HALIMIFOLIA L. — *B. A FEUILLES D'HALIME.* (*Coniza* Desf.) Lign. Eté. Caroline. 1683. Ornement.

G. **Conyza** *L.* — **Conyze.**

(κνυζα, gale ; allusion à ses propriétés médicales).

C. SAXATILIS L. — *C. DES ROCHERS.* (*Phagnalon saxatile* Cass. — *subdentatum* Cass.) Lign. Eté. Rochers. Midi.

G. **Chrysocoma** *L.* — **Chrysocome.**

(χρυσος, or; κομη, chevelure ; allusion à la couleur des fleurs).

C. AUREA L. — *C. DORÉ.* (*C. patula* Berg. — *linearis* Mœnch.) Lign. Eté. Cap. 1731. Ornement.

C. LINOSYRIS L. — *C. A FEUILLES DE LIN.* (*Linosyris vulgaris* Cass. — *Chrysocoma vulgaris* Cass. — *foliosa* Cass. — *Lynosyris nuperorum* Lob. — *Crinitaria Linosyris* Less.) (*Chevelure dorée*). Viv. Eté. Pelouses boisées. Midi. Ornement.

G. **Buphthalmum** *L.* — **Buphthalme.**

(Βους, οφθαλμος, œil ; allusion à la forme des capitules).

B. GRANDIFLORUM L. — *B. A GRANDES FLEURS.* Viv. Eté. Coteaux calcaires. Centre de la France. Ornement. 1759.

B. SALICIFOLIUM L. — *B. A FEUILLES DE SAULE.* Viv. Eté. Coteaux calcaires; Est et centre de la France. 1759. Ont été longtemps confondus comme seule espèce.

G. **Solidago** *L.* — **Solidage.**

(*Solidum*, *agere*, consolider ; allusion à ses propriétés vulnéraires).

S. VIRGA-AUREA L. — *S. VERGE-D'OR.* (*Grande Verge dorée, Herbe des Juifs*). Viv. Eté. Bois et bruyères. Talus des Fossés. C. Indigène.

S. RIGIDA L. — *S. RAIDE.* Viv. Autom. Caroline. 1710. Ornement.

S. CANADENSIS L. — *S. DU CANADA.* (*S. humilis* Mill.) (*Gerbe d'or*). Viv. Eté. Amér. boréale. 1650. Ornement.

S. LATERIFLORA L. — *S. A FLEURS LATÉRALES.* Viv. Eté. Amér. boréale. 1758. Ornement.

R. PROCERA Ait. — *S. ÉLEVÉE.* Viv. Automn. Canada. 1758. Ornement.

G. **Bellis** *L.* — **Pâquerette.**

(*Bellus*, joli).

B. PERENNIS L. — *P. VIVACE.* (*Pâquerette*, *petite Mar-*

guerite, petite Consyre). Viv. Toute l'année. Partout. Indigène.

G. **Vittadinia** *Rich.* — **Vittadine.**

(Dédié à Vittadini, médecin-botaniste de Milan).

V. TRILOBA DC. — *V. TRILOBÉE.* Viv. Print.-Eté. Australie. Ornement.

G. **Erigeron** *L.* — **Vergerette.**

(Εριον, poils; γερων, vieillard; allusion à l'aigrette de soie blanche).

E. ACRIS L. — *V. ACRE.* Bisann. Eté. Murs, coteaux secs. AC. Indigène.

E. CANADENSIS L. — *V. DU CANADA.* (*E. paniculatum* Lamk.) Ann. Été. Bords du littoral. Vieux murs. R. Amériq. boréale. Naturalisé.

G. **Dahlia** *Cavan.* — **Dahlia.**

(Dédié à André Dahl, professeur de botanique à Abo. 1789).

D. VARIABILIS Desf. — *D. VARIABLE.* (*D. pinnata* Cav. — *sambucifolia* Salisb. — *purpurea* Poir. — *Georgina variabilis* Willd. — *superflua* DC.) Viv. Eté. Mexique. 1789. Ornement. Type de toutes les variétés actuelles.

G. **Aster** *L.* — **Aster.**

(Αστηρ, étoile; allusion au capitule radié).

A. CHINENSIS L.—*A. DE CHINE.* (*Callistephus Chinensis* Nées. — *hortensis* Cass. — *Callistemma hortense* Cass. — *Diplolappus Chinensis* Less.) (*Reine-Marguerite*). Ann. Eté. Chine, Japon. Ornement.

A. TRIPOLIUM L. — *A. TRIPOLIUM.* (*Tripolium vulgare* Nées.) (*Aster maritime*). Viv. Eté. Lieux marécageux du littoral. R. Indigène.

A. ERICOIDES L.—*A. ERICOIDE.* (*A. tenuifolius* Willd.) Viv. Automn. Amér. boréal. 1758. Ornement.

A. SIBIRICUS L.— *A. DE SIBÉRIE.* (*A. inuloïdes* Fisch. — *lacerus* Lindl.) Viv. Eté. Sibérie. 1768. Ornement.

G. **Eupatorium** *Tourn.* — **Eupatoire.**

(Consacré à Mithridate Eupator, roi de Pont).

E. CANNABINUM L. — *E. CHANVRINE.* (*E. trifoliatum* Habl. (*Eupatoire d'Avicenne, Origan des marais, Pantagruélion sauvage*, *Herbe Sainte-Cunégonde*). Viv. Eté. Lieux humides, bords des eaux. AC. Indigène. Mauvais fourrage ; à l'état vert et tendre, recherché des moutons.

E. ALTISSIMUM L.— *E. A LONGUES FEUILLES*. Viv. Automne. Pensylvanie. 1699. Ornement.

G. **Tussilago** *L.* — **Tussilage.**

(*Tussim agere*, chasser la toux; allusion à ses propriétés béchiques).

T. FARFARA L. — *T. PAS D'ANE* (*Tussilago vulgaris* Lamk.) Viv. Print, Champs humides, argileux ; bords des chemins. TC. Indigène. Fl. béchiques, pectorales. Plante à détruire.

T. PETASITES L. — *T. PÉTASITE*. (*Petasites vulgaris* Desf.) (*Chapelière*, *Herbe à la peste*, *à la teigne*). Viv. Print. Lieux humides, ombragés. R. Indigène.

T. SUAVEOLENS Desf. — *T. ODORANT*. (*T. fragrans* Gm. — *Nardosmia fragrans* Reichb. — *suaveolens* Desf. — *N. denticulata* Cass.) (*Héliotrope d'hiver*). Viv. Print. Lieux couverts, pelouses, haies. Midi. Naturalisé. 1806.

G. **Cœlestina** *Cass.* — **Célestine**.

(*Cœlum*, ciel ; allusion à la couleur bleue de la fleur).

C. AGERATOIDES H. B. — *C. AGERATOIDE*. (*Ageratum cœlestinum* Sims.) Ann. Eté. Mexique. 1824. Ornement.

Vernonia Schrèb. — **Vernonie.**

(Dédié à Will. Vernon, botaniste anglais).

V. PRÆALTATA DC. — *V. ÉLEVÉE*. (*V. Prœalta et altissima* Ell.— *Serratula prœalta* L.) Viv. Eté. Amér. boréal. 1821. Ornement.

Fam. **LOBÉLIACÉES** Rich. père. (*LOBELIACEÆ*).

Syngénésie monogamie *L.* — **Campanulacées** *Juss.*

G. **Lobelia** *L.* — **Lobélie.**

(Dédié à Mathias Lobel, botaniste flamand. 1538-1616).

L. URENS L. — *L. BRULANTE*. Viv. Eté. Prés et landes humides. TR. Indigène. Pl. âcre, nuisible aux troupeaux, vénéneuse.

L. CARDINALIS L. — *L. CARDINALE*. Viv. Eté. Virginie. 1629. Ornement. Pl. suspecte.

L. SYPHILITICA L. — *L. SYPHILITIQUE*. Viv. Eté. Amér. boréal. Caroline. 1665. Inusitée aujourd'hui en médecine. Pl. âcre, suspecte.

L. FULGENS Willd.— *L. ÉCARLATE*. (*L. formosa* Roth.) Viv. Eté. Mexique. 1809. Ornement.

L. TUPA L. — *L. TUPA*. (*Tupa Feuillei* Don.) Viv. Eté. Chili. 1824. Ornement.

G. **Siphocamphylus** *Don*. — **Siphocamphylus**.

(σιφων, tube ; καμπυλος, courbe ; allusion à la courbure de la corolle).

S. BETULÆFOLIUS G. Don. — *S. A FEUILLES DE BOULEAU*. Lign. Eté. Brésil. 1828. Ornement.

G. **Clintonia** *Dougl*. — **Clintonie**.

(Dédié à Witt. Clinton, gouverneur de New-York, ami des naturalistes).

C. PULCHELLA Lindl. — *C. GRACIEUX*. Ann. Eté. Californie. 1832. Ornement.

C. ELEGANS Lindl. — *C. ÉLÉGANT*. Ann. Eté. Colombie. 1827. Ornement.

Fam. **CAMPANULACÉES**. — *CAMPANULACEÆ* Juss.

Pentandrie *L*. — **Campaniformes** *Tourn*.

G. **Jasione** *L*. — **Jasione.**

(ιασις, guérison ; allusion à ses prétendues propriétés médicales).

J. MONTANA L. — *J. DES MONTAGNES*. (*J. undulata* Lamk.) (*Fausse Scabieuse*, *Herbe à midi*). Viv. Eté. Coteaux arides, haies sèches. TC. Indigène.

J. PERENNIS Lamk. — *J. VIVACE*. Viv. Eté. Coteaux des montagnes. Est, Centre.

G. **Walhenbergia** *Sc* — **Campanille.**

(Dédié à Walhenberg, botaniste d'Upsal. 1784).

W. HEDERACEA Rchb. — *C. A FEUIL. DE LIERRE*. (*Campanula* L.) Viv. Eté. Bois ombragés, prés humides, bords des ruisseaux. AC. Indigène.

Charmante espèce à cultiver en pot et en terre tr.-humide.

W. GRACILIS Alph. DC. — *W. GRÊLE*. (*Campanula* Forst. — *C. capillaris* Lood.— *vincœflora* Vent.) Ann. Eté. Nouvelle Hollande. 1794. Ornement.

Phyteuma *L.* — **Raiponce.**

(φυτευμα, plante vigoureuse).

P. SPICATUM L. — *R. EN ÉPI.* (*Raiponce sauvage, tubéreuse, Epi à la Vierge, Rave sauvage*). Viv. Print. Bois, lieux ombragés. AR. Indigène. Rac. comestible.

Campanula *L.* — **Campanule.**

(*Campana*, cloche ; allusion à la forme de la corolle).

C. LATIFOLIA L. — *C. A LARGES FEUILLES*. Viv. Eté. Centre, Est, Alpes. Ornement.

C. MEDIUM L. — *C. CARILLON*. (*C. grandiflora* Lamk.) (*Violette de Marie, Campanule des jardins*). Ann. Eté. Midi. Ornement.

C. GLOMERATA L. — *C. AGGLOMÉRÉE*. Viv. Eté. Coteaux calcaires arides. Orne, Centre, Arménie. Ornement. Naturalisée ?

C. PERSICÆFOLIA L.—*C. A FEUILLES DE PÊCHER*. Viv. Eté. Bois, prairies. Centre. Orient. 1596. Ornement. Indigène ?

C. ROTUNDIFOLIA L. — *C. A FEUILLES RONDES*. (*C. Scheuchzeri* Bot. Cab.) Viv. Eté. Talus des fossés. TR. Indigène. Environs de Villedieu.

C. CŒSPITOSA Scop. — *C. GAZONNANTE*. (*C. primula* Bot. Magell.) Viv. Eté. Dalmatie, Dauphiné. 1819. Ornement.

C. LOBELIOIDES L. — *C. LOBELIOIDE*. (*C. juncea et juncifolia* Hortul. — *Walhenbergia lobelioïdes* Alph. DC.) Ann. Eté. Madère. Ornement.

C. ERINUS L. — *C. ÉRINE*. — Ann. Eté. Midi.

C. PYRAMIDALIS L. — *C. PYRAMIDALE*. Viv. Eté. Syrie, Autriche, Nice. 1596. Ornement.

C. PLANIFLORA Lamk. — *C. A FLEURS PLANES*. (*C. nitida* Ait.) Viv. Print.-été. Amér. boréale. 1817. Ornem.

C. TRACHELIUM L. — *C. GANTELÉE*. (*Herbe de Notre-Dame, aux trachées, Ortie bleue, Gant de Notre-Dame, Gantillier, Gantelée, Gantelet*). Viv. Talus des fossés ombragés, bois. TR. Indigène. Rouffigny, Tertre de Neuville, St-Oven.

C. URTICÆFOLIA Schr. — *C. A FEUILLES D'ORTIE*. Viv. Eté. Bois. Centre. Ornement.

C. RAPUNCULUS L. — *C. RAIPONCE*. Viv. Print.-été Talus des Fossés, murs. AC. Indigène. Rac. alimentaire.

4

C. RAPUNCULOIDES L. — *C. FAUSSE RAIPONCE.* Viv. Bois, champs cultivés. TR. Normandie. Ornement.

C. BONONIENSIS L.— *C. DE BOLOGNE.* (*C. simplex* DC.) Viv. Eté. Italie. Ornement.

C. MOLLIS L. — *C. MOLLE.* Viv. Eté. Espagne. Ornem.

Adenophora *Fisch.* — **Adenophore.**

(αδην, glande ; φερω, porter ; allusion au nectaire qui engaîne la base du style).

A. GMELINI Fisch. — *A. DE GMÉLIN.* (*Campanula Rabelaisiana* Rœm. et Sch.) Viv. Eté. Sibérie. 1823. Ornement.

A. CORONOPIFOLIA Fisch. — *A. A FEUIL. DE CORONOPUS.* (*Campanula* Rœm. et Sch.) Viv. Eté. Sibérie. 1822. Ornement.

Specularia *Heist.* — **Spéculaire.**

(*Speculum*, miroir ; allusion au limbe plane de la corolle).

S. SPECULUM Alph. DC. — *S. MIROIR.* (*Campanula* L. — *Prismatocarpus* Lhér.) *(Miroir de Vénus).* Ann. Eté. Lieux cultivés, champs. France. Ornement.

S. HYBRIDA Alph. DC. — *S. HYBRIDE.*(*Campanula* L. — *Prismatocarpus* Lhér.) Ann. Eté. Moissons, champs du littoral. TR. Indigène.

S. PERFOLIATA DC. — *S. PERFOLIÉE.* (*Campanula* L. — *Prismatocarpus* Lhér.) Ann. Eté. Amérique boréale. 1680. Ornement.

S. PENTAGONIA Alph. DC. — *S. PENTAGONE.* (*Campanula* L.— *Prismatocarpus* Lhér.) Ann. Eté. Automne. Orient. 1686. Ornement.

Fam. **DIPSACÉES** *Juss.* — *DIPSACEÆ* Juss.

(du genre *Dipsacus*).

Tétrandrie *L.* — **Flosculeuses** *Tourn.*

Dipsacus *Tourn.* — **Cardère.**

(διψαν, αχεομαι, je guéris la soif ; allusion aux feuilles connées où se conserve l'eau pluviale).

D. SYLVESTRIS Mill. — *C. SAUVAGE.* (*D. fullonum* L. Part.) (*Lavoir de Vénus, Cabaret des oiseaux, Peignet*). Bisann. Eté. Bords des champs et des chemins. AC. Indigène.

D. FULLONUM L. — *C. A FOULON.* *(Chardon bonnetier).* Bisann. Eté. Inde. Cultiv. pour les manufactures de draps. Rac. sudorif. et diurét.

G. **Cephalaria** *Schrad.* — **Céphalaire.**

(κεφαλή, tête ; allusion à la forme globuleuse du capitule).

C. PILOSA Gr. et Godr. — *C. POILUE.* (*Dipsacus* L.) (*Verge à pasteur*). Bisann. Eté. Bords des eaux, des fossés. R. Indigène.

G. **Scabiosa** *L.* — **Scabieuse.**

(*Scabies*, maladie de la peau ; allusion aux propriétés médicales de quelques espèces).

S. ARVENSIS L. — *S. DES CHAMPS.* (*Knautia* Coult. — *Trichera* Schrad.) (*Langue de vache, Oreilles d'âne, Mirliton, Pluet*). Viv. Eté. Chemins, champs. TC. Indigène. Employée jadis contre la gale.

S. SUCCISA L.— *S. SUCCISE.* (*Succisa pratensis* Mœnch.) (*Mors ou Morsure du diable, Remors de diable, Herbe à diable*). Viv. Eté. Landes, bruyères marécageuses, prés. AC. Indig. Rac. astringente.

S. COLUMBARIA L.— *S. COLUMBAIRE.* (*Asterocephalus* Spreng.) Viv. Eté. Coteaux calcaires et arides. TR. Indigène.

S. STELLATA L. — *S. ÉTOILÉE.* (*S. rotata* Biébest. — *Asterocephalus rotatus* Spreng.) Ann. Eté. Sud-Est.

S. OCHROLEUCA L. — *S. JAUNATRE.* (*S. heterophylla* Gmél.—*Asterocephalus ochroleucus* Wallr). Viv. Eté. Provence. Europe. 1597.

S. ALPINA L. — *S. DES ALPES.* (*Cephalaria* Schrad. — *Succisa* Spreng.) Viv. Eté. Montagnes de l'Est, Alpes.

Aucune de ces espèces indigènes n'a de valeur comme fourrage.

S. CAUCASICA Marsh.— *S. DU CAUCASE.* (*Asterocephalus* Spreng.) Viv. Eté. Caucase. 1803. Ornement.

S. ATRO-PURPUREA L. — *S. NOIR POURPRE.* (*Asterocephalus* Spreng.) Ann. Eté. Inde. 1629. Ornement.

Fam. **VALÉRIANÉES** DC. — *VALERIANEÆ* DC.

(du genre *Valeriana*).

Monogynie et **Triandrie** *L.* — **Infundibuliformes** *Tourn.* — **Dipsacées** *Juss.*

G. **Valeriana** *L.* — **Valériane.**

(*Valere*, être en santé; allusion aux propriétés de l'espèce principale).

V. OFFICINALIS L.—*V. OFFICINALE.* (*Herbe aux chats,*

aux coupures). Viv. Eté. Bords des eaux, prés humides. Rac. antispasmodique, très-utile.

V. PHU L. — *V. PHU.* (*Grande Valériane, Valériane des jardins*). Viv. Eté. Midi, Suisse. 1597. Ornement.

V. DIOICA L.— *V. DIOIQUE.* (*Petite Valériane, Valériane des marais*). Viv. Eté. Prés marécageux. TR. Indigène. Très-recherchée des bestiaux là où elle abonde.

V. PYRENAICA L. — *V. DES PYRÉNÉES.* Viv. Eté. Montagnes, Pyrénées.

G. **Centranthus** *Dc.* — **Centranthe**

(κεντρον, éperon; Ανθος, fleur; c.-à-d. corolle munie d'un éperon).

C. RUBER DC. — *C. ROUGE.* (*C. latifolius* Duf. — *Valeriana rubra* L.) (*Lilas des murs, Behen rouge, Barbe de Jupiter, Cornaccio*). Viv. Print.-été. Murs, carrières. AR. Indigène. Recherchée des animaux.

G. **Valerianella** *Mœnch.* — **Valérianelle.**

(Diminutif de *Valeriana*).

V. OLITORIA Mœnch. — *V. POTAGÈRE.* (*V. locusta* L. — *Valeriana olitoria* Willd.— *Fedia* Wall.) (*Mâche, Bourcette, Blanchette, Chuquette, Gallinette, Salade de brebis, Grillette*, etc.) Ann. Print. Lieux cultivés. R. Indigène. Feuil. aliment.

V. CARINATA Lois. — *V. CARÉNÉE.* (*Fedia* Stév.) Ann. Print. Lieux cultiv., murs. TC. Indigène.

V. AURICULA DC.—*V. AURICULE.* (*Fedia* Mert. et Koch. — *V. locusta* L. Part.) Ann. Print. Centre, Nord.

V. DENTATA Koch. — *V. DENTÉE.* (*V. mixta* L. — *Morisonii* Gmél.— *Fedia* Wall.) Print. Moissons. TC. Indigène.

Les mâches sont toutes alimentaires et très-recherchées des bestiaux.

Fam. **CAPRIFOLIACÉES** *Rich.* — *CAPRIFOLIACEÆ* Rich.

(Nom tiré de *Caprifolium*, chevrefeuille).

Pentandrie *L.* — **Chevrefeuilles** *Juss.* — **Arb. Monopétales** *Tourn. Partim.* **Sambucacées**

G. **Sambucus** *Tourn.* — **Sureau.**

(de *sambuca*, instrument de musique fabriqué jadis avec le bois de sureau).

S. EBULUS L. — *S. YÈBLE.* (*S. humilis* Lamk.) (*Euble*,

Eble, petit Sureau, Sureau en herbe). Viv. Eté. Bords des champs, chemins du littoral ou calcaires. AR. Indigène. Pl. à détruire. Très-purgative.

S. NIGRA L. — *S. NOIR*. (*Seu, grand Sureau, Sue, Supier, Suseau, Sambequier*). Lign. Print. Haies, bords des champs. TC. Indigène. Ecorce et fleurs médicin.

S. RACEMOSA L. — *S. EN GRAPPE*. Lign. Printemps. Haies, montagnes. Centre, Midi, Europe mérid. 1596. Ornem.

S. LACINIATA Hortul.— *S. LACINIÉ*. Lign. Print. Bois. TR. Indigène. Considéré comme une variété du Nigra. Ornem.

G. **Viburnum** *L.* — **Viorne.**

(*Viere*, faire des corbeilles ; allusion à la flexibilité des rameaux de l'espèce principale).

V. TINUS L. — *V. Tin*. (*V. lauriforme* Lamk.) (*Laurier-Tin*). Lign. Print. Midi. Europe mérid. 1596. Ornement.

V. OPULUS L.—*V. OBIER*. (*V. lobatum* Lamk.— *Opulus glandulosus* Mœnch.) (*Aubier caillebot, Sureau d'eau, des marais et aquatique*). Lign. Print. Bois couverts, coteaux ombragés. AC. Indigène.

La *Boule de neige* (*Rose de Gueldre, Pain blanc*), n'en est que la variété stérile.

V. LANTANA L. — *V. COTONNEUSE*. (*Mancienne, Bardeau, Hardeau, Marselle, Bourdaine blanche, Mancianne, Mansanne, Coudre mansiane, Valinié*). Lign. Eté. Haies, bois. R. Indigène.

T. ODORATISSIMUM R. Br. — *V. ODORANTE*. (*V. chinense* Zeyhr.) Lign. Eté. Chine. 1810. Ornement.

G. **Symphoricarpus** *Dill.* — **Symphorine.**

(συμφερω, agglomérer ; καρπος, fruit ; allusion aux baies en petites têtes).

S VULGARIS Mich.—*S. A PETITES FLEURS*. (*S. parviflora* Desf. — *Lonicera Symphoricarpos* L. —*Symphoria conglomerata* Pers.) Lign. Print.-été. Amér. boréale. 1730. Ornement. Rac. fébrif. astring.

S. RACEMOSUS Mich. — *S. A GRAPPES*. (*Symphoria racemosa* Pursh.) Lign. Print.-été. Canada. 1812. Ornement.

G. **Leycestria** *Wall.* — **Leycestria.**

(Dédié à W. Leycester, juge au Bengale).

L. FORMOSA Wall. — *L. ÉLÉGANT*. Lign. Eté. Népaul. 1824. Ornement.

G. **Diervilla** *Tourn.* — **Dierville.**

(Dédié à Dierville, voyageur français, qui a observé le premier l'espèce principale).

D. JAPONIGA R. Br. — *D. DU JAPON.* (*D. rosea* Herinq. — *Weigelia rosea* Lindl.) Lign. Print. Chine. 1845. Ornem.

D. CANADENSIS Willd. — *D. DU CANADA.* (*D. lutea* Pursh. — *Tournefortii* Mich. — *Lonicera Diervilla* L.) Lign. Print. Amér. boréale. Canada. 1739. Ornement.

G. **Lonicera** *Desf.* — **Chevrefeuille.** '

(Dédié à Adam Lonicer, de Nuremberg, botaniste. 1528-1586).

L. PERICLYMENUM L. — *C. DES BOIS.* (*Periclimenum vulgare* Mill. — *Caprifolium periclymenum* Rœm.— *Caprifolium sylvaticum* Lamk.) (*Crauquilier*). Lign. Eté. Bois, buissons. TC. Indigène. Ornement. Fl. béchiques.

L. SEMPERVIRENS L.— *C. DE VIRGINIE.* (*Caprifolium* Michaux. — *Periclymenum* Mill. — *Periclymenum* Ait.) Lign. Eté. Virginie. Amér. boréale. 1731. Ornement.

L. CAPRIFOLIUM L. — *C. DES JARDINS.* (*Caprifolium hortense* Lamk. — *Italicum* Rœm. et Sch. — *Periclymenum Italicum* Mill.) Lign. Eté. Bois. Midi. Ornem. Baies diurét.

L. ETRUSCA Sainti. — *C. ÉTRUSQUE.* (*L. semperflorens* Hortul.— *Caprifolium Etruscum* Rœm. et Sch.) (*Chevrefeuille d'Italie*). Lign. Eté. Corse, région méditerr. Ornement.

L. XYLOSTEUM L. — *C. XYLOSTÉON.* (*Caprifolium dumetorum* Lamk. — *Xylosteum dumetorum* Mœnch.) (*Camerisier des haies*). Lign. Eté. Buissons, bois. Centre, Midi. Baies rouges, laxatives.

Fam. **RUBIACÉES** *Juss.* — *RUBIACEÆ* Juss.

(Nom tiré du genre *Rubia*).

Tétandrie *L.* — **Campaniformes** *Tourn.*

G. **Gardenia** *Ellis.* — **Gardénia.**

(Dédié à A. Garden, botaniste américain, corresp. de Linnée).

G. FLORIDA L. — *G. FLEURI.* (*G. jasminoides* Sol.) (*Jasmin du Cap*). Lign. Eté. Chine. 1764. Ornement. Exige la serre l'hiver. Cultiv. pour ses fleurs à odeur exquise.

G. **Bouvardia** *Salisb.* — **Bouvardia.**

(Dédié à Ch. Bouvard, méd. de Louis XIII).

B. TRIPHYLLA Salisb. — *B. ÉCARLATE.* (*B. Jacquini*

H. B. et K. — *Ixora Americana* Jacq. — *ternifolia* Cav. — *Houstonia coccinea* Andr.) Lign. Eté. Mexique. 1794. Ornem. Exige la serre l'hiver.

Burchellia *R. Br.* — **Burchellia.**

(Dédié à W. Burchell, botaniste voyageur. 1824).

B. CAPENSIS. — *B. DU CAP.* (*Lonicera Bubalina* L. — *Cephælis Bubalina* Pers.) Lign. Eté. Cap. 1818. Ornement.

Sherardia *Dillén.* — **Shérarde.**

(Dédié à Shérard, botaniste anglais. 1650-1728).

S. ARVENSIS L. — *S. DES CHAMPS.* Ann. Print.-été. Champs cultiv., talus des fossés. TC. Indigène.

Asperula *L.* — **Aspérule.**

(*Asper*, âpre ; allusion à la tige de l'espèce principale).

A. TINCTORIA L. — *A. DES TEINTURIERS.* (*A. rubeola* Var. Lamk. — *Galium tinctorium* Scop.) (*Rougeole*, *petite Garance*). Viv. Eté. Lieux secs, coteaux. Centre, Midi. Pl. tinctoriale.

A. ODORATA L. — *A. ODORANTE.* (*Hépatique étoilée*, *Hépatique des bois*, *Hépatique odorante*, *Muguet des bois*, *petit Muguet*, *Reine des bois*). Viv. Print. Bois. Centre, Midi. Ornem. Tonique et vulnér.

Crucianella *L.* — **Crucianelle.**

(*Crux*, croix ; allusion aux feuilles opposées en croix).

C. STYLOSA Trin. — *C. A LONG STYLE.* Viv. Print. Perse. 1836. Ornement.

C. ANGUSTIFOLIA L. — *C. A FEUILLES ÉTROITES.* (*A. spicata* Var. Lamk.) Eté. Lieux stériles. Midi, Espagne. 1658. Ornement.

C. MARITIMA L. — *C. MARITIME.* Lign. Eté. Littoral maritime. Provence.

Rubia *Tourn.* — **Garance.**

(de *ruber*, rouge ; allusion aux propriétés tinctoriales de la racine).

R. TINCTORUM L. — *G. DES TEINTURIERS.* (*R. peregrina* Murr. — *sylvestris* Mill.) Viv. Eté. Haies. Italie. Cultiv. dans le Midi pour la teinture. Rac. tonique, amère.

R. PEREGRINA L. — *G. VOYAGEUSE.* (*R. Anglica* Huds.

— *tinctorum* Var. Lamk.) Viv. Eté. Falaises, coteaux secs. TR. Indigène.

Les animaux qui les broutent donnent un lait rougeâtre, mais sans propriétés nuisibles.

Galium *L.* — **Gaillet.**

(γαλα, lait ; allusion au gaillet jaune qui, dit-on, favorise la secrétion du lait des nourrices).

G. CRUCIATA Scop. — *G. CROISETTE.* (*Valantia* L.) (*Croix de Saint-André, Eperonelle*). Viv. Print. Haies, bois. C. Indigène.

G. VERUM L. — *G. JAUNE.* (*G. Ruthenicum* Willd.) (*Caille-lait jaune, Fleur de la Saint-Jean, petit Muguet.*) Viv. Print.-été. Bords de la mer. AC. Indigène. Linnée le dit employé pour la préparation du fromage de Chester.

G. ELATUM Thuill. — *G. ÉLEVÉ.* (*G. Mollugo* L. Part. — *G. aristatum* L.) (*Caille-lait blanc, Croisette noire, grosse Croisette*). Viv. Eté. Haies. TC. Indigène.

G. ELONGATUM Presl. — *G. ALLONGÉ.* (*G. palustre* Thuill. — *L. partim*). Viv. Eté. Lieux humides. AC. Indigèn. Employé anciennement et récemment vanté contre l'épilepsie.

G. APARINE L. — *G. GRATERON.* (*Aparine hispida* Mœnch. — *Valantia aparine* V. Lamk.) (*Capet des teigneux, Asprelle, Rable, Grippe, Riéble*). Ann. Eté. Haies. TC. Indig.

G. TRICORNE With. — *C. A TROIS CORNES.* (*Valantia triflora* Lamk.) Ann. Eté. Moissons calcaires TR.

G. SACCHARATUM All. — *G. SUCRÉ.* (*Valantia aparine* Var. Lamk.— *Galium verrucosum* Smith.) Ann. Print. Midi.

Valantia *Tourn.* — **Vaillantie.**

(Dédié à Sèb. Vaillant, professeur au Jardin des Plantes, botaniste français. 1717.

V. MURALIS L. — *V. DES MURAILLES.* Ann. Print. Rochers et murs. Midi, Corse, Savoie.

Aucune de ces plantes n'est assez abondante pour intéresser l'agriculture ; à l'état jeune, la plupart des animaux les broutent ; à l'état sec, ce sont de mauvais fourrages.

2e SOUS-CLASSE

Dicotylédones monopétales hypogynes isandrées

(Corolle régulière, insérée sur le réceptacle. — Etamines semblables — en nombre égal à celui des divisions de la corolle).

Fam. **APOCYNÉES** *Juss.* — *APOCYNEÆ* Juss.

(Nom tiré du genre *Apocynum*).

Pentandrie *L.* — **Campaniformes et Arbres rosacés ou infundibuliformes** *Tourn.* — **Asclépiadées.** *R. Br.*

G. **Nerium** *R. Br.* — **Oléandre.**

(νηρος, humide : c.-à-d. plante croissant au bord des eaux).

N. OLEANDER L. — *OLÉANDRE LAURIER-ROSE.* (*N. lauriforme* Lamk.) (*Nérier à feuilles de laurier*). Lign. Eté. Provence. 1596. Feuilles vénéneuses. Jadis employé comme sternutatoire ; vermifuge, purgatif. Ornement.

G. **Apocynum** *L.* — **Apocyn.**

(απο, contre ; κυων, chien ; c.-à-d. plante vénéneuse pour les chiens).

A. ANDROSÆMIFOLIUM L. — *A. A FEUIL. D'ANDROSÈME.* (*Gobe-Mouche*). Viv. Eté. Amér. boréale. Virginie. 1688. Ornement.

G. **Vinca** *L.* — **Pervenche.**

(*Vincire*, enlacer ; allusion à la tige sarmenteuse).

V. MINOR L. — *P. A PETITES FLEURS.* (*Pervinca minor* All.) (*Pervenche couchée*). Viv. Print. Bois, haies. AR. Indigène. Ornement. Pl. amère, tonique, fébrifuge.

V. MAJOR L. — *P. A GRANDES FLEURS.* (*Pervinca major* Lamk.) (*Grande Pervenche*). Viv. Print. Haies. R. Indigène. Ornement. Amère, tonique, fébrifuge.

G. **Amsonia** *Walt.* — **Amsonie.**

(Dédié à Ch. Amson, voyageur en Amérique).

A. ANGUSTIFOLIA Mich. — *A. A FEUIL. ÉTROITES.* (*A. ciliata* Walt. — *Tabernæmontana angustifolia* Ait.) Viv. Eté. Caroline. 1774. Ornement. Non vénén.

A. SALICIFOLIA Pursh. — *A. FEUILLES DE SAULE.* Viv. Eté. Caroline. 1812. Ornement. Non vénén.

G. **Periploca** *L.* — **Périploca.**

(περι, πλεκειν, se courber autour, enlacer ; allusion à la tige volubile).

P. GRÆCA L. — *P. GREC.* Lign. Eté. Rég. méditerran. Grèce. 1597. Ornement.

G. **Cynanchum** *L.* — **Cynanque.**

(κυων, chien ; αγχειν, étrangler ; plante vénéneuse pour les chiens).

C. MONSPELIACUM L. — *C. DE MONTPELLIER.* (*C. acutum* L. Var.) (*Scammonée de Montpellier*). Viv. Eté. Sables maritimes. Ouest, Midi. Rac. drastique et vomitive.

C. ERECTUM L. — *C. DRESSÉ.* Viv. Eté. Syrie. Ornem.

G. **Vincetoxicum** *Mœnch.* — **Dompte-venin.**

(*Vincere, toxicum*, c.-à-d. contre-poison).

V. OFFICINALE Mœnch. — *D. OFFICINAL.* (*V. vulgare* Rœm. — *Asclepias Vincetoxicum* L. — *A. alba* DC.) (*Hirondinaire*, *Hirudinaire*, *Ipécacuanha des Allemands*). Viv. Eté. Lieux arides, bois. Midi. Centre. Rac. sudorifique, diurétiq., irritante.

V. NIGRUM Mœnch. — *D. NOIR.* (*Asclepias* L. — *Cynanchum* R. Br.) Viv. Eté. Provence.

Asclepias *L.* — **Asclépiade.**

(Ασκλεπιος, Esculape, dieu de la médecine).

A. SYRIACA L. — *A. DE SYRIE.* (*A. Cornuti* Décaisne). (*Herbe à la ouate*). Viv. Eté. Virginie. 1629. Ornement. Attribuée par erreur à la Syrie.

G. **Gomphocarpus** *R. Br.* — **Gomphocarpe.**

(γομφος, clou ; καρπος, fruit ; c.-à-d. fruit hérissé de pointes).

G. FRUTICOSUS R. Br. — *G. A FEUIL. DE SAULE.* (*Asclepias* L.) (*Faux Cotonnier*). Lign. Eté. Bords des ruisseaux. Corse, Afrique. 1714.

G. **Physianthus** *Mart. et Zucc.* — **Physianthe.**

(de φυσιγξ, ampoule ; ανθος, fleur ; c.-à-d. corolle ventrue).

P. UNDULATUS Hortul. — *P. ONDULÉ.* (*Araujα* G. Don.) Lign. Eté. Brésil. 1836. Ornement.

Les plantes de cette famille contiennent un suc âcre, purgatif, et parfois, comme dans le genre *Strychnos*, les plus violents poisons.

Fam. **GENTIANÉES**. — *GENTIANEÆ* Vent.

(Nom tiré du principal genre *Gentiana*).

Pentandrie ou Octandrie *L.* — **Campaniformes ou Infundibuliformes** *Tourn.* — **Lysimachies** *Partim. Juss.*

G. **Erythæa** *Rénéalm.* — **Erythrée.**

(ερυθρος, rouge ; allusion à la couleur de la corolle).

E. PULCHELLA Fries. — *E. ÉLÉGANTE.* (*E. ramosissima* Pers. — *inaperta* Schech. — *Gerardi* Baumg. — *intermedia* Poll. — *Gentiana Centaurum* Var. L. — *ramosissima* Vill. *palustris* Lamk. — *nana* Bast. — *Chironia pulchella* Pers. — *inaperta* Willd. — *ramosissima* Ehrh. — *Vaillantii et Gerardi* Schm. — *intermedia* Mérat. — *nana* Bast.) Ann. Eté. Bords des chemins, pelouses humides. R. Indigène.

E. CENTAURIUM Pers. — *E. PETITE CENTAURÉE.* (*Germanica* Link. — *capitata* Cham. — *Gentiana Centaurium* Schult. — *Hippocentaurea Centaurium* Schultz. — *Chironia* Sm. — *Gentiana* L.) (*Gentianelle*, *Fièvre de terre*, *Herbe à la fièvre*, *à mille florins*). Ann. Eté. Bords des chemins, talus des fossés, coteaux. AC. Indigène.

E. DIFFUSA Woods. — *E. DIFFUSE.* Viv. Eté. Bords des chemins, talus des fossés. TR. Indigène. C'est à tort que MM. Gillet et Magne n'en font qu'une variété de l'espèce qui la précède. Le port en est tout différent et sa durée prouve la légitimité d'une espèce bien tranchée.

La petite Centaurée est un tonique par excellence, trop peu usité.

G. **Chlora** *L.* — **Chlorette.**

(Χλωρος, verdâtre ; allusion à la couleur glauque de la plante).

C. PERFOLIATA L. — *C. PERFOLIÉE.* (*Gentiana perfoliata* L.) Ann. Eté. Bords des fossés et des douves, prés marécageux. TR. Indigène. Pl. amère, tonique.

G. **Gentiana** *Tourn.* — **Gentiane.**

(Dédiée à Gentius, roi d'Illyrie, par Dioscoride).

G. LUTEA L. — *G. JAUNE.* (*Grande Gentiane*). Viv. Eté. Pâturages montueux. Centre, Midi. Pl. amère, excellent tonique, trop peu usité.

G. PNEUMONANTHE L. — *G. DES MARAIS.* (*G. linearifolia* Lamk. — *Pneumonanthe vulgaris* Schm.) Viv. Eté-automne. Marais tourbeux, bois. RRR. Indigène.

G. ACAULIS L. — *G. A TIGE COURTE.* (*G. grandiflora*

Lamk. — *Pneumonanthe acaulis* Schm.) Viv. Print. Alpes, Pyrénées. Ornement.

G. CRUCIATA L. — *G. CROISETTE.* (*Hippion cruciata* Schm.) Viv. Eté. Coteaux arides, montueux. Midi. Pl. réputée magique.

G. **Cicendia** *Adans.* — **Cicendie.**

(Nom formé des mots *Centaurium* et *Gentiana* (tiré de bien loin).

C. FILIFORMIS Reichb. — *C. FILIFORME.* (*Exacum* Willd. — *Gentiana* L. — *Microcala* Link. — *Hippion* Schm.) Ann. Eté. Chemins marécageux, exondés, landes humides. TR. Indigène.

G. **Menyanthes** *Tourn.* — **Menyanthe.**

(μην, mois ; ανθος, fleur ; allusion à la durée de la fleur).

M. TRIFOLIATA L. — *M. TRÈFLE D'EAU.* (*Patte d'oie, Trèfle des marais, Trèfle de castor*). Viv. Print. Prés tourbeux, queue des étangs. AR. Indigène. Pl. amère, toniq. excellent.

Les plantes de cette famille sont repoussées par les animaux à cause de leur amertume.

G. **Villarsia** *Vent.* **Villarsie.**

(Dédié à Villars, botaniste du Dauphiné).

V. NYMPHOIDES Vent.— *V. FAUX NÉNUPHAR.* (*Limnanthemum nymphoides* Link. — *peltatum* Gm.) Viv. Eté. rivières, eaux stagnantes des terr. calcaires. R. Indigène.

Fam. **CONVOLVULACÉES.** — *CONVOLVULACEÆ* Vent.

Pentandrie *L.* — **Campaniformes** *Tourn.* — **Liserons** *Juss.*

(Nom tiré du genre *Convolvulus*).

G. **Convolvulus** *Chois.* — **Liseron.**

(*Convolvere*, s'enrouler ; allusion aux tiges volubiles de la plupart des espèces).

C. SEPIUM L. — *L. DES HAIES.* (*Calystegia* R. Br.) (*Lignolet des champs, Chemise de Notre-Dame, grand Liseron, Manchettes de la Vierge, grande et grosse Vrillée, Boyaux du diable, Clochettes*).Viv. Eté. haies, buissons. TC. Rac. purgat.

C. SOLDANELLA L. — *L. SOLDANELLE.* (*C. maritimus* Lamk.— *reniformis* Sprengel.— *Calystegia Soldanella* R. Br.) Viv. Eté. Sables maritimes. AC. Indig. Rac. purgat.

C. ARVENSIS L. — *L. DES CHAMPS.* (*Clochette des blés,*

Liseret, *Lisette*, *petite Vrillée*, *Liot*, *Liset*, *Vrillée*, *Bédille*, *Vroncelle*, *petit Liseron*, *Vreille*, *Vreillée*). Viv. Eté. Champs cultiv., bords des chemins, talus des fossés. TC. Indigène.

C. ALTHÆOIDES C. — *L. FAUSSE GUIMAUVE*. Viv. Eté. Midi, Provence. 1597. Ornement. Rac. purgat.

C. SICULUS L. — *L. DE SICILE*. (*C. ovatus* Mœnch.) Ann. Eté. Corse, Midi. 1640. Ornement.

C. CNEORUM L. — *L. CAMÉLÉE*. (*C. argenteus* Desr.) (*Liseron satiné*). Viv. Eté. Méditéranée. 1640. Ornement.

C. TRICOLOR L. — *L. TRICOLORE*. (*Belle de Jour*, *Liseron de Portugal*). Ann. Eté. Afrique australe. 1629. Ornem.

C. PURPUREUS L. — *L. POURPRE*. (*C. glandulifer* Spreng. — *Ipomœa purpurea* Lamk. — *discolor* Spreng. — *glandulifera* R. et Pav. — *Pharbitis hispida* Chois.) (*Volubilis*). Ann. Eté. Amér. boréale. 1629. Ornement.

C. SCAMMONIA L. — *L. SCAMMONÉE*. Viv. Eté. Orient. Syrie. 1596. Rac. purgat., très-usitée.

C. COCCINEUS Spreng. — *L. ÉCARLATE*. (*C. Cholulensis* Spreng. — *Quamoclit coccinea* Mœnch. — *Ruiziana chlolulensis et dicothoma* Don. — *Ipomœa coccinea* L. — *stylosa* Hort. Mad. — *colulensis et dicothoma* Kunth. — *angulata et acuminata* Ruiz. et Pav. — *dubia* Rœm. et Sch.) (*Jasmin rouge des Indes*, *Quamoclit écarlate*). Ann. Eté. Amér. méridion. Ornem.

C. BATATAS L. — *L. BATATE*. (*C. edulis* Thunb. — *Batatas edulis* Chois.— *Ipomœa Batatatas* Lamk.) Viv. Eté. Inde. 1757. Rac. féculente, aliment.

C. JALAPA L. — *L. JALAP*. (*C. macrorhysus* Ell. — *Ipomœa macrorhyza* Mich. — *Batatas Jalapa* Chois.) Viv. Eté. Mexique. 1733. Rac. purgat.

G. **Cuscuta** *Tourn.* — **Cuscute**.

(de Καδυτας, nom grec d'une plante grimpante, ou mieux *Kechout*, nom arabe de la plante).

C. MINOR DC. — *C. A PETITES FLEURS*. (*C. Europœa* Lamk. v. b. L.—*C. epithymum* Murr.) (*Cheveux de Vénus*, *de Saint-Jean*, *de la Vierge*, *Agoure*, *Angoure*, *Angure de lin*, *Barbe de moine*, *Bourreau du lin*, *Goutte du lin*, *Lin maudit*, *Lin de lièvre*, *Rache*, *Royne*, *Raisin barbu*, *Ruble*, *Teigne*). Ann. Eté. Parasite sur les ajoncs, les bruyères.

Fam. **POLÉMONIACÉES.** — *POLEMONIACEÆ* Vent.

(Nom tiré du genre *Polemonium*)

Pentandrie *L.* — **Infundibuliformes** *Tourn.* — **Polémoines** *Juss.*

G. **Phlox** *L.* — **Phlox.**

(φλοξ, flamme ; allusion à la disposition pyramidale des fleurs).

P. SPECIOSA Pursh. — *P. REMARQUABLE.* Viv. Eté. Colombie. 1826. Ornement.

P. PANICULATA. L. — *P. PANICULÉ. P. cordata* Ell. — *undulata* Ait. — *scabra* Swett. — *Siebmani* Lhem.) Viv. Eté. Virginie. 1752. Ornement.

P. ACUMINATA L. — *P. ACUMINE. (P. decussata* Lyon. — *corymbosa* Sweet). Viv. Eté. Amér. septent. 1812. Ornem.

P. DRUMMONDII Hook. — *P. DE DRUMMOND.* Ann. Eté. Texas. 1835. Ornement.

G. **Collomia** *Hutt.* — **Collomie.**

(κολλα, colle ; allusion aux graines collantes).

C. GRANDIFLORA Dougl. — *C. A GRANDES FLEURS.* Ann. Eté. Colombie. 1826. Ornement.

C. COCCINEA Lehm. — *C. ÉCARLATE.* (*C. Cavanillesii* Hook.) Ann. Eté. Chili. 1833. Ornement.

G. **Gilia** *Ruiz et Pavon.* — **Gilia.**

(Dédié à Salvator Gil, botaniste espagnol, XVIIIe siècle).

G. TRICOLOR Benth. — *G. TRICOLORE.* Ann. Eté. Nouv. Californie. 1833. Ornement.

G. CAPITATA Dougl. — *G. EN TÊTE.* Ann. Eté. Colombie. 1826. Ornement.

G. ANDROSACEA Steud. — *G. ANDROSACÉ.* (*Leptosiphon* Benth.) Ann. Eté. Nouv. Californie. 1833. Ornem.

G. DENSIFLORA DC. — *G. A FLEURS SERRÉES.* (*G. Leptosiphon* Steud. — *Leptosiphon densiflorus* Benth.) Ann. Eté. Nouvelle Californie. 1833. Ornement.

G. CORONOPIFOLIA Pers. *G. A FEUILLES DE CORONOPUS.* (*Ipomopsis picta* Hortul. — *Cantua picta* Hort. — *thyrsoida* Juss. — *pinnatifida* Lamk. — *coronopifolia* Willd. *Polemonium rubrum et Ipomea rubra* L.) Bisann. Eté. Amér. boréale. 1726. Ornement.

G. MILLEFOLIATA Fisch. et Meg. — *G. MILLEFEUILLES.* Ann. Eté. Nouv. Californie. Ornement.

G. **Lœselia** *L.* — **Lœselie.**

(Dédié à Joh. Lœsel, botaniste prussien).

L. COCCINEA G. Don. — *L. ÉCARLATE.* (*Hoitzia* Cav. — *Mexicana* Lamk. — *Cantua Hoitzia* Willd. — *C. coccinea* Poir.) Viv. Eté. Mexique. 1824. Ornement.

G. **Polemonium** *L.* — **Polémoine.**

(Dédié au philosophe grec ou au roi de Pont, Polémon).

P. CŒRULEUM L. — *P. BLEU.* (*Valériane grecque*). Viv. Eté. Montagnes humides. Grèce, Europe. Ornement.

P. REPTANS L. — *P. RAMPANT.* Viv. Eté. Virginie. 1758. Ornement.

G. **Cobœa** *Cav.* — **Cobœa.**

(Dédié au jésuite espagnol Cobo, missionnaire au Mexique).

C. SCANDENS Cav. — *C. GRIMPANT.* Lign. Eté. Mexiq. 1792. Ornement.

Fam. **HYDROPHYLLÉES.** — *HYDROPHYLLEÆ* R. Br.

(Du genre *Hydrophyllum*).

Pentandrie *L.* — **Polémoines** *Juss.* — **Campaniformes** *Tourn.*

G. **Phacelia** *Juss.* — **Phacélie.**

(φακελος, faisceau; allusion à la disposition des fleurs).

P. BIPINNATIFIDA Mich. — *P. BIPENNIFIDE.* Ann. Eté. Caroline. 1824. Ornement.

G. **Cosmanthus** *Nolte.* — **Cosmanthe.**

(κοςμος, ornement; Ανθος, fleur).

C. VISCIDUS DC.—*C. VISQUEUX.* (*Eutoca viscida* Benth. — *viscosa* Hook.) Ann. Eté. Californie. 1834. Ornem.

G. **Eutoca** *R. Br.* — **Eutoca.**

(ευτοχος, fécond; allusion à l'abondance des fleurs et des graines).

E. MULTIFLORA Lehm. — *E. MULTIFLORE.* (*E. Menziezii* Benth. — *Hydrophyllum lineare* Pursh.) Ann. Eté. Californie. 1836. Ornement.

E. DIVARICATA Benth. — *E. DIVARIQUÉ.* (*E. Wrangeliana* Fisch et Mey.) Ann. Eté. Californie. 1833. Ornem.

G. **Nemophila** *Nult.* — **Némophile.**

(γεμος, bois , φιλος, ami ; plante habitant les forêts).

N. INSIGNIS Benth. — *N. REMARQUABLE.* Ann. Eté. Californie. 1832. Ornement.

N. MACULATA Benth. — *N. MACULÉE. (N. speciosa* Hartw.) Ann. Eté. Californie. Ornement.

N. ATOMARIA Fisch. — *N. PONCTUÉ.* Ann. Eté. Californie. 1834. Ornement.

N. PARVIFLORA Benth. — *N. A PETITES FLEURS. (N. pedunculata* Benth. — *peduncularis* Hortul. Par.) Ann. Eté. Californie. 1830. Ornement.

G. **Hydrophyllum** *Tourn.* — **Hydrophylle.**

(υδωρ eau ; φυλλον, feuille ; c.-à-d. habitant le bord des eaux).

H. VIRGINICUM L.— *H. DE VIRGINIE.* Viv. Eté. Amér. boréale. 1739. Ornement.

H. CANADENSE L.— *H. DU CANADA.* Viv. Eté. Canada. 1759. Ornement.

G. **Withlavia.** — **Withlavie.**

W. GRANDIFLORA Harvey.— *W. A GRAND. FLEURS.* Ann. Eté. Californie. Ornement.

Fam. **BORRAGINÉES.** — *BORRAGINEÆ* Juss.

(Nom tiré du genre *Borrago*).

Pentandrie *L.* — **Infundibuliformes** *Tourn.*

G. **Tournefortia** *R. Br.* — **Tournefortia.**

(Dédié à Pitton de Tournefort, botaniste français du XVIIe siècle).

T. HELIOTROPIOIDES Hook.—*T. FAUX HÉLIOTROPE. (Pittone).* Lign. Print. Mexique. Buenos-Ayres. 1829. Ornem.

G. **Heliotropium** *L.* — **Héliotrope.**

(ηλιος, soleil ; τρεπω, tourner ; qui suit le cours du soleil).

H. EUROPŒUM L.— *H. EUROPÉEN.* (*H. erectum* Lamk.) (*Tournesol, Herbe aux verrues, de Saint-Fiacre*). Ann. Eté. Champs arides. Haute-Normandie (sous-spontané au Jardin).

H. PERUVIANUM L.— *H. DU PEROU.* (*H. odorum* Mænch.) (*Héliotrope*). Lign. Eté. Pérou. 1757. Ornement.

G. **Cerinthe** *Tourn.* — **Mélinet.**

(κηρος, cire ; ανθος, fleur ; de la sécrétion jaune et cireuse des feuilles).

C. MINOR L. — *M. A PETITE FLEUR.* (*Mélinet petit*). Ann. Eté. 1570. Alpes.

C. ASPERA Roth. — *M. RUDE.* (*C. major* Lamk, non L.) Ann. Eté. Midi. Pl. émoll.

G. **Onosma** *Tourn.* — **Orcanette.**

(ονος, âne ; οσμη, odorat ; Pl. flairée avidement par les ânes).

O. ECHIOIDES L. — *O. FAUSSE VIPÉRINE.* (*Orcanette jaune*). Viv. Eté. Alpes, Pyrénées. Rac. tinctoriale.

G. **Echium** *Lehm.* — **Vipérine.**

(εχις, vipère ; allusion aux taches livides de la tige, ou au fruit figurant une tête de vipère, ou encore à son efficacité prétendue contre la morsure de la vipère).

E. VULGARE L. — *V. COMMUNE.* (*Herbe aux vipères, Langue d'Oie*). Viv. Eté. Vieux murs, rochers, champs secs, surtout du littoral. C. Indigène.

Cette plante, digne de figurer dans nos parterres, est nuisible aux prairies artificielles qu'elle envahit. Ses fleurs sont recherchées par les abeilles ; elle est délaissée par les bestiaux à cause de ses poils rudes.

E. PLANTAGINEUM L. — *V. A FEUIL. DE PLANTAIN.* (*E. violaceum* Lp.) Bisann. Eté. Midi. Ornement.

E. ITALICUM Gm. — *V. D'ITALIE.* (*E. rubrum* Jacq. — *Creticum* Pall.) Ann. Eté. Midi. Ornement.

E. GRANDIFLORUM Desf. — *V. A GRANDES FLEURS.* (*E. formosum* Pers. — *tuberiferum* Poir. — *longiflorum* Dum., Cours. — *Lobostemon formosus* Buek. Ann. Eté. Provence, Méditerranée. Afrique. 1787. Ornement.

G. **Pulmonaria** *L.* — **Pulmonaire.**

(*Pulmo*, poumon ; allusion aux taches blanches des feuilles, rappelant les tubercules du poumon).

P. OFFICINALIS L. — *P. OFFICINALE.* (*Pulmonaire d'Italie, Herbe aux poumons, de cœur, au lait de Notre-Dame, Sauge de Bethléem, de Jérusalem*). Viv. Print. bois, prairies. Est, Midi. Feuilles béchiques.

P. ANGUSTIFOLIA L. — *P. A FEUILLES ÉTROITES.* Viv. Print. Lieux boisés, coteaux secs. TR. Indigène. Feuilles béchiques.

G. **Lithospermum** *Tourn.* — **Grémil**.

(λιθος, pierre ; σπερμα, fruit ; allusion à la consistance dure du fruit).

L. OFFICINALE L. — *G. OFFICINAL.* (*Herbe aux perles*, *Larmille*, *Graine et Blé d'amour*, *Perlière*, *Millet de soleil*, *gris*, *perlé*, *d'amour*). Viv. Été. bois, haies couvertes. TR. Indigèn. Employé en infusion sous le nom de thé. Pl. propre à nettoyer la soie et la laine.

L. ARVENSE L — *G. DES CHAMPS.* (*Rhytispermum* Link.) Ann. Eté. Champs cultiv. du littoral. TC. Indigène.

L. FRUTICOSUM L.— *G. SOUS-LIGNEUX.* Lign. Print.-été. Lieux secs, coteaux. Ouest, Midi. Ornement.

L. PURPUREO-COERULEUM L. — *G. A FLEURS VIOLETTES.* (*L. violaceum* Lamk.) Viv. Print.-été. Coteaux, bois calcaires. TR. Environs de Paris, Centre.

G. **Alkanna** *Tausch.* — **Alkanna**.

(de *Alkanna*, nom arabe de la plante).

A. TINCTORIA Tausch. — *A. DES TEINTURIERS.* (*Buglossum* Lamk. — *Lithospermum* L.—*Anchusa* Desf.) (*Orcanette*). Viv. Eté. Lieux arides. Midi, Lyonnais. Rac. tinctoriale.

G. **Lycopsis** *L.* — **Lycopside**.

(λυκος, loup ; οψις, ressemblance ; allusion aux poils hérissés de la plante).

L. ARVENSIS L.— *L. DES CHAMPS.* (*Anchusa* Biébest.) (*Face de loup*, *Grippe des champs*, *Grisette*, *petite Buglose*). Ann. Print.-été. Champs du littoral, talus des fossés. AC. Indigèn.

G. **Anchusa** *L.* — **Buglose**.

(αγχουσα, fard ; allusion au principe colorant rouge de qq. espèces)

A. ITALICA Retz. — *B. D'ITALIE.* (*A. paniculata* Ait. — *amœna* Gærtn. — *officinalis* Gou., non L. — *Buglossum officinale* Lamk.) (*Langue de bœuf*). Bisann. Print.-été. Champs du littoral. TR. Indigène.

A. SEMPERVIRENS L. — *B. TOUJOURS VERTE.* (*Buglossum* All. — *Omphalodes* Don. — *Caryolopha* Fisch.) Viv. Print.-été. TR. Lieux couverts. Indigène.

Ces deux plantes, surtout l'*Italica*, sont d'ornement.

A. OFFICINALIS L. — *B. OFFICINALE.* (*A. angustifolia* DC.) Viv. Print-été. Lieux incultes. Midi, Ouest, Est. Pl. émolliente, ainsi que les précédentes.

G. **Borrago** *L.* — **Bourrache.**

(de *Cor*, cœur ; *Ago*, j'agis ; allusion à de prétendues propriétés cordiales).

B. OFFICINALIS L. — *B. OFFICINALE*. Ann. Eté. Lieux cultivés. C. Indigène. Pl. diurétique, dépurative et béchique.

G. **Psilostemon** *DC.* — **Psilostémone**.

(ψιλος στημιον, étamines grêles).

P. ORIENTALE DC. — *P. D'ORIENT*. (*Borrago* L.) Viv. Print. Orient. 1752. Ornement.

G. **Symphytum** *L.* — **Consoude.**

(συμφυω, souder ; allusion aux feuilles décurrentes ou au suc astringent de la racine).

S. OFFICINALE L. — *C. OFFICINALE*. (*Grande Consoude, Herbe du cardinal, Confée, Consyre, Langue de vache, Oreille d'âne, Pecton, Herbe à la coupure*). Viv. Print.-été, Bords des eaux, prés humides. TC. Indigène. Pl. émolliente. Mauvais fourrage à l'état sec, quoiqu'on la vante à l'état vert.

S. ORIENTALE L. — *C. D'ORIENT*. Viv. Print. Asie mineure. 1752. Pl. émolliente.

S. TUBEROSUM L. — *C. TUBÉREUSE*. Viv. Print. Prairies. Centre. Midi. Pl. émolliente.

G. **Cynoglossum** *L.* — **Cynoglosse**.

(κυων, chien ; γλωσσα, langue ; allusion à la forme et à la surface des feuilles).

C. OFFICINALE L. — *C. OFFICINALE*. (*Langue de chien*). Bisann. Print. Mielles, champs du littoral. R. Indigène. Pl. émolliente et calmante.

C. MONTANUM Lehm. — *C. DES MONTAGNES*. (*C. Hœnchei* Rœm. et Sch.) Lign. Print. Bois, lieux élevés et humides. Centre. Midi.

C. PICTUM DC. — *C. RAYÉE*. (*C. Creticum* Vill. — *amplexicante* Lamk.) Lign. Print. Lieux arides. Ouest. Midi.

C. LINIFOLIUM L. — *C. A FEUILLES DE LIN*. (*C. Lusitanicum* Willd. — *linifolium* L. — *Omphalodes linifolia* Mœnch.) (*Herbe au nombril, Nombril de Vénus*). Ann. Print. Eté. Nice, au mont Ventoux. Ornement.

C. OMPHALODES L. — *C. OMPHALODE*. (*Omphalodes verna* Mœnch. — *Picotia* Schultz.) (*Petite Bourrache*). Viv. Print. Lieux boisés. Midi, Est. Ornement.

G. **Asperugo** *Tourn.* — **Râpette.**

(*Asper*, âpre ; allusion à la surface des feuilles et des tiges).

A. PROCUMBENS L. — *R. COUCHÉE.* (*A. vulgaris* Dum. Cours.) (*Portefeuille*). Ann. Eté. Décombres, bords des routes. Centre, Midi, etc. Pl. béchique.

G. **Myosotis** *L.* — **Myosotis.**

(μυς, souris ; ους, oreille ; allusion à la forme et aux poils de la feuille).

M. VERSICOLOR Reichb. — *M. VERSICOLORE.* (*M. scorpioides collina* Erhrh. — *arvensis versicolor* Pers.) Ann. Print. Champs, coteaux, bords des chemins. C. Indigène.

M. ARVENSIS Lehm. — *M. DES CHAMPS.* (*M. intermedia* Link. — *M. scorpioides* V. a. L.) (*Oreille de souris*). Ann. Eté. Coteaux, lieux cultivés. TC. Indigène. Ornement.

M. PALUSTRIS With. — *M. DES MARAIS.* (*M. perennis* Var. a. DC. — *M. scorpioides* Var. b. L.) (*Ne m'oubliez pas, Grenillet, Plus je te vois plus je t'aime, Scorpione, Oreille de souris*). Viv. Eté. Fossés, ruisseaux. AC. Indigène. Ornement.

G. **Echinospermum** *Swartz.* — **Bardanette.**

(εχινος, hérisson ; σπερμα, graine ; allusion à la surface du fruit).

E LAPPULA Lehm. — *B. FAUSSE-MYOSOTIS.* (*Cynoglossum Lappula* Scop. — *Rochelia Lappula* Schult. — *Myosotis Lappula* L.) (*Petite Bardane*). Ann. Eté. Lieux pierreux. Calvados, Seine-Inférieure. TR.

G. **Nolana** *L.* — **Nolane.**

(*Nola*, clochette ; allusion à la forme de la fleur).

N. PROSTRATA L. — *NOLANE COUCHÉE.* (*N. gallinacea* Pers. Ann. Eté. Pérou. 1761. Ornement.

N. ATRIPLICIFOLIA D. Don. — *N. A FEUILLES D'ARROCHE.* (*Sorema* Lindl.) Ann. Eté. Chili, Pérou. Ornement. 1834.

Ce genre est placé par les uns dans les borraginées, par les autres dans les convolvulacées et les solanées ; aussi Endlicher en a-t-il fait une petite famille intermédiaire.

Fam. **SOLANÉES.** — *SOLANEÆ* Juss.

(Nom tiré du genre *Solanum*).

Pentandrie *L.* — **Infundibuliformes ou Campaniformes** *Tourn.*

G. **Solanum** *L.* — **Morelle.**

(*Solari*, consoler ; *Solatium*, soulagement ; allusion aux propriétés calmantes de certaines espèces).

S. TUBEROSUM L. — *M. TUBÉREUSE*. (*S. esculentum* Neck. — *S. Parmentieri* Molina. — *Lycopersicum tuberosum* Mill.) (*Pomme de terre, Parmentière, Papas des Péruviens, Patate, Tartauffe, Truffelle*). Viv. Eté. Chili. Pl. aliment. 1590.

S. NIGRUM L. — *M. NOIRE*. (*Crève-chiens, Herbe des magiciens, Morette, Raisin de loup*). Ann. Eté. Lieux incultes, décombres. TC. Indigène. Pl. médic. suspecte.

Ses feuilles sont mangées sous le nom de *Brède, Laman*, dans quelques pays.

S. CHLOROCARPUM Spenn. — *M. A FRUITS JAUNES*. Ann. Eté. Lieux incultes, mielles et sables du littoral. AC. Indigène. Présente plusieurs variétés.

S. DULCAMARA L. — *M. DOUCE-AMÈRE*. (*Dulcamara flexuosa* Mœnch.) (*Bronde, Herbe à la carte, à la fièvre, de Judée, Loque, Vigne de Judée, sauvage*). Lign. Eté. Haies, chemins, bords des eaux. C. Indigène. Pl. médic. sudorif., dépurat.

S. PSEUDO-CAPSICUM L. — *M. FAUX-PIMENT*. (*S. Americanum* Daléch. — *S. capsicastrum* Link.) (*Cerisier d'amour, Orange du savetier*). Lign. Eté. Açores, Madère. 1796. Ornem.

S. GLAUCOPHYLLUM Desf. — *M. A FEUIL. GLAUQUES*. Viv. Eté. Amér. australe 1832. Ornement.

S. MELONGENA L. — *M. MELONGÈNE*. (*S. esculentum* Dun.) (*Aubergine, Mérigeanne, Melanzane, Mayenne*). Ann. Eté. Inde, Afrique. 1597. Aliment.

G. **Lycopersicum** *Tourn.* — **Tomate.**

(λυκος, loup ; περσικον, pèche de loup ; pl. vénén. pour les loups).

L. ESCULENTUM Mill. — *T. COMESTIBLE*. (*Solanum Lycopersicum* L.) (*Pomme d'amour*). Ann. Eté. Mexiq. 1596. Aliment.

G. **Capsicum** *L.* — **Piment.**

(καπτω, manger avidement ; allusion aux propriétés excitantes du fruit).

C. ANNUUM L. (non Willd.) — *P. ANNUEL*. (*Poivre long, Poivron, Poivre de Guinée, Corail des jardins*). Ann. Eté. Inde. 1548. Condiment.

C. GROSSUM Willd.) (non Schultz.) — *P. A GROS FRUIT*. Ann. Eté. Inde. 1759. Aliment.

G. **Nicandra** *Adans.* — **Nicandre.**

(Dédié à Nicandre, médecin grec, 160 ans avant J.-C.)

N. PHYSALOIDES Gærtn. — *N. FAUX-ALKÉKENGE.* (*Atropa* L. — *Physalis daturæfolia* L. — *P. Peruviana* Mill. — *Calydermos erosus* Ruiz. et Pav.) Ann. Eté. Pérou. 1759. Ornement.

G. **Physalis** *Gœrtn.* — **Coqueret.**

(φυσα, vessie; allusion au calice gonflé).

P. ALKEKENGI L. — *C. ALKÉKENGE.* (*P. Halicacabum* Scop.) (*Coqueret, Herbe à cloques*). Viv. Eté. Lieux cultiv., terrains calcaires, ombragés et humides. TR. Calvados, Eure. Médicam. Baie comest.

G. **Atropa** *L.* — **Belladone.**

(*Atropos*, l'une des Parques; allusion à ses propriétés vénéneuses).

A. BELLADONA L. — *B. MÉDICINALE.* (*Herbe empoisonnée*). Viv. Eté. lieux et talus couverts, bois. TR. Indig. Très-vénén., narcot.

G. **Mandragora** *Tourn.* — **Mandragore.**

(μανδρα, étable; allusion à la localité de la plante, en grec μανδραγωρας).

M. OFFICINARUM L. — *M. OFFICINALE.* (*M. autumnalis* Bertol.— *Atropa Mandragora* L.) Viv. Eté.-automn. Région méditerrann. Tr.-vénén. Pl. narcot.

M. VERNALIS Bertol. — *M. PRINTANIÈRE.* (*M. acaulis* Gærtn. — *Atropa Mandragora* L. Var. a.Willd.) Viv. Print. Région méditerrann. Narcot. très-vénén.

G. **Habrothamnus** *Endlich.* — **Habrothamnus.**

(αβροθης, magnificence; allusion à la beauté des fleurs).

H. ELEGANS Scheidw. — *M. ÉLÉGANT.* (*H. purpureus* Lindl.) Lign. Eté. Mexique. 1843. Ornement.

G. **Iochroma** *Benth.* — **Iochrome.**

(Ιον, violette; Χρωμα, couleur; allusion à la couleur de la corolle).

I. TUBULOSUM Benth.— *I. TUBULEUX.* (*Habrothamnus cyaneus* Lindl.) Lign. Eté. Pérou. 1843. Ornement.

G. **Lycium** *L.* — **Lyciet.**

(Λυκια, Lycie; c.-à-d. plante de l'Asie-Mineure).

L. EUROPÆUM S. — *L. D'EUROPE.* Lign. Eté. Midi. Ornement.

L. CHINENSE Mill. — *L. DE CHINE.* (*L. ovatum* Duh.) Lign. Eté. Chine. Ornement. 1789.

G. **Datura** *L.* — **Datura.**

(de *Tat*, piquer, dont les Persans ont fait *Tatula* et les Arabes *Datora*).

D. STRAMONIUM L. — *D. STRAMOINE.* (*D. Lorica et pseudo-stramonium* Siébolt. — *D. Capensis* Hort. — *Turcarum* Bessl. — *Stramonium vulgare* Mœnch. — *vulgatum* Gærtn. — *fœtidum* Scop. — *spinosum* Lamk.) (*Pomme épineuse*, *Herbe des magiciens*, *Stramoine*, *Herbe du diable*). Ann. Eté. Lieux incultes. Natural. Amér. boréale. Très-vénén. Narcot.

D. SUAVEOLENS Humb. et Bonpl. — *D. ODORANTE.* (*D. arborea* Hortul. — *Brugmansia suaveolens* G. Don. — *Stramonium arboreum* Mœnch.) (*Trompette du jugement*). Lign. Eté. Pérou. 1733. Ornement.

D. SANGUINEA Ruiz. et Pav. — *D. SANGUIN.* (*Brugmansia sanguinea* G. Don. — *bicolor* Pers.) Lign. Eté. Pérou. 1836. Ornement.

D. INERMIS Jacq. — *D. NON ÉPINEUX.* (*D. lævis* L. — *Stramonium læve* Mœnch.) Ann. Eté. Abyssinie. 1780. Vénén.

D. FEROX L. — *D. FÉROCE.* (*Stramonium* Tourn.) Ann. Eté. Chine. Vénén.

D. TATULA L. — *D. A FLEURS VIOLETTES.* (*D. Stramonium* Var. — *chalybea* Koch. — *Stramonium tatula* Mœnch.) Ann. Eté. Amér. boréale. vénén.

G. **Anisoda** *Link.* — **Anisode.**

(ανισος, inégal; οδους, dent; allusion aux divisions inégales de la corolle).

A. LURIDUS Link. — *A. SALE.* (*A. stramonifolius* G. Don. — *Nicandra anomala* Link. et Otto. — *Withleya stramonifolia* Sweet.(Viv. Eté. Népaul. 1823.

G. **Scopolia** *Jacq.* — **Scopolie.**

(Dédié à Ant. Scopoli, botaniste du Tyrol. 1775).

S. CARNIOLICA Jacq. — *S. DE CARNIOLE* (*S. atropoides* Schultz. — *Hyoscyamus Scopolia* L.) Viv. Print. Italie. 1780.

G. **Hyoscyamus** *Tourn.* — **Jusquiame**.

(ὑς, porc ; κυαμος, fève ; fruit servant de pâture aux pourceaux).

H. NIGER L. — *J. NOIRE.* (*H. agrestis* Kit. — *Verviensis* Lejeune — *Bohemicus* Schm.) (*Hannebanne, Herbe de sainte Apolline, Herbe caniculaire, aux engelures, à la teigne, Careillade, Porcelet, Portelée, Mort aux poules*). Ann. Eté. champs et bords du littoral. TR. Indigène. Très-vénén. Narcot.

H. ALBUS L. — *J. BLANCHE.* Ann. Eté. Midi. Tr.-vénén.

H. PHISALOIDES L. — *J. FAUX COQUERET.* (*Atropa* Georges — *Physoclaina* G. Don.) Viv. Print. Sibérie. Narcot. Gr. énivrant.

H. ORIENTALIS Biéb. — *J. D'ORIENT.* (*Physoclaina* G. Don.) Viv. Print. Orient. Sibérie. 1777. Ornem. Narcot. vénén.

G. **Nicotiana** *Tourn.* — **Nicotiane**.

(Dédié à J. Nicot, introducteur du tabac en France).

N. TABACUM L. — *N. TABAC.* (*N. Havanensis* Lagasc.) (*Petun, Herbe à la reine, sacrée, du grand-prieur*). Ann. Eté. Mexique. 1560. Narcot. Industr. Vénén.

N. PANICULATA L. — *N. PANICULÉE.* (*N. viridiflora* Cav.) Ann. Eté. Pérou. 1752. Ornement.

N. RUSTICA L. — *N. RUSTIQUE.* (*N. Tatarica* Hort. Crac. — *Sibirica* Hort. Parm. — *scabra* Cav. — *rugosa* Mill.) (*Priapée, Tabac des paysans*). Ann. Eté. Amér. 1570. Ornem.

G. **Petunia** *Juss.* — **Pétunia**.

(Genre voisin du tabac ou petun).

P. VIOLACEA L. — *P. VIOLET.* (*P. Phœnicea* D. Don. — *Atkinsiana* D. D. — *Salpiglossis integrifolia* Hook. — *Nierembergia Punicea* Hortul. — *Phœnicea* D. Don.) Viv. Eté. Buénos-Ayres. 1831. Ornement.

G. **Nierembergia** *Ruiz. et Pavon.* — **Niérembergia**.

(Dédié à I. Nieremberg, botaniste et jésuite espagnol. 1635).

N. FILICAULIS Lindl.— *N. FILIFORME.* (*N. linearifolia* Grah.) Viv. Eté. Mexique. Buénos-Ayres. 1832. Ornement.

G. **Fabiana** *Ruiz. et Pavon.* — **Fabienne**.

(Dédié à Fabiano, archevêque de Valence, botaniste).

F. IMBRICATA Ruiz. et Pav.— *F. IMBRIQUÉ.* Lign. Eté. Chili. 1832. Ornement.

Dicotylédones monopétales hyppogynes anisandrées.

(Corolle irrégulière à quatre ou cinq divisions insérée sur le réceptacle. — Etamines, quatre inégales, ou seulement deux, par avortement).

Fam. **SCROPHULARINÉES.**— *SCROPHULARINEÆ* R. Br.

(Nom tiré du genre *Scrophularia*).

Didynamie angiospermie *L.*— **Personées** *Tourn.*— **Pédiculaires** *Juss.* **Rhinanthacées** *DC.*

G. **Salpiglossis** *Ruiz. et Pavon.* — **Salpiglossis.**

(σαλπιγξ, trompette ; γλωσσα, langue ; allusion au stigmate dilaté en languette et recourbé en trompette).

S. SINUATA Ruiz. et Pav. — *S. SINUEUX.* (*S. atropurpurea* Grah. — *staminea* Hook. — *picta et Barclayana* Sweet.) Ann. Eté. Chili. 1824. Ornement.

S. AUREA Hort.—*S. DORÉ.* Ann. Eté. Chili? 1848. Ornem.

G. **Schizanthus** *Ruiz. et Pav.* — **Schizanthe.**

(σχιζω, déchirer ; Ανθος, fleur ; allusion aux découpures de la corolle).

S. PINNATUS Ruiz. et Pav. — *S. PENNÉ.* (*S. gracilis* Clos.-Bentham.) Ann. Eté. Chili. 1849. Ornement.

S. GRAHAMI Gillies.— *S. DE GRAHAM.* Ann. Eté. Chili. 1829. Ornement.

G. **Calceolaria** *L.* — **Calcéolaire.**

(*Calceolus*, petit soulier ; allusion à la forme de la corolle).

C. INTEGRIFOLIA Murr. — *C. A FEUIL. ENTIÈRES.* (*C. rugosa* Lodd. — *ferruginea* Colla. — *salviæfolia* Pers. — *robusta* Alb.) Lign. Eté. Chili. 1822. Ornement.

C. PETIOLARIS Cav. — *C. PETIOLAIRE.* (*C. floribunda* Lindl. — *connata* Hook. — *Bœa alata* Pers.) Viv. Eté. Chili. 1822. Ornement.

G. **Verbascum** *L.* — **Molène.**

(Altération de *Barbascum*, nom faisant allusion aux filets barbus).

V. THAPSUS L. — *M. BOUILLON BLANC.* (*V. alatum* Lamk. — *Schraderi* Mey. et Koch. — *densiflorum* Poll. — *neglectum* Guss.) Bisann. Eté. Lieux incultes, bords des chemins. TC. Indigène. Emolliente, béchique.

V. PHLOMOIDES L. — *M. FAUX PHLOMIS.* (*V. rugulosum* Willd. — *Australe, nemerosum, condensatum* Schrad. — *samniticum* Tén.— *macranthum* Hoffm. et Link. — *thapsoides* fl. du Dauph.) Bisann. Eté. Champs du littoral. TR. Indigèn. Midi. Béchique.

V. BLATTARIA L. — *M. BLATTAIRE.* (*V. Claytoni* Mich.) (*Herbe aux mites*). Bisann. Bords des chemins, champs du littoral. AC. Indigène.

V. PULVERULENTUM Vill. — *M. PULVERULENTE.* (*V. floccosum* Waldst. et Kit. — *pulvinatum* Thuill. — *hemorrhoidale* Ait.) Ann. Eté. Champs et fossés du littoral. TR. Indigène. Béchique.

V. LYCHNITIS L. — *M. LYCHNÎDE.* Lig. Eté. Coteaux, pelouses sèches. TR. Indigène.

V. NIGRUM L. — *M. NOIRE.* (*V. Parisiense et alopecurus* Thuill. — *lanatum* Schrad. — *thyrsoideum* Host.) (*Bouillon noir*). Viv. Eté. Bords des chemins, talus des fossés, lieux incultes. TC. Indigène. Béchique.

V. CHAIXII Vill. — *M. DE CHAIX.* (*V. Orientale* Biéb.— *Gallicum* Willd. — *Austriacum* Schott. *dentatum* Lp. — *urticæfolium* Lamk. — *Monspessulanum* Pers. — *ovatum Banaticum* Schrad.) Ann. Eté. Midi. Pyrén. Orient. 1816. Ornement.

V. PHŒNICEUM L. — *M. DE PHÉNICIE.* (*V. triste* Sm. — *puniceum* Schrad. — *ferrugineum* Andr.) Ann. Eté. Collines arides. Savoie. 1796.

G. **Celsia** *L.* — **Celsie.**

(Dédié à Olaus Celsius, ami de Linnée).

C. CRETICA L. — *C. DE CRÈTE.* (*C. Australis* Hortul.— *Verbascum lyratum* Lamk.) Bisann. Eté. Région méditerrann. 1752. Ornement.

C. ORIENTALIS L. — *C. D'ORIENT.* Bisann. Eté. Grèce, Orient. 1713. Ornement.

C. LANCEOLATA Vent. — *C. LANCÉOLÉ.* Viv. Eté. Orient. 1816. Ornement.

G. **Nemesia** *Vent.* — **Némésie.**

(Νεμεσια, nom grec d'une espèce de Muflier).

N. FLORIBUNDA Lehm. — *N. FLORIBONDE.* Ann. Eté. Afrique australe. 1832. Ornement.

G. **Linaria** *Tourn.* — **Linaire.**

(*Linum*, lin ; allusion à la forme des feuilles).

L. CYMBALARIA Mill.— *L. CYMBALAIRE.* (*Antirrhinum*

cymbalaria L. — *A. hederæfolium* Poir. — *hederaceum* Lamk. — *Cymbalaria muralis* Baumg. — *hederacea* Gray.) Viv. Eté. Vieux murs. TR. Indigène. Ornement.

L. SPURIA Mill. — *L. BATARDE.* (*Antirrhinum spurium* L. — *Cymbalaria spuria* Baumg. — *Kickxia spuria* Dumort. *Elatine ovata* Gray.) Ann. Eté. Champs cultiv., talus des fossés. AR. Indigène.

L. ELATINE Mill.— *L. ELATINE.* (*Antirrhinum elatine* L. — *auriculatum* Lamk.— *elatinoides* Tenor. — *Linaria commutata* Bernh. — *Elatine hastata* Mænch. — *Cymbalaria elatine* Baumg.) (*Velvote*). Ann. Eté. Lieux cultiv. TC. Indig.

L. VULGARIS Mill. — *L. COMMUNE.* (*Antirrhinum Linaria* L. — *A. glandulosum* Lejeune. — *A. commune* Lamk. — *Linaria genistifolia* Benth. — *speciosa* Tén. — *acutiloba* Fisch. — *elongata* Dumort. — *Pensilvanica* Scheèl.) Viv. Eté. Chemins, talus des fossés. TC. Indigène.

Il existe une var. tranchée à fl. blanch. tr. grand. Genêts, etc.

L. MINOR Desf. — *L. MINEURE.* (*L. viscida* Mænch. — *Antirrhinum minus* L.) Ann. Eté. Lieux incult., champs calc. TR. Normandie. France. Indigène.

L. TRIPHYLLA Mill. — *L. A TROIS FEUILLES.* (*L. neglecta* Guss. — *glabrata* Humb. et Bonpl. — *Antirrhinum triphyllum* L.—*neglectum* Spreng.) Ann. Eté. Midi. Ornement.

L. STRIATA DC. — *L. STRIÉE.* (*L. repens* Ait. — *stricta* Hornem. — *Antirrhinum monspessulana* Dum. Cours. — *decumbens* Mænch. — *cyparyssias* Tausch. — *Monspessulanum et repens* L. — *striatum* Lamk. — *galioides* Lamk.) Viv. Eté. talus des fossés, vieux murs. AR. Indigène.

L. OCHROLEUCA Bréb.—*L. JAUNATRE.* Viv. Eté. Talus des fossés. AR. Indigène.

L. SIMPLEX DC.— *L. A TIGE SIMPLE.* (*L. arvensis* Var. b. Chav. — *Antirrhinum arvense* Var. b. L.— *simplex* Willd.) Ann. Eté. Midi.

Ces plantes que les animaux ne broutent pas sont suspectes.

G. **Antirrhinum** *L.* — **Muflier**.

(αντι, comme ; ριν, museau ; c.-à-d. corolle semblable à un museau).

A. BELLEDIFOLIUM L. — *MUFLIER A FEUILLES DE PAQUERETTE.* (*Linaria belledifolia* Dum. Cours. — *Dodartia Linaria* Mill. — *Anarrhinum belledifolium* Desf. (Ann. Eté. coteaux. Midi, Centre. Ornement.

A. MAJUS L. — *M. A GRANDE FLEUR.* (*A. Montevi-*

dense Mort. — *Rhodium* Boiss. — *Orontium majus* Pers.) (*Gueule de loup*, *Mufle de veau*). Viv. Eté. Vieux murs. AC. Indig. Suspect.

A. ORONTIUM L. — *M. RUBICOND.* (*A. gibbosum* Wall. *Orontium arvense* Pers.) (*Tête de mort*). Ann. Eté. Moissons, lieux cultiv. C. Indigène. Suspecte.

Maurandia *Ort.* — **Maurandie.**

(Dédié à Maurandy, botaniste à Carthagène).

M. SEMPERFLORENS Ort. — *M. TOUJOURS FLEURIE.* (*M. scandens* Pers. — *Usteria scandens* Cav.) Viv. Eté. Mexique. 1796. Ornement.

G. **Scrophularia** *L.* — **Scrophulaire.**

(*Scrophulæ*, scrofules ; allusion à de prétendues propriétés médicales).

S. SCORODONIA L. — *S. A FEUILLES DE SAUGE.* (*S. betonicæfolia* L.) Viv. Eté. Haies, chemins, lieux pierreux, du littoral surtout. AC. Indigène.

S. NODOSA L. — *S. NOUEUSE.* (*S. Marylandica* L. — *lanceolata* Pursh. — *Californica* Cham. — *Sckellii* Spreng. — *Italica* Mill. — *umbrosa* Dum., Cours.) (*Herbe aux écrouelles*, *Suie d'enfer*). Viv. Eté. Haies fraîch., talus des foss. C. Indig.

S. AQUATICA L. — *S. AQUATIQUE.* (*S. Balbisii* Horn.) (*Herbe au siége*). Viv. Eté. Bords des eaux, lieux humides. C. Indigène. — Ces deux espèces sont fort âcres et vénén.

S. PYRENAICA Gm. — *S. DES PYRÉNÉES.* Viv. Eté. Pyrénées. TR. Indigène ou sous-spontanée ?

S. VERNALIS L. — *S. PRINTANIÈRE.* (*S. latifolia* Hort.) Ann. Eté. Bois. TR. Indigène ? Mont Saint-Michel.

S. PEREGRINA L. — *S. VOYAGEUSE.* (*S. geminiflora* Lamk. — *sexangularis* Mœnch) Lign. Eté. Jardins, haies. TR. Indigène.

G. **Collinsia** *Nutt.* — **Collinsie.**

(Dédié à Zach. Collins , de Philadelphie).

C. BICOLOR Benth. — *C. BICOLORE.* (*C. heterophylla* Grah.) Ann. Eté. Californie. 1833. Ornement.

G. **Chelone** *L.* — **Chélonée.**

(χελωνη, tortue ; allusion à la forme de la lèvre supérieure de la corolle).

C. GLABRA L. — *C. GLABRE.* (*C. purpurea* Mill. — *obliqua* L.) Viv. Eté. Amér. boréale. 1730. Ornement.

G. **Penstemon** *Lhér.* — **Penstemone.**

(πεντε, cinq; στημον, filament; c.-à-d. 5 étamines (une stérile).

P. DIGITALIS Nutt. — *P. DIGITALE.* (*Chelone* Swet.) Viv. Eté. Louisiane. 1724. Ornement.

P. GENTIANOIDES Hort.—*P. GENTIANOIDE.* (*P. Hartewgi* Benth. — *puniceus* Lils. — *coccineus* Hoffm.) Viv. Eté. Mexique. 1825. Ornement.

G. **Erinus** *L.* — **Erine.**

(Ερινος, nom donné à une sorte de campanule).

E. ALPINUS L. — *E. DES ALPES.* (*E. hispanicus* Pers.) Viv. Eté. Coteaux pierreux. Espagne. Midi. 1739. Ornement.

G. **Phygelius** *E. Mey.* — **Phygélius**

P. CAPENSIS L. Mey.—*P. DU CAP.* Lign. Eté. Montagnes. Afrique australe. Ornement.

G. **Digitalis** *L.* — **Digitale.**

(*Digitale*, dé; allusion à la forme de la corolle).

D. PURPUREA L.—*D. POURPRÉE.* (*D. tomentosa* Link.) (*Gantière*, *Gant de Notre-Dame*, *Claquets*). Lign. Eté. Lieux arides, talus des fossés. TC. Indigène. Ornem. Médic. Sédativ. Vénéneuse.

D. LUTEA L. — *D. JAUNE.* (*D. micrantha* Roth. — *parviflora* DC.) Lign. Eté. Bois montueux, coteaux pierreux. TR. Haute-Normandie.

D. FERRUGINEA L. — *D. FERRUGINEUSE.* (*D. aurea* Lindl.) Viv. Eté. Orient. 1597. Ornement.

G. **Budleia** *L.* — **Budléa**

(Dédié à Budle, botaniste anglais).

B. GLOBOSA Lamk. — *B. GLOBULEUX.* (*B. capitata* Jacq.) Lign. Eté. Andes. Chili. 1774. Ornement.

B. LINDLEYANA Fort. — *B. DE LINDLEY.* Lign. Eté. Chine. 1344. Ornement.

G. **Gratiola** *L.* — **Gratiole.**

(Diminutif de *Gratia*, grâce de Dieu, à cause de ses propriétés médicales).

G. OFFICINALIS L. — *G. OFFICINALE.* (*Herbe à pauvre homme*). Viv. Eté. Prés humides, bords des eaux. R. Haute-Normandie. Pl. purgativ. vomitiv. vénén.

G. **Mimulus** *L.* — **Mimule.**

(μιμος, comédien; allusion à la forme de sa corolle en masque).

M. GUTTATUS DC. — *M. PONCTUÉ.* (*M. luteus* L. — *M. rivularis* Nutt. — *variegatus* Hortul.) Viv. Eté. Californie. 1812. Ornement.

M. RINGENS L.—*M. RINGENT.* Viv. Eté. Canada. 1759. Ornement.

M. MOSCHATUS Dougl. — *M. MUSQUÉ.* Viv. Orégon. 1826. Ornement.

G. **Veronica** *L.* — **Véronique.**

(Dédié à sainte Véronique).

V. SERPYLLIFOLIA L.—*V. A FEUIL. DE SERPOLET.* Viv. Eté. Bords des chemins, pelouses, lieux cultiv. TC. Indig.

V. ANAGALLIS L. — *V. MOURON.* Viv. Eté. Lieux marécageux, ruisseaux, fossés. AR. Indigène.

V. SCUTELLATA L.— *V. A ÉCUSSON.* Viv. Eté. Fossés, lieux très-humides, bords des eaux. R. Indigène.

V. BECCABUNGA L. — *V. BECCABUNGA.* (*Cresson de chien, Laitue de Chouette, Salade de chouette*). Viv. Eté. Lieux très-humides, aquatiques. TC. Indigène. Antiscorbut.

V. TEUCRIUM L. — *V. TEUCRIETTE.* (*V. prostrata* L. — *latifolia* L. — *dentata* Schrad. — *saturæfolia* Poir. — *crinita* Kit. — *Chaixii* Lapey. — *nitida* Poir. — *Lutetiana* Rœm. et Sch. — *Orsiniana* Tén.) Viv. Print. Coteaux secs. Midi. Ornement. Tonique.

V. OFFICINALIS L. — *V. OFFICINALE.* (*Thé d'Europe, Véronique mâle, Herbe aux ladres*). Viv. Eté. bruyères, bois, talus des fossés. C. Indigène. Léger. tonique.

V. CHAMŒDRYS L.—*V. PETIT CHÊNE.* (*V. lacinifolia et Sudolphiana* Hayne. — *divaricata* Tausch.) (*Fausse Germandrée, Pichot-Chaîne, V. des haies, des bois, femelle*). Viv. Print. Haies, buissons, talus des fossés. TC. Indigène.

V. MONTANA L.—*V. DE MONTAGNE.* Viv. Print. Bois, haies ombragées, bords des ruisseaux. R. Indigène.

V. SPICATA L. — *V. EN ÉPI.* (*V. Clusii et menthæfolia* Scholt. — *hybrida* L.) Viv. Eté. Mielles, coteaux maritimes. TR. Indigène (Celle de nos mielles est la *V. spicata* Var. — *minor* Bréb.)

V. VIRGINICA L. — *V. DE VIRGINIE.* (*Pœderota* Walp. — *Leptandra* Nutt.) Viv. Eté. Virginie. 1814. Ornement.

V. LONGIFOLIA L. — *V. A LONGUES FEUILLES.* (*V. luxurians* Lecl.) Viv. Eté. Europ. mérid. 1731. Ornem.

V. SPECIOSA R. Cunn.— *V. REMARQUABLE.* Viv. Eté. Nouvelle Zélande. 1835. Ornement.

V. SALICIFOLIA Forst. — *V. A FEUILLES DE SAULE.* Viv. Eté. Nouvelle Zélande. 1735. Ornement.

V. FRUTICULOSA. L. — *V. FRUTICULEUSE.* (*V. frutescens* Scop. — *saxatilis* L.) Viv. Eté. Midi. Ornement.

V. PERSICA Poir. — *V. DE PERSE.* (*V. Buxbaumii* Tén. — *filiformis* DC.) Ann. Print.-été. Jardins, bords des chem. décombres. R. Indigène.

G. **Pæderota** *L.* — **Pæderota.**

(παιδερως, nom grec donné à l'acanthe).

P. BONAROTA L. — *P. BONAROTA.* (*P. cœrulea* L. fils). Viv. Eté. Alpes.

P. AGERIA L. — *P. AGERIA.* (*P. lutea* L. — *Wulfemia lutea* Host. — *ageria* Sm.) Viv. Eté. Carmiole.

G. **Bartsia** *L.* — **Bartsie.**

(Dédié à Bartsch, botaniste de Kœnisberg, mort en 1738).

B. VISCOSA L. — *B. VISQUEUSE.* (*Eufragia* Benth. — *Trixago* Rchb. — *Rinanthus* Lamk.) Ann. Eté. Lieux marécageux, prés tourbeux. R. Indigène. Suspecte.

G. **Euphrasia** *Tourn.* — **Euphraise.**

(ευφρασια, plaisir ; allusion à l'éléganee et aux propriétés médicales des fleurs).

E. OFFICINALIS L. — *E. OFFICINALE.* (*Langeole, Luminet, Casse-lunettes, Herbe à l'ophthalmie*). Ann. Eté. Prés secs, pelouses, bruyères. AC. Indigène.

E. NEMOROSA Pers. — *E. DES BOIS.* Ann. Eté. Bois, Pelouses. TC. Indigène.

E. ODONTITES L. — *E. ODONTITE.* (*E. serotina* Lamk. — *Odontites verna* Rchb.— *O. rubra* Pers.— *Bartsia odontites* Huds.) Ann. Eté. Champs, bois, bruyères. TC. Indigène.

G. **Rhinanthus** *L.* — **Rhinanthe.**

(ρις, museau ; ανθος, fleur ; allusion à la forme de la corolle).

R. MAJOR Ehrh.— *R. A GRANDES FLEURS.* (*R. glabra* Lamk. — *Crista-Galli* L. Part.) (*Crète de coq, Sonnettes, Cocrète, Trompe-cheval, Tartarelle*). Ann. Print. Prés humides. C. Indigène.

G. **Pedicularis** *Tourn.* — **Pédiculaire.**

(*Pediculus*, pou ; allusion à ses propriétés. Dans la campagne on croit, et à tort, que ces plantes donnent des poux aux animaux, surtout aux moutons qui les broutent).

P. PALUSTRIS L. — *P. DES MARAIS*. (*P. Lusitanica* Link. et Hoffm. Viv. Eté. Prés marécageux. AC. Indigène. Vénéneuse.

P. SYLVATICA L. — *P. DES BOIS*. (*Herbe aux poux*). Viv. Print. Landes, bois, prés. C. Indigène. Pl. suspecte.

G. **Melampyrum** *Tourn.* — **Mélampyre.**

(μελας, noir ; Πυρος, blé.

M. PRATENSE L. — *M. DES PRÉS*. (*M. vulgatum* Pers.) Ann. Eté. Bois. TC. Indigène. Bon fourrage.

G. **Sibthorpia** *L.* — **Sibthorpie.**

(Dédié à Sibthorp, professeur de botanique à Oxford).

S. EUROPÆA L. — *S. D'EUROPE*. (*S. prostrata* Salisb.) Viv. Eté. Chemins couverts. lieux humides. AR. Indigène.

OROBANCHÉES. — *OROBANCHEÆ* Rich.

(Du genre principal *Orobanche*).

Didynamie angiospermie *L.* — **Personées** *Tourn.* — **Pédiculaires** *Juss.* **Rhinanthacées** *DC.*

G. **Orobanche** *L.* — **Orobanche.**

(Οροϐος, Ers ; Αγχω, étrangler ; c.-à-d. parasite sur les légumineuses).

O. CŒRULEA Vill. — *O. BLEUE*. (*O. purpurea* Jacq. — *Phelipœa* C. A. M.) Viv. Eté. Pelouses, coteaux sablonneux. R. Indigène. Parasite sur l'*Achillea millefolium* L.

O. MINOR Sutt. — *O. MINEURE*. Viv. Eté. TC. sur les trèfles, etc.

G. **Lathræa** *L.* — **Lathrée.**

(λαθραιος, caché ; allusion à la tige souterraine et aux lieux qu'elle recherche).

L. CLANDESTINA L. — *L. CLANDESTINE*. (*Clandestina rectiflora* Lamk.) Viv. Print. Bords des eaux et fossés humides. TR. Indigène , parasite sur le saule et le peuplier.

Fam. **BIGNONIACÉES** — *BIGNONIACEÆ* R. Br.

Didynamie angiospermie *L.* — **Personées** *Tourn.* — **Bignones** *Juss.*

G. **Bignonia** *Tourn.* — **Bignone.**

(Dédié à Jérome Bignon, abbé de Saint-Quentin. 1662).

B. RADICANS L. — *B. DE VIRGINIE.* (*Tecoma* Juss. (*Jasmin, Trompette*). Lign. Eté. Amér. boréale. 1640. Ornem.

B. GRANDIFLORA Th. — *B. DE LA CHINE.* (*B. Chinensis* Lamk. — *Tecoma grandiflora* Delaun. — *incarvillea. grandiflora* Poir.) Lign. Eté. Japon. 1800. Ornement.

G. **Calampelis** *D. Don.* — **Calampélide.**

(καλος, beau; Αμπελις, vigne; allusion au port de la plante).

C. SCABRA D. Don. — *C. RUDE.* (*Eccremocarpus* Ruiz. et Pav.) Lign. Eté. Chili. 1824. Ornement.

G. **Craniolaria** *L.* — **Craniolaire.**

(κρανιον, crâne; allusion à la forme du fruit).

C. FRAGRANS Décne. — *C. ODORANTE.* (*Martynia* Lindl.) Ann. Eté. Mexique. 1840. Ornement.

Fam. **ACANTHACÉES.** — *ACANTHACEÆ* R. Br.

(Du genre principal, *Acanthus*).

Didynamie angiospermie *L.* — **Personées** *Tourn.* — **Acanthes** *Juss.*

G. **Acanthus** *Tourn.* — **Acanthe.**

(ακανθα, épine; allusion aux dents épineuses des feuilles).

A. MOLLIS L. — *A. MOLLE.* (*Branc-Ursine*). Viv. Eté. Midi. Ornement.

A. SPINOSUS L. — *A. ÉPINEUSE.* Viv. Eté. Midi. Ornem.

A. SPINOSISSIMUS Desf. — *A. TRÈS-ÉPINEUSE.* Viv. Eté. Europe méridion. Ornement.

G. **Thunbergia** *L.* — **Thunbergia.**

(Dédié à Ch. Thunberg, botaniste suédois).

T. ALATA Hook. — *T. AILÉ.* Lign. Eté. Afrique. Orient. 1823. Ornement.

Fam. **LABIÉES.** — *LABIATÆ* Tourn.

(Allusion à la forme de la corolle).

Diandrie et didynamie gymnospermie *L.*

G. **Ocimum** *L.* — **Basilic.**

(ὄζω, sentir ; allusion à l'odeur pénétrante de la plante).

O. ANISATUM Benth. — *B. ANISÉ.* (*O. Basilicum* v. b. L.) Ann. Ethiopie. 1548. Condiment. Aromat.

O. BASILICUM L. — *B. COMMUN.* (*Basilic romain*). Ann. Eté. Inde. 1548. Aromat. Condiment. Médic.

G. **Lavandula** *Tourn.* — **Lavande**.

(*Lavare*, laver ; plante usitée pour parfumer les bains).

L. SPICA L. — *L. DE SPIC* (*L. vera* DC. — *vulgaris* Lamk. — *officinalis* Chaix. — *Pyrenaica* DC.) (*Lavande mâle, Aspic*). Lign. Eté. Midi. Ornement. Médic. Aromat.

L. STŒCHAS L. — *L. STŒCHAS.* (*Lavande des îles d'Hyères*). Lign. Eté. Midi. Médicale.

G. **Mentha** *L.* — **Menthe.**

(Μινθη, nymphe, fille du Cocyte que Proserpine transforma en plante).

M. ROTUNDIFOLIA L. — *M. A FEUILLES RONDES.* (*M. rugosa* Lamk. — *macrostachya* Tén. — *neglecta* Tén.) Viv. Eté. Lieux incultes humides. AR. Indigène. Aromatique.

M. VIRIDIS L. — *M. VERTE.* (*M. sylvestris* L. — *spicata* Crantz. — *lævigata* Willd. — *tenuis* Mich. — *brevispicata* Lehm.) Viv. Eté. Lieux frais, humides. TR. Indigène. Médic. Arom.

M. ARVENSIS L. — *M. DES CHAMPS.* (*M. sativa* L. Smith. — *rivalis* Sole. — *gentilis* L. — *vulgaris* Benth. *Austriaca* Jacq. — *procumbens* Thuill.) Viv. Eté. Champs cultiv. C. Indigène. Aromat. Médical.

M. PIPERITA L. — *M. POIVRÉE.* (*M. balsamea* Willd. — *Neapolitana* Tén.) Viv. Eté. Lieux humides et frais, bords des eaux. TR. Indigène. Médicale.

M. PULEGIUM L. — *M. POULIOT.* (*M. exigua* L. — *Pulegium vulgare* Mill.) (*Peliot, Pouillot royal, Chasse-puce, Herbe aux puces, Herbe Saint-Laurent, Alvalon, Dictame de Virginie, Fretillet, Fouérotet*). Viv. Eté. Lieux humides, bord des mares. AR. Indigène. Aromat. Médicale.

M. AQUATICA L. — *M. AQUATIQUE.* (*M. palustris* Mill.) (*Menthe à grenouille, rouge, Riolet, Beaume d'eau, Bonhomme de rivière*). Viv. Eté. Lieux humides, bords des eaux. TC. Indigène. Aromat. Médic.

G. **Lycopus** *Tourn.* — **Lycope.**

(λυκος, loup ; πους, pied ; allusion à la forme des feuilles).

L. EUROPÆUS L. — *L. D'EUROPE.* (*L. palustris* Lamk.)

(*Crumène*, *Patte de loup*, *Marrube aquatique*, *Lance du Christ*, *Chanvre d'eau*). Viv. Eté. Bords des eaux, lieux marécageux. AC. Indigène.

L. EXALTATUS L. fils. — *L. ÉLEVÉ*. Viv. Eté. Lieux humides. Europe méridionale.

G. **Origanum** *Tourn.* — **Origan.**

(ορος, montagnes; γανος. joie, ornement).

O. VULGARE L. — *O. COMMUN*. (*Marjolaine sauvage, d'Angleterre*, *Pied de lit*). Viv. Eté. Talus des fossés. TC. Indigène. Condiment. Médical. Aromat.

O. DICTAMNUS L. — *O. DICTAME*. (*Amaracus* Benth.) (*Dictame de Crète*). Lign. Eté. Grèce. 1551. Ornem. Médic.

G. **Thymus** *L.* — **Thym.**

(θυμος, de θυω, parfumer).

T. VULGARIS L. — *T. COMMUN*. (*Farigoule*, *Frigoule*, *Pote*, *Mignotise des Genévois*). Lign. Eté. Midi. Condim. Aromat.

T. SERPYLLUM L. — *T. SERPOLET*. (*Thym sauvage*, *Pillolet*, *Pouilleux*). Viv. Eté. Landes et bruyères. TC. Indig. Aromat. Médic.

T. CITRIODORUS Schréb. — *T. A ODEUR DE CITRON*. Viv. Eté. Littoral, coteaux maritimes. TR. Indig. Aromat.

T. CHAMÆDRYS Fries. — *T. GERMANDRÉE*. (*T. montanus* Tourn. — *pulegioides* L.) Viv. Eté. Pelouses sèches, arides du littoral. AC. Indigène. Aromat.

G. **Satureia** *L.* — **Sarriette.**

(*Satura*, goût; allusion à ses propriétés aromatiques et culinaires).

S. HORTENSIS L. — *S. DES JARDINS*. Ann. Eté. Midi. Condiment.

S. MONTANA L. — *S. DES MONTAGNES*. (*S. hyssopifolia* Bert.— *Micromeria montana variegata* Reichb.) (*Sarourre*, *Sadré*). Lign. Eté. Midi. Aromat.

G. **Calamintha** *Benth.* — **Calament.**

(χαλη Μινθη, belle menthe).

C. ASCENDENS Jord. — *C. ASCENDANT*. (*C. officinalis* Benth. — *C. menthæfolia* Gr. et God. — *Melissa Calamintha* L. part. — *Thymus Calamintha* Sm. Scop.) (*Menthe des montagnes*, *Baume sauvage*, *Millespèle*). Viv. Eté. Coteaux pierreux, TR. Indigène.

C. NEPETA Clairv. — *C. NEPETA*. (*Melissa* L. — *Thymus* Sm. — *T. diffusus* Hortul. — *C. parviflora* Lamk. — *dilatata* Schrad.) Viv. Eté. Coteaux secs. TR. Indigène.

C. CLINOPODIUM Benth. — *C. CLINOPODE*. (*C. vulgare* L.— *plumosum* Siéb. — *variegatum*.— *atropurpureum* Hortul.) (*Basilic sauvage*, *Acynos*, *Pied de lit*). Viv. Eté. Haies et buissons. C. Indigène.

G. **Melissa** *Tourn.* — **Mélisse.**

(De *Melissa*, abeille, à cause de leur avidité à butiner).

M. OFFICINALIS L. — *M. OFFICINALE*. (*M. Romana* Mill. — *Taurica* Hortul.) Viv. Eté. Pelouses, prés, chemins. TR. Indigène. Condiment. Aromat. Médical.

G. **Hyssopus** *Benth.* — **Hysope.**

(Du nom grec de la plante Ὑσσωπος, de l'hébreu *Ezob*).

H. OFEICINALIS L. — *H. OFFICINALE*. (*H. vulgaris* Benth.) Lign. Eté. Montagnes. Midi. Ornement. Médical.

G. **Horminum** *Benth.* — **Horminelle.**

(ορμαειν, exciter ; allusion à ses propriétés).

H. PYRENAICUM L. — *H. DES PYRÉNÉES*. (*Melissa Pyrenaica* Jacq.) Viv. Eté. Pelouses. Pyrénées. Ornement.

G. **Salvia** *L.* — **Sauge.**

(De *Salvare*, sauver ; à cause de ses usages médicaux).

S. OFFICINALIS L. — *S. OFFICINALE*. (*S. grandiflora* Tén.) Lign. Eté. Midi. Ornement. Médicinale.

S. GLUTINOSA L. — *S. GLUTINEUSE*. (*S. nubicola* Wall.) Viv. Eté. Montagnes, lieux ombragés. Est, Midi. Ornem.

S. HORMINUM L. — *S. HORMIN*. (*Prudhomme*). Ann. Eté. Savoie. 1595. Ornem. Aromat. Médicin.

S. SCLAREA L. — *S. SCLARÉE*. (*S. bracteata* Sims. — *simsiana* Rœm.—*Sclarea vulgaris* Mill.) (*Toute-bonne*, *Orvale*). Viv. Eté. Coteaux calcaires. Haute-Normandie. Médicin.

S. PRATENSIS L. — *S. DES PRÉS*. (*S. Tenorii* Spreng. —*virgata* Sav.— *variegata* Kit. et Walsdt. — *tricolor* Hortul.) Viv. Print. Prairies. TC. dans les terrains calcaires. TR. dans la Manche. Ornement.

S. VERBENACA L. — *S. VERVEINE*. (*S. clandestina* Thore.— *micrantha* Desf.— *Bysantina et heterophylla* Hortul.) Viv. Eté. Coteaux du littoral. TC. Indigène.

S. GRANDIFLORA Ettl. — *S. A GRANDES FLEURS.* Viv. Eté. Orient. 1810. Ornement.

S. SYLVESTRIS L. — *S. SAUVAGE.* (*S. nemorosa* L. — *alpestris*, *asperula*, *Taurina* Hortul.) Viv. Eté. Allemagne, Midi. 1759.

S. CARDINALIS Kunth. — *S. CARDINALE.* (*S. fulgens* Cav.) Viv. Eté. Mexique. 1829. Ornement.

S. GRAHAMI Benth. — *S. DE GRAHAM.* Lign. Eté. Mexique. 1829. Ornement.

S. PATENS Cav. — *S. ÉTALÉE.* (*S. spectabilis* Kunth. — *macrantha* Schlecht. Viv. Eté. Mexique. 1837. Ornement.

G. **Collinsonia** *L.* — **Collinsonie.**

(Dédié à Collinson , botaniste amateur).

C. CANADENSIS L. — *C. DU CANADA.* Viv. Eté. Amér. boréale. 1735. Ornement.

G. **Rosmarinus** *Tourn.* — **Romarin**.

(*Ros marinus*, rosée , parfum de la mer ; plante des côtes marines).

R. OFFICINALIS L.— *R. OFFICINAL.* Lign. Print. Midi. Ornement. Aromat. Médicin.

G. **Monarda** *L.* — **Monarde.**

(Dédié à Monardèz, médecin espagnol).

M. DIDYMA L. — *M. DIDYME.* (*M. coccinea* Mich. — *purpurea* Lamk.— *purpurascens* Wender). (*M. à fleurs rouges, Thé d'Osvégo*). Viv. Eté. Canada. 1752. Ornement.

M. FISTULOSA L. — *M. FISTULEUSE.* (*M. allophylla* Mich. — *Clinopodia* L. — *oblonga* Ait. — *glabra* Lamk. — *affinis* Link. *altissima* Willd. — *violacea* Desf — *involucrata* etc. Wender. — *Pycnanthemum monardella* Mich.) Viv. Eté. Canada. 1656. Ornement.

G. **Nepeta** *Benth.* — **Népéta.**

(De *Nepet*, ville de Toscane où abonde la Cataire).

N. CATARIA L. — *N. CHATAIRE.* (*N. vulgaris* Lamk. — *Cataria vulgaris* Mœnch.) (*Cataire*, *Herbe aux chats*). Viv. Eté. Chemins du littoral. R. Indigène.

N. GRANDIFLORA Biéb. — *N. A GRANDES FLEURS.* (*N. lamiifolia* Hoffm. — *colorat* Willd.— *argentea*, *teucrioides*, etc. Hortul.) Viv. Eté. Caucase. 1817. Ornement.

G. **Glechoma** *L.* — **Gléchome.**

(Γληχων , nom grec du pouliot).

G. HEDERACEA L. — *G. LIERRE TERRESTRE.* (*Nepeta Glechoma* Benth. — *Calamintha hederacea* Scop.) (*Courroie de saint Jean, Rodelette, Rondolte, Terrette, Couronne de terre, Herbe terrée*). Viv. Print. Haies, murs, pelouses. TC. Indigène. Médicin.

G. **Dracocephalum** *L.* — **Dracocéphale.**

(δρακων, dragon ; κεφαλη, tête ; allusion à l'inflorescence).

D. MOLDAVICA L. — *D. DE LA MOLDAVIE.* (*Mélisse turque*). Viv. Eté. Turquie. 1596. Ornement. Pl. ornement.

D. RUISCHIANA L. — *D. DE RUISCH.* Viv. Eté. Hautes montagnes. Midi, Alpes, Pyrénées. Ornement.

D. AUSTRIACUM L.—*D. D'AUTRICHE.* Viv. Eté. Hautes montagnes. Alpes, Pyrénées. Ornement.

G. **Physostegia** *Benth.* — **Physostégie.**

(φυσαω , souffler ; στεγος, couverture ; c.-à-d. calice gonflé).

P. IMBRICATA Kook. — *P. IMBRIQUÉ.* (*Dracocephalum* L.) Viv. Eté. Texas. 1834. Ornement.

G. **Brunella** *Tourn.* — **Brunelle.**

(De l'allemand *Braune*, esquinancie ; allusion à ses propriétés).

B. VULGARIS Mœnch. — *B. COMMUNE.* (*Prunella* L.) (*Brunette, Charbonnière, petite Consyre, Bonnette, petite Consoude, Prunelle*). Viv. Eté. Bois, prés, chemins. TC. Indigène.

B. GRANDIFLORA Mœnch.—*B. A GRANDES FLEURS.* Viv. Print.-été. Pelouses calcaires. Haute-Normandie. Ornem.

G. **Mellitis** *L.* — **Mellite.**

(μελιττα, abeille ; plante butinée par les abeilles).

M. MELISSOPHYLLUM L.—*M. A FEUIL. DE MÉLISSE.* (*Melissa sylvestris* Lamk.) (*Mellite des bois*). Viv. Eté. Bois. TR. Indigène. Ornement.

G. **Scutellaria** *L.* — **Toque.**

(*Scutella*, petite écuelle ; allusion à la forme du calice).

S. MINOR L. — *T. NAINE.* Viv. Eté. Lieux marécageux. R. Indigène.

S. GALERICULA L. — *T. A CASQUE.* (*Cassida* Scop.) (*Toque bleue, des marais, Herbe judaïque, Centaurée bleue,*

Tertianaire, *Lisimachie bleue*). Viv. Bords des ruisseaux, fossés marécageux. AR. Indigène.

S. ALTISSIMA L. — *T. TRÈS-ÉLEVÉE*. (*S. commutata* Guss.) Viv. Eté. Rég. méditerran. 1683. Ornement.

S. ALPINA L. — *T. DES ALPES*. (*S. variegata* Spreng.) Viv. Eté. Montagnes. Côte-d'Or, Alpes. 1752. Ornement.

G. **Sideritis** *L.* — **Crapaudine.**

(σιδερος, fer ; propre à guérir les plaies par le fer).

S. ROMANA L. — *C. ROMAINE*. (*S. spatulata* Lamk.) Ann. Eté. Provence. Méditerran. 1740.

S. SCORDIOIDES L. — *C. FAUX-SCORDIUM*. Lign. Eté. Midi.

G. **Marrubium** *Benth.* — **Marrube.**

(De l'Hébreu *mar*, *rob*, suc amer ; et suivant Linnée de *Maria Urbs*, ville d'Italie où il croît abondamment).

M. VULGARE L. — *M. COMMUNE*. (*Marrube blanc*, *Moriauquemin*). Viv. Eté. Lieux incultes du littoral. AR. Indig. Pl. médicale.

M. PEREGRINUM L. — *M. TRAÇANTE*. (*M. Creticum* Mill.) Viv. Eté. Sicile. 1640. Médicale.

M. HISPANICUM L. — *M. D'ESPAGNE*. (*Ballota Hispanica et Italica* Benth. — *Marrubium hirsutum* Willd.) Viv. Eté. Espagne. Médic.

G. **Betonica** *Tourn.* — **Bétoine.**

(De *Vetons* ou *Bétons*, ancien peuple d'Espagne auquel on en attribue la découverte ; ou de *Beutum*, *petun*, tabac, allusion à ses propriétés).

B. OFFICINALIS L. — *B. OFFICINALE*. (*B. hirta* Leyss. — *Stachys Betonica* Benth.) Viv. Eté. Coteaux, landes, bois. TC. Indigène. Pl. tinctoriale et médicale.

B. GRANDIFLORA Willd. — *B. A GRANDES FLEURS*. (*Stachys* Benth.) Viv. Eté. Sibérie. 1800. Ornement.

G. **Stachys** *L.* — **Epiaire.**

(σταχυς, épi ; allusion à l'inflorescence).

S. GERMANICA L. — *E. D'ALLEMAGNE*. Viv. Eté. Bords des chem. et des champs. RRR. Indigène. St-Léonard.

S. ALPINA L. — *E. DES ALPES*. Viv. Eté. Alpes. Midi.

S. LANATA Jacq. — *E. LAINEUSE*. Viv. Eté. Caucase. Grèce. 1782. Ornement.

S. SYLVATICA L. — *E. DES BOIS.* (*Ortie puante*). Viv. Eté. Bords des haies, décombres. TC. Indigène.

S. RECTA L.— *E. DRESSÉE.* (*S. Sideritis* Willd. — *procumbens* Lamk.) Viv. Eté. Lisières des bois, coteaux secs. TR. Haute-Normandie.

S. INTERMEDIA Dum. Cours. — *E. INTERMÉDIAIRE.* Viv. Eté. Caroline. Ornement.

S. ANNUA L. — *E. ANNUELLE.* Ann. Eté. Champs et terrains calcaires. TR. Calvados, Orne.

S. ARVENSIS L. — *E. DES CHAMPS.* (*Glechoma marrubiastrum* Will. — *Cardiaca arvensis* Lamk.) Ann. Eté. Champs cultiv. AC. Indigène.

S. PALUSTRIS L.— *E. DES MARAIS.* (*Ortie morte*). Viv. Eté. Bords des eaux, fossés humides. C. Indigène.

G. **Galeopsis** *L.* — **Galéopsis.**

(*Galea*, casque ; οψις, aspect ; allusion à la lèvre supérieure de la corolle).

G. TÉTRAHIT L. — *G. TÉTRAHIT.* (*Tetrahit nodosum* Mœnch.) (*Herbe de Hongrie*, *Chanvrin*, *Ortie royale*, *épineuse*). Ann. Eté. Champs. C. Indigène.

G. LADANUM L. — *G. LADANE.* (*Chambreule*, *Sarriette sauvage*, *Ortie rouge*, *Chanvrefolle*, *Crapaudine des champs*). Ann. Eté. Champs cultiv., lieux secs. AR. Indigène.

G. OCHROLEUCA Lamk. — *G. JAUNATRE.* (*G. dubia* Leers. — *villosa* Huds.) Ann. Eté. Moissons. TR. Indigène.

G. **Leonurus** *L.* — **Agripaume.**

(λεων, lion; ουρα, queue; allusion à la forme de l'épi).

L. CARDIACA L. — *A. CARDIAQUE.* (*Cardiaca trilobata* Lamk.) (*Cardiaire*, *Châneuse*, *Creneuse*, *Mélisse sauvage*). Viv. Eté. haies, buissons. TR. Indigène.

L. TATARICUS L. — *A. DE TARTARIE.* (*L. Altaïcus* Spreng. — *multifidus* Desf.) Viv. Eté. Sibérie. 1756.

G. **Lamium** *Benth.* — **Lamier.**

(λαιμος, gueule béante ; allusion à la gorge de la corolle).

L. LÆVIGATUM DC. — *L. LISSE.* (*L. longiflorum* Tén.) Viv. Print. Midi, Alpes. Corse. Ornement.

L. GARGANICUM L.—*L. DU MONT GARGAN.* Viv. Eté. Midi. 1729.

L. PURPUREUM L. — *L. POURPRE.* (*Pain de poulet*, *Ortie rouge*, *morte*). Ann. Eté. Lieux cultivés. TC. Indigène.

L. INCISUM Willd. — *L. DÉCOUPÉ.* (*L. hybridum* Vill. — *dissectum* With.) Ann. Eté. Lieux cultivés. AR. Indigène.

L. AMPLEXICAULE L. — *L. EMBRASSANT.* (*Pollichia* Willd.) Ann. Eté. Lieux cultivés. R. Indigène.

L. MACULATUM L. — *L. MACULÉ.* (*L. rugosum* Ait. — *hirsutum* Lamk. — *lævigatum* L.) Viv. Eté. Haies. Centre. Midi.

L. ALBUM L. — *L. BLANC.* (*Pied de poule, Archangélique, Marachemin, Ortie blanche*). Viv. Print.-été. Décombres, pied des murs, haies. AC. Indigène. Médicale.

L. GALEOBDOLON Crantz. — *L. A ODEUR DE BELETTE.* (*Galeopsis* L. — *Galeobdolon luteum* Huds. — *Cardiaca sylvatica* Lamk.) (*Ortie jaune*). Viv. Bois, lieux couverts. AR. Indigène.

G. **Molucella** *Benth.* — **Molucelle.**

(Des îles Moluques, où elle abonde).

M. LÆVIS L. — *M. LISSE.* Ann. Eté. Syrie. 1570.

M. SPINOSA L. — *M. ÉPINEUSE.* Ann. Eté. Espagne. 1596.

G. **Ballota** *Benth.* — **Ballote.**

(βαλλω, lancer; allusion à la forme sphérique des glomérules).

B. FÆTIDA Lamk. — *B. FÉTIDE.* (*B. nigra* Sm. — *alba* L. ex. Bor.) (*Marrube noir*). Viv. Eté. Décombres, chemins. TC. Indigène.

G. **Phlomis** *L.* — **Phlomide.**

(φλογμος, flamme; allusion au duvet de la plante, qui sert à faire des mèches).

P. SAMIA L. — *P. DE SAMIS.* Viv. Eté. Italie. Orient. 1714. Ornement.

P. TUBEROSA L. — *P. TUBÉREUSE.* Viv. Eté. Caucase. 1759. Ornement.

P. RUSSELIANA Lagasc. — *P. DE RUSSEL.* (*P. herba-venti* Var. Russ. — *lunarifolia* Var. — *Russeliana* Bot. Magell.) Viv. Syrie. 1821. Ornement.

P. FRUTICOSA L. — *P. LIGNEUSE.* (*P. ferruginea* Hort. non Tén.) Lign. Eté. Sicile. Ornement.

P. LEONURUS L. — *P. QUEUE DE LION.* (*Leonotis Leonurus* R. Br.) Lign. Eté. Cap. 1712. Ornement.

G. **Prasium** *L.* — **Prasion.**

(πρασιον, nom grec du Marrube ou d'une espèce d'Origan).

P. MAJUS L. — *P. GRAND.* Lign. Eté. Corse, Espagne. 1699. Ornement.

G. **Teucrium** *L.* — **Germandrée.**

(de Teucer, frère d'Ajax, qui lui attribua ses propriétés médicales).

T. LUCIDUM L.—*G. LUISANTE.* Viv. Eté. Midi. Médicin.

T. HYRCANICUM L. — *G. DE L'HYRCANIE.* Viv. Eté. Perse. 1763.

T. SCORODONIA L. — *G. A FEUILLES DE SAUGE.* (*T. sylvestre* Lamk. — *Scorodonia sylvestris* Link. — *S. heteromalla* Mœnch.) (*Sauge des bois, baume sauvage, faux Chamarras*). Viv. Eté. Lieux secs, bois. TC. Indigène.

T. SCORDIUM L.— *G. SCORDIUM.* (*T. palustre* Lamk.— *Chamædrys Scordium* Mœnch.) (*Germandrée d'eau, Chamarras*). Viv. Eté. Plages marines marécageuses. TR. Indigène.

G. **Amethystea** *L.* — **Améthystéa**.

(αμεθυστος, couleur de pierre améthyste des fleurs).

A. CÆRULEA L. — *A. BLEU.* Ann. Eté. Monts Altas. 1759. Orient.

G. **Ajuga** *Benth.* — **Bugle.**

(Altération de *Abiga*, de *Abigere*, chasser; prétendue abortive).

A. REPTANS L. — *B. RAMPANTE.* (*Bugula* Lamk.) (*Consoude moyenne, Herbe Saint-Laurent, Consyre moyenne*). Print. Bois, prés, lieux humides. C. Indigène.

Fam. **VERBENACÉES.**— *VERBENACEÆ* Juss.

(Du genre principal, *Verbena*).

Didynamie *L.* — **Labiées ou Arbres monopétales** *Tourn.* **Pyrénaçées.** *DC.*

V. OFFICINALIS L. — *V. OFFICINALE.* (*Herbe sacrée*). Viv. Eté. Décombres, lieux incultes, pelouses. AC. Indigène. Employée par les Druides et les Pythonisses contre les contusions.

V. AUBLETIA L. — *V. D'AUBLET.* (*Verveine à bouquet, de Miquelon.*) Ann. Eté. Amér. boréale. 1774. Ornement.

V. TENERA Spreng.—*V. DÉLICATE.* (*V. pulchella* Sweet). (*V. Gentille*). Lign. Eté. Brésil. 1827. Ornement.

G. **Lippia** *L.* — **Lippia**.

(Dédié à Augustin Lippi, médecin français, assassiné en Abyssinie).

L. CITRIODORA Kunth. — *CITRONELLE.* (*Verbena triphylla* Lhér. — *Zapania citriodora* Lamk. — *Aloysia* Ort.) (*Verveine-Citronelle*). Lign. Eté. Pérou, Chili. Pl. usitée en parfumerie.

G. **Lantana** *L.* — **Lantana**.

(De *Lantana*, nom ancien de la Viorne Mancienne, auquel il ressemble).

L. CAMARA L. — *L. A FEUIL. DE MÉLISSE.* (*L. scabrida* Ait. — *aculeata* L.) Lign. Eté. Brésil. 1691. Ornem.

G. **Clerodendron** *L.* — **Péragut**.

(κληρος, fortuné; δενδρον, arbre; allusion à la beauté de la plante).

C. FLAGRANS Vent. — *P. ODORANT.* (*Volkameria Japonica* Jacq.) Lign. Eté. Chine. 1790. Ornement.

C. BUNGEI Steud. — *P. DE BUNG.* (*C. fœtidum* Bung.) Lign. Eté. Brésil. Ornement.

G. **Vitex** *L.* — **Gattilier**.

(De *Vitis*, ou *Viere*, lier; à cause de la flexibilité de ses rameaux).

V. AGNUS CASTUS L. — *G. COMMUN.* (*V. verticillata* Lamk.) (*Arbre au poivre, Agneau chaste, petit Poivre*). Lign. Eté. Midi. Médic.

V. INCISA Lamk.—*G. A FEUILLES INCISÉES.* (*V. laciniata* Hort.) Lign. Eté. Mongolie chinoise. 1758. Ornem.

G. **Selago** *L.*— **Sélagine**.

(Nom donné par Pline à une plante inconnue).

S. CORYMBOSA L. — *S. EN CORYMBE.* Viv. Eté. Cap. 1699. Ornement.

G. **Hebenstreitia** *L.* — **Hébenstreitia**.

(Dédié à Hébenstreit, médecin-voyageur allemand).

H. DENTATA Thunb. — *H. DENTÉ.* Ann. Eté. Cap. 1739. Ornement.

G. **Myoporum** *Banks et Sol.* — **Myoporum.**

(μυια, mouche ; πορος, trou ; allusion aux glandes pellucides des feuilles).

M. PARVIFOLIUM R. Br.—*M. A PETITES FEUILLES.* (*Pogonia aspera* Hortul.) Lign. Eté. Nouvelle Hollande. 1803. Ornement.

Fam. **UTRICULARIÉES** *Endl.* — *UTRICULARIEÆ*

(Du genre principal, *Utricularia*).

Diandrie *L.* — **Personées** *Tourn.* — **Lysimachies** *Juss.*

G. **Utricularia** *L.* — **Utriculaire.**

(De *Uter*, outre ; allusion aux vésicules aériennes des feuilles).

U. VULGARIS L. — *U. COMMUNE.* Viv. Eté. Fossés et eaux stagnantes. TR. Indigène.

Fam. **GLOBULARIÉES** *DC.* — *GLOBULARIEÆ.*

Tétandrie *L.* — **Flosculeuses** *Tourn.* — **Protées** *Juss.*

G. **Globularia** *L.* — **Globulaire.**

(De *Globulus*, petite boule ; allusion à la disposition des fleurs (du genre).

G. ALYPUM L. — *G. TURBITH.* (*Séné des Provençaux*). Lign. Print. Afrique septentrionale. Midi. Médicament.

4e SOUS-CLASSE.

Dicotylédones semi-monopétalées.

Fleurs régulières; corolle généralement monopétale et hypogyne. Etamines en nombre ordinairement double de celui des pétales, ou égal, opposées aux pétales, rarement alternes, ou en nombre moindre.

Fam. **PLANTAGINÉES** *DC.* — *PLANTAGINEÆ.*

(Du genre *Plantago*).

Tétandrie *L.* — **Infundibuliformes** *Tourn.* — **Plantains** *Juss.*

G. **Plantago** *L.* — **Plantain.**

(De *Planta*, plante du pied ; allusion à la forme des feuilles de quelques espèces).

P. MAJOR L.—*P. A GRANDES FEUILLES.* (*P. Arctica* Trév.— *humifusa* Bernh.) (*Grand Plantain, Plantain femelle*). Viv. Eté. Chemins, lieux incultes. TC. Indigène. Médical.

P. LANCEOLATA L. — *P. LANCÉOLÉ*. (*Plantain mâle, Oreille de lièvre, Bonne femme, Tête noire, Herbe à cinq coutures, à cinq côtes, Lancelié, Lancéole, petit Plantain, Plantain étroit*). Viv. Eté. Prés, pâturages, etc. TC. Indigène.

P. MEDIA L. — *P. MOYEN*. (*Plantain blanc, Langue d'agneau*). Viv. Eté. Pelouses calcaires. AC. Indigène.

P. MARITIMA L. — *P. MARITIME*. (*P. graminea* DC.) Viv. Eté. Mielles, plages marines. TC. Indigène.

P. CORONOPUS L. — *P. CORNE DE CERF*. (*P. cornuti* Gouan. — *Jacquini* Roem. et Schultz.) (*Pied de corbeau, de corneille, Corne de cerf*). Bisann. Eté. Lieux sablonneux. TC. Indigène.

P. LAGOPUS L.— *P. PIED DE LIÈVRE*. (*P. eriostachya* Tén.— *intermedia* Lapey.) Ann. Eté. Midi. Méditerran. 1683.

P. CYNOPS L.—*P. DES CHIENS*. (*P. crispa* Savi.— *suffruticosa* Lamk. — *Genevensis* Poir.) (*Plantain à œil de chien*). Viv. Eté. Lieux incultes. Midi.

P. PSYLLIUM L. — *P. PUCIER*. (*P. pseudo-Psyllium* et *parviflora* Desf. — *afra* L. — *Garganicus* Hort.) (*Herbe aux puces*). Ann. Eté. Midi, Corse.

G. **Littorella** *L*. — **Littorelle**.

(De *Littus*, rivage : allusion à la station de la plante).

L. LACUSTRIS L. — *L. DES ÉTANGS*. (*L. juncea* Berg. — *Plantago uniflora* L.) Viv. Eté. Bords des étangs. TR. Indig.

Fam. **PLOMBAGINÉES**. — *PLUMBAGINÉES*. Vent.

(Du genre principal).

Pentandrie *L*. — **Infundibuliformes** *Tourn*. — **Dentelaires** *Juss*.

G. **Plumbago** *Tourn*. — **Dentelaire**.

(De *Plumbum*, allusion aux taches que les feuilles laissent sur le papier).

P. EUROPÆA L.—*D. D'EUROPE*.(*Malherbe*).Viv.Eté.-aut. Lieux stériles. Méditerr. Europe mérid. 1596. Ornement.

P. LARPENTÆ Lindl. — *D. DE LADY LARPENT*. (*Valoradia* Boiss. — *Ceratostygma plumbaginoides* Bung.) Viv. Eté. Chine. 1848. Ornement.

G. **Statice** *Willd*. — **Statice**.

(De στατικος, astringent ; allusion aux racines tannifères).

S. DODARTII Gir. — *S. DE DODART*. (*S. Willdenovii* L. — *spathulata* Hook.) Viv. Eté. Plag. marines. TR. Indig. Ornem.

S. OCCIDENTALIS Ll. — *S. D'OCCIDENT.* (*S. spathulata* Bab. — *dicothoma* Mutt.) Viv. Eté. Falaises. TR. Indig. Ornem.

S. LIMONIUM L. — *S. LIMONIUM.* Viv. Eté. Vases salées. TR. Indigène. Ornement.

S. OVALIFOLIA Poir. — *S. A FEUILLES OVALES.* (*S. auriculæfolia* Brot. — *lanceolata* Link. et Hoffm.) Viv. Eté. Falaises. TR. Indigène.

Les racines des *Statice* sont fort astrigentes et tannifères.

G. **Armeria** *Willd.* — **Armeria.**

(Du celtique *Ar*, *mor*, bords de la mer; allusion à sa station).

A. PUBESCENS Link. — *A. PUBESCENTE.* (*Statice Armeria* Sm.) (*Pied de chat*, *Gazon d'Olympe*, *Mousse grecque*, *Œillet marin*, *Herbe à sept têtes*, *Œillet de Paris*, *marin*, *Herbe à sept tiges*, *Gazon d'Espagne*). Viv. Eté. Falaises, coteaux maritimes. TR. Indigène. Ornement.

A. MARITIMA Willd. — *A MARITIME.* (*Statice Armeria* L.) (*Armelin*, *Pas de chat*). Viv. Eté. Plages et coteaux maritimes. TR. Indigène.

A. PLANTAGINEA Willd. — *A. A FEUILLES DE PLANTAIN.* (*A. sabulosa* Jord. — *Statice* All.) Viv. Eté. Lieux sablonneux, dunes. TR. Indigène.

Fam. **PRIMULACÉES.** — *PRIMULACEÆ* Vent.

(Du genre principal).

Pentandrie *L.* — **Infundibuliformes** *Tourn.* — **Lysimachies** *Juss.*

G. **Primula** *L.* — **Primevère.**

P. GRANDIFLORA Lamk. — *P. A GRANDES FLEURS.* (*P. acaulis* Jacq. — *vulgaris* Huds. — *brevistyla* DC. — *veris* Var. L.) (*Prumerolle*, *Pruniole*). Viv. Print. Haies, bois, prés. TC. Indigène. Ornement.

P. ELATIOR Jacq. — *P. ÉLEVÉE.* (*P. Pallasii* Lehm. — *Columnæ* Tén.) (*Brayes de coucou*, *Pain de coucou*). Viv. Print. Bois, prés. TR. Calvados, Orne. Ornement.

P. OFFICINALIS Jacq. — *P. OFFICINALE.* (*P. veris* L. Var. A. — *P. inflata* Bot. Cap. — *suaveolens* Bertol.) (*Braiselle*, *Coucou*, *Printanière*, *Herbe Saint-Paul*, *Saint-Pierre*, *à la paralysie*). Viv. Print. terr. calcaires. TR. Indigène.

P. AURICULA L. — *P. OREILLE D'OURS.* (*P. venusta* Hoppe). Viv. Print. Midi. Ornement.

P. SINENSIS Lindl. — *P. DE CHINE.* (*P. prænitens* Bot. Régg.) Viv. Print. Chine. Ornement.

G. **Hottonia** *L.* — **Hottonie**

(Dédié à Hotton, professeur à Leyde).

H. PALUSTRIS L. — *H. DES MARAIS*. Viv. Print. Fossés, mares. TR. Indigène. Ornement.

G. **Cortusa** *L.* — **Cortuse.**

(Dédié à Cortusi ou Cortusus, botaniste de Padoue).

C. MATTHIOLI L. — *C. DE MATTHIOLE*. Viv. Print. Alpes, Piémont. 1596.

G. **Androsace** *T.* — **Androsace.**

(Ανηρ, homme ; σαχος, bouclier ; allusion à la forme des feuilles).

A. MAXIMA L. — *A. A GRAND CALICE*. Ann. Print. Lieux cultiv. Centre, Midi. Autriche. 1797.

G. **Dodecatheon** *L.* — **Giroselle.**

(δωδεκα, douze ; θεος, Dieu ; allusion au nombre des fleurs de l'ombelle).

D. MEADIA L. — *G. DE MEAD*. (*G. de Virginie, Fleur des douze divinités*). Viv. Print. Virginie. 1744. Ornement.

G. **Cyclamen** *L.* — **Cyclame.**

(κυκλος, cercle ; allusion à la forme des rhizomes).

C. EUROPÆUM L. — *C. D'EUROPE*. (*Arthanita*). (*Pain de pourceau*). Viv. Print. Bois montueux. Centre, Midi. Ornem.

G. **Lysimachia** *L.* — **Lysimaque.**

(Dédié à Lysimachus, roi de Thrace ; ou à Lysimaque, médecin de l'antiquité).

L. VULGARIS L. — *L. COMMUNE*. (*Chasse-bosse, Casse-bosse, Perce-bosse, Corneille, Herbe aux corneilles, Souci d'eau, Pêcher des prés, Lis des teinturiers, grande Lysimaque*). Viv. Eté. Bords des eaux, prairies humides. AR. Indigène. Plante nuisible.

L. QUADRIFOLIA L. — *L. A QUATRE FEUILLES*. (*L. hirsuta* Mich.) Viv. Eté. Amér. boréale. 1794. Ornement.

L. NUMMULARIA L. — *NUMMULAIRE*. (*Herbe au écus, Monnoyère, Herbe aux cent maux*). Viv. Eté. Prés humides, bords des eaux. AR. Indigène.

L. NEMORUM L. — *L. DES BOIS*. (*L. Azorica* Hook. — *Lerouxia* Mérat.) Viv. Eté. Lieux humides, ombragés, bords des eaux. AR. Indigène.

G. **Anagallis** *Tourn.* — **Mouron.**

(ἀναγαλλεω, rire ; allusion à de prétendues propriétés exhilarantes, donné par Pline).

A. CÆRULEA Schréb. — *M. BLEU.* (*A. arvensis* L.) Ann. Eté. Lieux cultivés, jardins. TR. Indigène.

A. PHŒNICEA Lamk. — *M. DE PHÉNICIE.* (*A. arvensis* L. v. B. — *A. arvensis* Sm.) (*Menuchon rouge*). Ann. Eté. Lieux cultiv. C. Indigène.

A. CARNEA Schranck. — *M. A FLEURS CARNÉES.* (*A. Phœnicea* V. B.) Ann. Eté. Champs du littoral, lieux cultiv. TR. Indigène.

A. TENELLA L. — *M. DÉLICAT.* (*Lysimachia* L.) Viv. Eté. Lieux humides, tourbeux. AC. Indigène.

G. **Samolus** *L.* — **Samole.**

(De *Samos*, où il croît abondamment ; ou de *San*, sain ; *Mos*, porc en celtique).

S. VALERANDI L. — *S. DE VALERANDUS.* (*Mouron d'eau*). Viv. Eté. Marécages, du littoral surtout. AR. Indigène. Antiscorb.

G. **Glaux** *L.* — **Glaux.**

(γλαυκος, glauque ; allusion à la couleur de la plante).

G. MARITIMA L. — *G. MARITIME.* Viv. Eté. Plages maritimes. AR. Indigène.

Fam. **EBÉNACÉES.** — *EBENACEÆ* Vent.

(Du genre principal, *Ebena*).

Polygamie *L.* — **Arbres monopétales** *Tourn.* — **Plaqueminiers** *Juss.*

G. **Diospyros** *L.* — **Plaqueminier.**

(διος, divin ; πυρος, grain ; allusion au fruit, que l'on a cru être le *Lotos* des anciens).

D. LOTUS L. — *P. LOTUS.* Lign. Print. Midi. Baies astring.

Fam. **ILICINÉES.** — *ILICINEÆ* Ad. Brogn.

(Du genre principal).

Tétandrie Tetragynie *L.* — **Nerpruns** *Juss.* — **Arbres rosacés** *Tourn.*

G. **Ilex** *L.* — **Houx.**

I. AQUIFOLIUM L. — *H. COMMUN.* (*Agrifon*, *Agrion*, *Epine du Christ*, *Pardon*, *Gréou*, *Housson*, *Mestier épineux*). Lign. Print. Haies. AC. Indigène.

I. BALEARICA Desf.— *H. DES ILES BALÉARES.* (*Houx de Mahon*). Lign. Print. Iles Baléares. Ornement.

Fam. **OLEINÉES** — *OLEINEÆ* Hoffm.

(Du principal genre, *Olea*).

Diandrie ou Polygamie *L.*— **Arbres monopétalés ou à étamines** *Tourn.* **Jasminées** *Juss.*

G. **Fraxinus** *Tourn.* — **Frêne.**

(φραξις, haie).

F. ROTUNDIFOLIA Lamk.—*F. A FEUILLES RONDES.* (*F. mannifera* Hortul. — *Ornus rotundifolia* Pers.) (*Frène à la manne*). Lign. Print. Turquie. 1697. Donne la manne des pharmacies.

F. EXCELSIOR L. — *F. ÉLEVÉ.* (*F. apetala* Lamk. — *crispa* Bosc.) Lign. Print. Haies, bois. AC. Indig. Feuil. médic.

F. ORNUS L. — *F. A FLEURS.* (*Ornus Europæa* Pers.) Lign. Print. Méditerran. Ornement.

G. **Forsythia** *Walh.* — **Forsythie.**

(Dédié à Forsith , botaniste anglais).

F. VIRIDISSIMA Lindl. — *F. A FEUILLES SOMBRES.* Lign. Print. Chine. Ornement.

G. **Syringa** *L.* — **Lilas.**

(συριγξ, tuyau ; allusion à la corolle tubuleuse, ou à la tige, dont on fait des chalumeaux).

S. VULGARIS L.— *L. COMMUN.* (*Lilac* Tourn. et Lamk.) Lign. Print. Perse. 1562. Ornement.

S. PERSICA L. — *L. DE PERSE.* (*Lilac* Lamk. — *minor* Mœnch.) Lign. Print. Perse. 1640. Ornement.

S. DUBIA Pers. — *L. DOUTEUX.* (*L. Chinensis* Willd. — *Varina* Dum. Cours. — *speciosa* Hort. — *Rhotomagensis* Ach. Rich.) (*Lilas Varin*). Lign. Print. Asie. Ornement. — N'est qu'une variété du précédent.

G. **Ligustrum** *Tourn.* — **Troëne.**

(*Ligare*, lier ; allusion à la flexibilité de ses tiges).

L. VULGARE L. — *T. COMMUN.* (*Bois de Bicille*, *Frésillon*, *Sauvillot*, *Trougne*, *Truflier*, *Verzelle*, *Pluie blanche*). Lign. Haies. AC. Indigène.

L. JAPONICUM Thunb. — *T. DU JAPON.* Lign. Eté. Japon. Ornement.

G. **Olea** *Tourn.* — **Olivier.**

(De *Oleum*, huile ; ou de ελαια, nom grec de l'olivier).

O. EUROPÆA L. — *O. D'EUROPE.* Lign. Print. Orient. Midi. Cult. aliment, médicam.

G. **Chionanthus** *L.* — **Kionanthe.**

(χιων, neige ; ανθος, fleur ; allusion à la couleur de la fleur).

C. VIRGINICA L. — *K. DE VIRGINIE.* (*Arbre de neige, à franges*). Lign. Print.-été. Amér. boréale. 1736. Ornement.

G. **Jasminum** *Tourn.* — **Jasmin.**

(De *Yasminn*, nom arabe de l'espèce principale).

J. AZORICUM L.—*J. DES AÇORES.* (*J. suaveolens* Salisb.) Lign. Print.-été. Açores et Canaries.1724. Ornem. Parfumerie.

J. OFFICINALE L. — *J. OFFICINAL.* (*J. vulgare* Lamk.) (*Jasmin blanc*). Lign. Eté.-aut. Indes orientales. 1548. Ornem. Parfumerie.

Fam. **ERICINÉES.** — *ERICINEÆ* Desv.

(Du genre *Erica*, qui est le principal).

Octandrie monogynie *L.* — **Arbres monopétalés** *Tourn.* — **Pruyères** *Juss.*

G. **Kalmia** *L.* — **Kalmia.**

(Dédié à Kalm, botaniste suédois, élève de Linnée).

K. LATIFOLIA L. — *K. A LARGES FEUILLES.* Lign. Print. Amér. boréale, Canada. 1734. Ornement.

K. ANGUSTIFOLIA L. — *K. A FEUILLES ÉTROITES.* Lign. Print. Amér. boréale, Canada. 1736. Ornement.

K. GLAUCA Ait.— *K. A FEUILLES GLAUQUES.* Lign. Print. Amér. boréale. Ornement.

G. **Rhododendron** *L.* — **Rosage.**

(Ροδον, rose ; δενδρον, arbre).

R. PONTICUM L. — *R. PONTIQUE.* (*R. speciosum* Salisb.) Lign. Print. Région méditerran., Turquie. 1763. Ornement.

R. FERRUGINEUM L. — *R. FERRUGINEUX.* (*Laurier-rose des Alpes*). Lign. Eté. Alpes, Suisse. 1752. Ornement. Jadis usité contre la gale et les rhumatismes.

R. INDICUM Sveet. — *R. DE L'INDE.* (*Azalea* L.) Lign. Print. Indes. 1808. Ornement.

G. **Azalea** *Desv.* — **Azalée.**

(Αζαλεος, aride ; c'est-à-dire plante des lieux secs).
(*Anthodendron* Rchb.)

A. PONTICA L. — *A. PONTIQUE.* (*A. arborea* L.— *Rhododendron flavum* Don.) Lign. Print. Asie mineure, Turquie. 1793. Ornement. Communique au miel des propriétés vénén.

G. **Rhodora** *L.* — **Rhodora.**

(Ροδον, rose ; allusion à la couleur de la corolle).

R. CANADENSIS L. — *R. DU CANADA.* (*Rhododendron Rhodora* G. Don.) Lign. Print.-été. Amér. boréal. 1767. Ornem.

G. **Erica** *L.* — **Bruyère.**

(ερεικειν, briser ; allusion à ses propriétés lithontriptiques).

E. CINEREA L. — *B. COMMUNE.* (*Bruyère cendrée, Bucane, Pétrole*). Lign. Eté. Landes, coteaux secs, bois. TC. Indigène.

E. TETRALIX L.— *B. QUATERNÉE.* Lign. Eté. Landes, coteaux, bois. TC. Indigène. Ornement.

E. CILIARIS L. — *B. CILIÉE.* Lign. Eté. Landes, bois, coteaux. AR. Indigène. Ornement.

E. MEDITERRANNEA L. — *B. DE LA MÉDITERRANNÉE.* Lign. Hiver. Sud-ouest, Midi. Ornement.

E. ARBOREA L. — *B. EN ARBRE.* Lign. Print. Midi. Algérie. R. Ornement.

E. POLYTRICHIFOLIA Salisb. — *B. A FEUILLES DE POLYTRIC.* Lign. Print. Marécages. Midi. Ornement.

E. VAGANS L. — *B. VAGABONDE.* Lign. Print. Midi, Ouest. TR. Indigène à Chausey ?

E. CARNEA L. — *B. CARNÉE.* (*E. herbacea* L. — *purpurascens* L.) Lign. Eté.-automne. Savoie. Ornement.

E. SCOPARIA L.— *B. A BALAIS.* (*Brumoille*). Lign. Eté. Nord, Ouest et Midi.

G. **Calluna** *Salisb.* — **Callune.**

(καλλυνειν, balayer ; plante dont on fait des balais).

C. VULGARIS Sal. — *C. COMMUNE.* (*C. Erica* DC. — *Erica vulgaris* L.) (*Bruyère commune*). Lign. Eté. Landes, bois, coteaux. TC. Indigène.

G. **Menziezia** *J.* — **Menzièze.**

(Dédié à Menzier, botaniste écossais. 1794).

M. DABEOCI DC.— *M. DE SAINT DABÉOC. (M. poliifolia* Juss. — *Andromeda et Erica* L. — *Dobeocia poliifolia* G. Don.) Lign. Eté. Bois ombragés. Ouest, Midi. Ornement.

G. **Andromeda** *G. Don.* — **Andromède.**

(Nom mythologique d'Andromède, fille de Céphée).

A. POLIIFOLIA L. — *A. A FEUILLES DE POLIUM.* Lign. Print. Marais tourbeux. TR. Indigène. Ornement.

A. MARIANA L. — *A. DU MARYLAND. (Leucothœ* DC.) Lign. Print.-été. Amér. boréale. 1736. Ornement.

G. **Gaultheria** *L.* — **Gaulthérie.**

(Dédié à Gaulthier, médecin-botaniste à Québec).

G. PROCUMBENS L. — *G. COUCHÉE.* Lign. Eté. Amér. boréale. 1762. Aromat. Feuill. succédanées du thé. Fr. comest.

G. **Arbutus** *Tourn.* — **Arbousier.**

(Du celtique *Arbois* , fruit raboteux).

A. UNEDO L. — *A. UNÉDO.* (*Unedo edulis*) (*Frôle*, *Arbre aux fraises).* Lign. Aut. Midi. Ornem. Baie comestible.

A. UVA URSI L. — *A. BUSSEROLE. (Mairania* Desv.— *Arctostaphilos* Sprengel). *(Raisin d'ours).* Hautes montagnes. Feuilles astring. diurétique.

G. **Vaccinium** *L.* — **Airelle.**

(De *Vacca*, vache ; plante recherchée des vaches).

V. MYRTILLUS L.— *A. MYRTILLE. (Vaciet, Lucet, Mouret, Airès, Aradech, Brimballier, Maccret, Raisin de bois, de bruyère, Gueule noire, Moureflier, Brimbelles, Bluet).* Lign. Eté. Bois. TC. Indigène. Fr. comestible.

V. OXYCOCCOS L. — *A. CANNEBERGE.* (*Oxicoccos palustris* Pers.) Lign. Print. Marais tourbeux. TR. Indigène.

V. VITIS-IDÆA L. — *A. ROUGE.* (*V. punctatum* Lamk). (*Airelle ponctuée*). Lign. Print. Forêts, bois. TR. Indigène.

G. **Pyrola** *Tourn.* — **Pyrole.**

(De *Pyrus*, poirier ; allusion à la forme des feuilles).

P. ROTUNDIFOLIA L. — *P. A FEUILLES RONDES.* (*P. major* Lamk.) (*Verdure de mer, d'hiver*). Viv. Eté. Bois calcaires. TR. Indigène.

P. MINOR L. — *P. A STYLE COURT.* (*P. rosea* Smith.) Lign. Print. Bois couverts des terr. calcaires. R. Indigène.

5e SOUS-CLASSE.

Dicotylédones polypétales peri-hypogynes.

(Insertion tantôt périgyne tantôt hypogyne, souvent ambigüe, à cause d'un disque staminifère tapissant le fond de lafleur).

Fam. **PITTOSPORÉES**. — *PITTOSPOREÆ* R. Br.

(Du genre *Pittosporum*).

Pentandrie monogynie *L.* — **Arbres rosacés** *Tourn.*
Incerta sedis *Juss.*

G. **Pittosporum** *Soland.* — **Pittospore**.

(πιττος, résine; σπορος, semence; graines couvertes de résine).

P. TOBIRA Ait. — *P. DE CHINE.* (*P. Chinense* Don. — *arbutifolium* Hort. — *Evonymus Tobira* Thunb.) Lign. Eté. Japon. Ornement.

Fam. **STAPHYLÉACÉES**. — *STAPHYLEACEÆ* Bartling.

(Du genre *Staphylea*).

Pentandrie trigynie. — **Arbres monopétalés** *Tourn.*
Nerpruns *Juss.*

G. **Staphylea** *L.* — **Staphylier**.

(σταφυλη, grappe; allusion à la disposition des fleurs).

S. PINNATA L. — *S. PENNÉ.* (*Staphylodendron* Scop.) (*Faux Pistachier*, *Nez-coupé*, *Patenotrier*). Lign. Eté. Midi. Ornement. Amandes huileuses.

Fam. **AMPÉLIDÉES**. — *AMPELIDEÆ* Kunth.

(De Αμπελος, vigne, genre principal).

Pentandrie monogynie *L.* — **Arbres rosacés** *Tourn.* — **Vignes** *Juss.*

G. **Vitis** *L.* — **Vigne**.

(De *Viere*, lier avec de l osier; ou du celtiq. *Gwin* ou *Gwid*, vin).

V. VINIFERA L. — *V. VINIFÈRE.* Lign. Eté. Asie australe. Aliment. Médical. Rafraichissant.

G. **Ampelopsis** *Mich.* — **Ampelopsis**.

(Αμπελος, vigne; οψις, apparence; pl. ressemblant à la vigne).

A. HEDERACEA DC. — *A. FEUILLES DE LIERRE.* (*Hedera quinquefolia* L. — *Cissus* Pursh. — *Vitis hederacea* Willd.) (*Vigne vierge*). Lign. Eté. Amér. boréale. 1629. Ornement.

Fam. **CÉLASTRINÉES.** — *CELASTRINEÆ* R. Br.

(Du genre *Celastrus*).

Pentandrie monogynie *L.* — **Arbres rosacés** *Tourn.* — **Nerpruns** *Juss.*

G. **Celastrus** *Kunth.* — **Célastre.**

(Κηλαστρος, nom d'un arbre dont les Grecs faisaient des javelots, κηλον).

C. SCANDENS L. — *C. GRIMPANT.* (*Bourreau des arbres*). Lign. Eté. Canada. Ornement.

G. **Evonymus** *Tourn.* — **Fusain.**

(ευ, bien; ονομα, nom; plante bien nommée; allusion au bonnet de prêtre que représente son fruit.

E. EUROPÆUS L. — *F. D'EUROPE.* (*E. vulgaris* Scop.) (*Bonnet carré, de prêtre, Bois à lardoires, Fusain, Garais, Garas*). Lign. Eté. Haies, bois. AR. Indigène. Suspect. Emploi industr.

Fam. **RHAMNÉES.** — *RHAMNEÆ* R. Br.

(Du genre principal, *Rhamnus*).

Pentandrie monogynie *L.* — **Arbres rosacés** *Tourn.* — **Nerpruns** *Juss.*

G. **Rhamnus** *J.* — **Nerprun.**

(ραβδος, baguette; c.-à-d. arbrisseau à rameaux grêles).

R. FRANGULA L. — *N. BOURDAINE.* (*Frangula vulgaris* Rchb.) (*Bourgène, Aulne noir, Pouverne, Rhubarbe des paysans, Bois de noire femme.*) Lign. Eté. bois. AC. Indigène. Usage industriel.

R. PALIURUS L. — *N. PALIURE.* (*Paliurus aculeatus* Lamk. — *Australis* Gærtn. — *Ziziphus Paliurus* Willd. — *petasus* Dum. Cours.) (*Epine du Christ, Paliure-porte-chapeau, Argalou*). Lign. Eté. Europe mérid. Midi.

R. CATHARTICUS L. — *N. PURGATIF.* Lign. Print. Bois. AR. Indigène. Fruit purgatif et utile pour l'industrie.

R. INFECTORIUS L. — *N. DES TEINTURIERS.* (*Graine d'Avignon, de Perse*). Lign. Print. Languedoc. 1683. Fr. tinctor.

R. ALATERNUS L. — *N. ALATERNE.* Lign. Print. Midi. 1629. Pl. tinctoriale.

G. **Ceanothus** *L.* — **Céanothus.**

(Κεανωθος, nom d'une plante épineuse; κεντεω, piquer).

C. AZUREUS Desf. — *C. AZURÉ.* (*C. cœruleus* Lagasc. — *bicolor* Willd.) Lign. Eté. Mexique. Ornement.

C. DENTATUS Torrén. — *C. DENTÉ.* Lign. Eté. Californie. Ornement.

6e SOUS-CLASSE.

Polypétales périgynes axosporées albuminées.

(Ovaire généralement adhérent au calice; placentation axile. Graines généralement pourvues d'un albumen).

Fam. **OMBELLIFÈRES**. — *UMBELLIFERÆ* Tourn. Juss.

(De *Umbella*, parasol; allusion à l'inflorescence).

Pentandrie digynie *L.*

G. **Hydrocotyle** *Tourn.* — **Hydrocotyle.**

(De υδωρ, eau; κοτυλη, écuelle; allusion à la forme de la feuille).

H. VULGARIS Tourn. — *H. COMMUNE.* (*Ecuelle d'eau, Douve*) Viv. Eté. Prés humides, marécages, bords des eaux. TC. Indigène. Jadis employ. en médecine, détersive, etc.

G. **Sanicula** *Tourn.* — **Sanicle.**

(*Sanare*, guérir; allusion à ses propriétés médicales).

S. EUROPÆA L. — *S. D'EUROPE.* (*S. officinalis* Gouan. — *Astrantia Diapensia* Scop.) Viv. Eté. Bois. AR. Indigène. Vulnéraire. Jadis très en vogue.

G. **Astrantia** *Tourn.* — **Astrance.**

(αστηρ, étoile; allusisn à l'involucre rayonnant).

A. MAJOR L. — *A. MAJEURE.* (*Otruche noire, Sanicle femelle, de montagne*). Viv. Eté. Montagnes. Alpes. 1596. Ornem.

G. **Eringium** *Tourn.* — **Panicaut.**

(ερυγμα, éructation; allusion à ses propriétés médicales).

E. CAMPESTRE L. — *P. DES CHAMPS.* (*Chardon Roland, d'âne, à cent têtes, Erlache, Relâche, Fouasse à l'âne, Poinchau*). Viv. Eté. Lieux arides du littoral. AC. Indigène, tonique, emménagogue.

E. MARITIMUM L. — *P. MARITIME.* Viv. Eté. Sables maritimes. AC. Indigène.

E. AMETHYSTINUM L. non Lamk. — *P. AMÉTHISTE.* Viv. Eté. Dalmatie, Croatie. 1648. Ornement.

G. **Apium** *Hoffm.* — **Ache.**

(Du celtique *Apon*, eau; plante des eaux).

A. GRAVEOLENS L. — *A. ODORANTE.* (*Ache d'eau, des marais, Céleri sauvage, Eprault*). Bisann. Eté. Lieux marécag. du littoral. AC. Indigène. Suspecte. Excitante.

A. DULCE Mill. — *A. CULTIVEE.* (*Céleri cultivé*). Ann. Eté. Jardins potagers. Aliment. Excitante. Aromatique.

G. **Petroselinum** *Hoffm.* — **Persil.**

(πετρα, pierre ; Σελινον, persil ; c.-à-d. habitant les rochers).

P. SATIVUM Hoffm. — *P. CULTIVE.* (*Apium Petroselinum* L. — *vulgare* Lamk.) Ann.-Bisann. Eté. Rochers. Lieux cultivés. AR. Indigène. Aliment. Condiment. Diurétique.

P. SEGETUM Koch. — *P. DES MOISSONS.* (*Sison* L. — *Sium* Lamk.) Ann. Eté. Champs, bords des chemins, murs, AR. Indigène.

G. **Trinia** *Hoffm.* — **Trinie.**

(Dédié à Trinius, botaniste russe).

T. VULGARIS DC. — *T. COMMUNE.* (*T. Henningii* Koch. — *Pimpinella dioica* L.) Bisann. Print. Lieux arides, calcaires, bois. TR. Haute-Normandie.

G. **Helosciadium** *Koch.* — **Hélosciadie.**

(ελος, marais ; σκιαδιος, parasol ; c.-à.-d. ombellifère de marais).

H. NODIFLORUM Koch. — *H. A FLEURS SESSILES.* (*Sium* L. — *Seseli* Scop.) (*Chue*, *Cresson de cheval*, *Bèle*). Viv. Eté. Lieux aquatiques. TC. Indigène. Suspecte.

H. INUNDATUM Koch. — *H. INONDÉE.* (*Sium* Roth. — *Sison* L. — *Meum* Spreng. — *Hydrocotyle* Smith.) Viv. Eté. Mares, étangs, ruisseaux lents. R. Indigène.

G. **Sium** *Koch.* — **Berle.**

(Du celtique *Siw*, eau ; allusion à l'habitat. de la plante).

S. LATIFOLIUM L. — *B. A LARGES FEUILLES.* (*Drepanophyllum palustre* Hoffm.) (*Ache d'eau*). Viv. Eté. Marais du littoral et calcaires. TR. Indigène.

S. ANGUSTIFOLIUM L. — *B. A FEUILL. ÉTROITES.* (*Berula* Koch.) Viv. Eté. Grands marais. TR. Indigène.

G. **Ammi** *Tourn.* — **Ammi.**

(αμμος, sable ; allusion à l'habitat. de la plante).

A. MAJUS L. — *A. MAJEUR.* (*A. cicutæfolium* Willd. — *Apium Ammi* Crantz.) Ann. Eté. Champs et lieux stériles. TR. Indigène. Excitante, aromatique.

G. **Sison** *Lag.* — **Sison**.

(Du celtique *Sisun*, ruisseau ; allusion à l'habitat. de la plante).

S. AMOMUM L. — *S. AMOME* (*Sium* Roth. — *S. aromaticum* Lamk. — *Seseli amomum* Scop.) Bisann. Eté. Lieux incultes, talus des fossés, haies. AR. Indigène. Aromatique. Excitant. Condiment.

G. **Falcaria** *Riv.* — **Falcaire**.

(*Falx*, faux ; allusion à la courbure des segments des feuill.)

F. RIVINI Host. — *F. DE RIVIN.* (*Sium Falcaria* L. — *Bunium Falcaria* Biéb. — *Critamus agrestis* Bess.) Bisann. Eté. Champs calcaires. Centre, Ouest.

G. **Ægopodium** *L.* — **Egopode**.

(αἰξ, chèvre ; πους, pied ; allusion à la forme des feuilles).

Æ. PODAGRARIA L. — *E. DES GOUTTEUX.* (*Seseli Ægopodium* Scop. — *Tragoselinum*, *Angelica* Lamk. — *Pimpinella angelicæfolia* Lamk.) (*Herbe aux goutteux*, *fausse Angélique*, *Pied de chèvre*). Viv. Eté. Haies, vergers, jardins. AR. Indigène. Pl. stimul., aromatiq., vulnér.

G. **Bunium** *Gr. et Godr.* — **Bunium**.

(Βουνίς, navet ; allusion à la souche tubéreuse de qq. espèces).

B. VERTICILLATUM Gr. et Godr. — *B. VERTICILLÉ.* (*Sison* L. — *Carum* Koch. — *Sium* Lamk.) Viv. Eté. Landes et prés marécageux. AC. Indigène.

B. CARVI Bréb.— *B. CARVI.* (*Carum* L.) (*Carvi*, *Anis des Vosges*, *Cumin des prés*). Ann. Print. Bois, prairies. Est et Centre. Aromatiq. stimulant.

G. **Conopodium** *DC.* — **Conopode**.

(κωνος, cône; ποδιον, petit pied ; allusion à la forme conique de la base du style).

C. DENUDATUM Koch. — *C. DÉNUDÉ.* (*Bunium denudatum* DC. — *B. flexuosum* Sm.) (*Génotes*). Viv. Eté. Bois, prés. C. Indigène. Bulbes aliment., âcres.

G. **Pimpinella** *L.* — **Boucage**.

(Altération de *Bipennula* ; allusion aux feuilles bipenniséquées).

P. MAGNA L. — *B. A GRANDES FEUILLES.* (*Tragoselinum majus* Lamk.) (*Pimpinelle blanche*, *grand Bouquetin*, *grande Saxifrage*, *grand Persil de bouc*). Viv. Eté. Haies, bords des chemins. AC. Indigène.

P. SAXIFRAGA L. — *B. SAXIFRAGE.* (*P. nigra* Willd. — *Tragoselinum minus* Lamk.) (*Petit Bouquetin, petit Boucage, petite Pimpinelle, petit Persil de bouc, petit Saxifrage, Pied de bouc, de chèvre*). Viv. Eté. Lieux secs et pierreux, murailles. R. Indigène.

P. ANISUM L. — *B. ANIS.* Ann. Eté. Egypte. 1557. Aromat. condiment. stimulant.

G. **Bupleurum** *Tourn.* — **Buplèvre.**

(Βους, πλευρα, côte de bœuf; allusion à la forme des feuilles de quelques espèces; ou suivant de *Theis*, plèvre de bœuf, à cause du tissu ferme et membraneux des feuilles).

B. ROTUNDIFOLIUM L. — *B. A FEUILLES RONDES.* (*B. perfoliatum* Lamk.) (*Perce-feuille, Bec, Oreille de lièvre*). Ann. Eté. Moissons des terrains calcaires. AC. Haute-Normandie. Astringente.

B. ARISTATUM Bartl. — *B. ARISTÉ.* (*B. odontites* Sm. et L. — *B. divaricatum* Fl. Franç.) Ann. Eté. Coteaux maritim. TR. Indigène.

B. TENUISSIMUM L. — *B. TRÈS-TENU.* Ann. Eté. Lieux stériles. TR. Indigène.

G. **Œnanthe** *Lamk.* — **Œnanthe.**

(οινη, ανθος, fleur de vigne; allusion à l'odeur des feuilles et des fleurs).

Œ. CROCATA L. — *Œ. SAFRANÉE.* (*Œ. apiifolia* Brot.) (*Grande Chüe, Pensacre, Parsacre, Pain-pain, Persil laiteux*). Viv. Eté. Rivières, fossés, étangs. TC. Indigène. Tr.-vénén., surtout la racine.

Œ. FISTULOSA L. — *Œ. FISTULEUSE.* (*Chervi des marais, Persil des marais, Gousse, Jonc odorant*). Viv. Eté. Fossés, lieux marécageux. AC. Indigène. Vénéneuse.

Œ. PHELLANDRIUM Lamk. — *Œ. PHELLANDRE.* (*Œ. aquatica* Lamk. — *Phellandrium aquaticum* L.) (*Cigüe d'eau*). Viv. Eté. Marais, fossés. R. Indigène. Très-vénéneuse. Médicam.

G. **Æthusa** *L.* — **Ethuse.**

(αιθυσσω, j'enflamme ; allusion aux propriétés vénéneuses de la plante).

Æ. CYNAPIUM L. — *E. ACHE DES CHIENS.* (*Petite Ciguë, Cicutaire folle, faux Persil, Ciguë des jardins, Persil bâtard, de chat, de chien*). Ann. Eté. Lieux cultivés, jardins. AC. Indigène. Très-vénéneuse.

G. **Fœniculum** *Hoffm.* — **Fenouil.**

(Diminutif de *Fœnum*, foin ; allusion à la finesse ou à l'odeur des feuilles).

F. OFFICINALE All. — *F. OFFICINAL.* (*F. vulgare* Gærtn. — *Anethum Fœniculum* L.) (*Aneth doux*, *Anis de France*, *de Paris*, *Fenouil de Florence*, *de Malte*, *des vignes*). Viv. Eté. Lieux secs, bords des champs, surtout dans la région maritime. AC. Indigène. Pl. aromatiq., condiment., médicale.

F. DULCE C. Bauh. — *F. DOUX.* (*Anethum dulce* DC.) Ann. Eté. Italie. Pl. aromatiq. carminative.

G. **Seseli** *L.* — **Seseli.**

(Σεσελι, nom donné par Dioscoride à plusieurs ombellifères ; ou de Σιησέλιος, nom grec de ces plantes).

S. MONTANUM Déc. — *S. DES MONTAGNES.* (*S. glaucum* L. — *elatum* Thuill. — *peucedanifolium* Mér.) Viv. Eté. Midi, Centre. Coteaux calcaires.

S. ELATUM L. — *S. ÉLEVÉ.* Viv. Eté. Autriche. 1710.

G. **Libanotis** *Crantz.* — **Libanotis.**

(De Λίβανος, encens ; de la plante qui, froissée, répand cette odeur).

L. VULGARIS DC. — *L. COMMUNE.* (*Athamantha Libanotis* L. — *pubescens* Retz. — *Pyrenaica* Jacq. — *Sibirica* L. — *lancifolia* L. — *condensata* L. — *Seseli Libanotis* Koch. — *Chrithmum Pyrenaicum* L.) Viv. Eté. Bois montueux, montagnes. Midi, Centre.

G. **Cnidium** *Cusson.* — **Cnidie.**

(κνίδιον, ancien nom de l'arroche et plantes diverses).

C. APIOIDES Spreng. — *C. FAUX PERSIL.* (*Ligusticum apiifolium* Lamk. — *cicutæfolium* Vill. — *Laserpitium Silaifolium* Jacq.) Viv. Eté. Dauphiné.

G. **Athamantha** *Koch.* — **Athamanthe.**

(De *Atamas*, nom d'une montagne de Crète ou de Sicile où croît cette plante ; ou de *Athamas*, roi de Thèbes).

A. CRETENSIS L. — *A. DE CRÈTE.* (*A. Matthioli* Wulf.) Viv. Eté. Rochers. Carniole. Midi. 1802. Pl. médic., stimulant.

G. **Ligusticum** *L.* — **Ligustique.**

(De *Liguria*, Ligurie, Etat de Gênes où elle croît).

L. PYRENAICUM Gouan. — *L. DES PYRÉNÉES.* (*Cnidium* Spreng.) Viv. Eté. Montagnes. Pyrénées. 1804.

G. **Meum** *Tourn.* — **Meum.**

(Μηον, nom grec de quelques ombellifères).

M. ATHAMANTICUM Jacq.— *M. ATHAMANTE.* (*Œthusa et Athamantha Meum* L. — *Ligusticum capillaceum* Lamk. — *L. Meum* DC.) (*Cistre, Fenouil des Alpes*). Viv. Eté. Centre. Pl. aromat. âcre. Médecine vétérin.

G. **Silaus** *Bess.* — **Silaüs.**

(Nom donné par Pline à quelques ombellifères).

S. PRATENSIS Bess. et Koch. — *S. DES PRÉS.* (*Peucedanum Silaus* L. — *Cnidium Silaus* Spreng. — *Ligusticum Silaus* Duby.) Viv. Eté. Prairies, calcaires surtout. AR. Indig.

G. **Crithmum** *Tourn.* — **Crithme.**

(Κρηθμον, nom grec d'une plante croissant près de la mer).

C. MARITIMUM L. — *C. MARITIME.* (*Cachrys* Spreng.) (*Bacille, Perce-pierre, Criste marine, Fenouil de mer*). Viv. Eté. Falaises. AR. Indigène. Pl. condiment, aromatiq. Vermifug.

G. **Levisticum** *Koch.* — **Livêche.**

(De *Levare*, soulager ; à cause de ses propriét. carminatives).

L. OFFICINALE Koch. — *L. OFFICINALE.* (*Ligusticum Levisticum* L. — *Angelica paludapifolia* Lamk. — *A. Levisticum* DC.) (*Ache des montagnes*). Viv. Eté. Hautes montagnes. Italie. 1596. Plante aromatique.

G. **Selinum** *Hoffm.* — **Selin.**

(Σελινον, nom grec du persil).

S. CARVIFOLIA L. — *S. A FEUILLES DE CARVI.* (*S. angulatum* Lamk. — *S. membranaceum* Vill.) Viv. Eté. Lieux humides boisés. TR. Indigène.

G. **Ostericium** *Hoffm.* — **Ostéric.**

(De οστεον, noyeau ; de la forme de la graine ; ou de *Ostruthium*, nom ancien de l'Impératoire).

O. PRATENSE Hoffm.—*O. DES PRÉS.* (*Angelica* Spreng.) Viv. Eté. Turquie, Espagne. 1824.

G. **Angelica** *Hoffm.* — **Angélique.**

(αγγελος, ange ; allusion à ses propriétés merveilleuses).

A. SYLVESTRIS L. — *A. SAUVAGE.* (*Imperatoria* DC.— *Selinum* Crantz.) Viv. Eté. Bords des eaux, prés humid. C. Indig.

G. **Archangelica** *Hoffm.* — **Archangélique**.

(αρχος, chef; plante supérieure à l'Angélique).

A. OFFICINALIS Hoffm. — *A. OFFICINALE.* (*Angelica Archangelica* L.) (*Angélique*). Viv. Eté. Europe boréale. Stimulant. Condiment. Aromatique.

G. **Opopanax** *Koch.* — **Opopanax**.

(οπος, sève; παν, tout; ακεομαι, guérir; pl. panacée universelle).

O. CHIRONIUM Koch.— *O. DE CHIRON.* (*Laserpitium* L. — *Pastinaca Opopanax* Speng.) (*Panacée officinale, des boutiques*). Viv. Eté. Orient. 1640. Pl. à suc gommo-résineux, médicin.

G. **Ferula** *L.* — **Férule**.

(De *Ferire*, frapper; allusion aux tiges servant de verges pour les enfants).

F. TINGITANA L.—*F. DE TANGER.* Viv. Eté. Afriq. 1680.

G. **Peucedanum** *Koch.* — **Peucédane**.

(πευκη, pin; δανος, combustible, sec ; allusion au suc résineux de quelques espèces).

P. OSTRUTHIUM Koch. — *P. IMPÉRATOIRE.* (*Imperatoria* L.) (*Ostrute, Benjoin du pays*). Viv. Eté. Montagnes. Centre, Midi.

G. **Anethum** *Tourn.* — **Aneth**.

(ανηθον, nom du Fenouil; ou de αιθω, je brûle; pl. échauffante.)

A. GRAVEOLENS L. — *A. FÉTIDE.* (*Pastinaca anethum* Spreng.) Ann. Eté. Orient, Espagne.

G. **Pastinaca** *Tourn.* — **Panais**.

(De *Pastus*, nourriture ; c.-à-d. plante alimentaire).

P. SATIVA L. — *P. CULTIVÉ.* (*Pastenade blanche, grand Chervi cultivé, Racine blanche*). Bisann. Eté. Champs cultivés. Aliment. Excellent fourrage.

G. **Heracleum** *L.* — **Berce**.

(Ηρακλης, Hercule; plante consacrée à Hercule).

H. SPONDYLIUM L. — *B. BRANC URSINE.* (*H. Branca Ursina* All. — *Spondylium Branca Ursina* Hoffm.) (*Acanthe d'Allemagne, Angélique sauvage, Bibreuil, Frenelle, Souffloure, Panais de vache, Patte de loup*). Viv. Eté. Prairies. TC. Indig.

H. WILHEMSII Fisch. et Mey.—*B. DE WILHEMS*. Viv. Eté. Ibérie. Ornement.

G. **Cuminum** *C. Bauh.* — **Cumin.**

(κυμινον, altération du nom arabe *Quamoun* de la plante).

C. CYMINUM L. — *C. OFFICINAL*. Ann. Eté. Egypte. 1594. Aromatique.

G. **Laserpitium** *Tourn.* — **Laser.**

(De *Laser*, gomme; et *Pix*, poix, résine; allusion au suc de quelques espèces).

L. SILER L. — *L. SILER*. (*L. montanum* Lamk.) Viv. Print. Montagnes. Alpes, Pyrénées. Médicam. Aromatique. Stimulant.

G. **Thapsia** *Tourn.* — **Thapsie.**

(Nom donné par Pline à cette plante de l'île de Thapsus).

T. VILLOSA L. — *T. VELUE*. (*Malherbe*, *faux Turbith*). Viv. Eté. Méditerranée. 1710. Pl. purgative, rubéfiante.

G. **Orlaya** *Hoffm.* — **Orlaya.**

(Dédié à Orlay, médecin de Moscou).

O. GRANDIFLORA Hoff. — *O. A GRANDES FLEURS*. (*Caucalis* L. *Daucus* Scop.) Ann. Eté. Moissons. Haute-Normandie.

G. **Daucus** *Tourn.* — **Carotte.**

(De δαυκος, nom grec de qq. ombellifèr.; et *Daucus* par Pline).

D. CAROTA L. — *C. COMMUNE*. (*D. vulgaris* Neck. — *Caucalis Carota* Crantz.) Bisann. Eté. Prés secs, coteaux, bords des chemins. TC. Indigène. Racine alimentaire. Fruit très-excitant.

D. MARITIMUS With. — *C. MARITIME*. (*D. gummifer* Gr. et Godr.— *D. Hispanicus* DC.) Bisann. Eté. Falaises. AR. Indigène.

G. **Torilis** *Hoffm.* — **Torilis.**

(De τορεω, ciseler; à cause de ses fruits à côtes découpées).

T. NODOSA Gærtn. — *T. NOUEUX*. (*Tordylium* L. — *Caucalis* Huds. — *C. nodiflora* Lamk.) Ann. Eté. Lieux secs, pierreux. AC. Indigène.

T. ANTHRISCUS Gm. — *T. ANTHRISQUE*. (*Tordylium* L.—*Caucalis* Scop.) Bisann. Eté. Haies, buissons. TC. Indigèn.

G. **Scandix** *Gærtn.* — **Scandix.**

(De Σκανδιξ, nom d'une espèce de cerfeuil).

S. PECTEN-VENERIS L. — *S. PEIGNE DE VÉNUS.* (*S. Pecten* Hoffm. — *Chærophyllum Pecten-Veneris* Crantz. — *C. rostratum* Lamk.) (*Perce-pouche*, *Aiguilles de berger*, *des dames*, *grande Dent*, *Emporte-peigne*, *Aiguillette*). Ann. Eté. Moissons. TC. Indigène.

G. **Anthriscus** *Hoffm.* — **Anthrisque.**

(Ανθρισκος, nom d'un cerfeuil sauvage).

A. VULGARIS Pers.— *A. COMMUNE.* (*A. Caucalis* Biéb. — *Scandix Anthriscus* L.—*Caucalis Scandix* Scop. — *C. scandicina* Roth. — *Chærophyllum Anchriscus* Lamk.) (*Cerfeuil des fous*). Ann. Print. Décombres, lieux incultes. AC. Indig.

A. CEREFOLIUM Hoffm. — *A. CERFEUIL.* (*Scandix* L. — *Chærophyllum sativum* Lamk. — *Ch. cerefolium* Crantz. — *Cerefolium sativum* Besser.) (*Cerfeuil cultivé*). Ann. Eté. Lieux cultivés. Condiment. Médical.

G. **Chœrophyllum** *L.* — **Cerfeuil.**

(χαιρων, joyeux; φυλλον, feuille; pl. à feuillage vert gai).

C. TEMULUM L. — *C. ENIVRANT.* (*Chœrophyllum aureum* L.— *Scandix nutans* Mœnch.—*temula* Roth.— *Myrrhis temula* Spreng.) Bisann. Print. Haies, buissons. TC. Indigèn. Plante vénéneuse.

C. BULBOSUM L. — *C. BULBEUX.* (*Scandix* Roth. — *Myrrhis* Spreng.) Bisann. Eté. Haies. Allemagne, Est. 1726. Rac. comestible.

G. **Myrrhis** *Scop.* — **Myrrhis.**

(Μυρρον, parfum; allusion à l'odeur aromatique de la plante).

M. ODORATA Scop. — *M. ODORANT.* (*Scandix* L. — *Chœrophyllum* Lamk.) (*Cerfeuil musqué*). Viv. Eté. Paturages des montagnes. Vosges, Alpes, Pyrénées. Pl. très-aromatiq. Condiment. excitante.

G. **Smyrnium** *L.* — **Maceron.**

(De σμυρνα, Myrrhe; nom grec de cette plante et de l'arbre à Myrrhe).

S. OLUSATRUM L.—*M. COMMUN.* (*S. Matthioli* Tourn.) (*Ache noir*). Bisann. Print. Prairies, bords des chemins. TR. Indigène. Pl. aromat., diurétique.

G. **Conium** *L.* — **Ciguë.**

(Κωνειον, nom grec de la grande cigüe).

C. MACULATUM L. — *C. TACHETÉE.* (*Cicuta major* Lamk.) (*Grande Ciguë, Ciguë de Socrate, d'Athènes, grande cocuë, Cambrion, Fenouil sauvage*). Viv. Eté. Lieux incultes, décombres. AC. Indigène. Très-vénéneuse. Médicale.

G. **Coriandrum** *L.* — **Coriandre.**

(De Κορις, nom grec de la punaise ; allusion à son odeur).

C. SATIVUM L. — *C. CULTIVÉE.* Ann. Eté. Caucase. Cultivée pour ses propriétés condiment., aromatiq., excitant.

Fam. **ARALIACÉES.** — *ARALIACEÆ* Juss.

(De *Aralia*, nom du principal genre).

Pentandrie *L.*— **Arbres monopétalés** *T.*— **Hedéracées, Sambucacées** *Partim.*

G. **Adoxa** *L.* — **Adoxe.**

(α, privatif; δοξα, gloire ; pl. peu remarquable, verdâtre).

A. MOSCATELLINA L. — *A. MOSCATELLE.* (*Moscatellinemusquée*). Viv. Print. Haies, bois. TR. Indigène. Jadis usitée en médecine.

G. **Aralia** *Don.* — **Aralie.**

(*Aralia*, nom canadien de l'espèce envoyée de Québec à Fagon).

A. RACEMOSA L. — *A. A FLEURS EN GRAPPE.* Viv. Eté. Amér. septentrion. 1658. Ornement.

A. SPINOSA L. — *A. ÉPINEUSE.* (*Angélique épineuse*). Lign. Eté. Caroline. 1688. Ornement.

G. **Hedera** *L.* — **Lierre.**

(Du celtique *Hedra*, corde ; allusion aux rejetons ; ou de *Hœdere*, s'attacher).

H. HELIX L. — *L. COMMUN.* (*H. canariensis* Willd.) (*Gliéru, Lierre grimpant*). Lign. Automne. Vieux murs, bois. TC. Indigène. Résine aromat. Médical.

Fam. **CORNÉES.** — *CORNEÆ* DC.

(Du genre *Cornus*).

Tétrandrie *L.* — **Arb. rosacés** *Tourn.* — **Chevrefeuilles** *Juss.*

G. **Cornus** *L.* — **Cornouiller.**

(De *Cornu*, corne ; allusion à la dureté du bois).

C. SANGUINEA L. — *C. SANGUIN.* (*C. fœminea* Lob.)

(*Cornouiller femelle*). Lign. Print. Haies, bois. AC. Indigène. Graine huileuse.

C. MAS L. — *C. MALE.* (*C. mascula* Lhér.) Lign. Print. Haies, bois des terr. calcaires. R. Indigène. Fruit comestibl.

G. **Aucuba** *Thunb.* — **Aucuba.**

(*Aucuba*, nom japonais de la plante).

A. JAPONICA Thunb. — *A. DU JAPON.* Lign. Print. Japon. 1783. Ornement.

Fam. **PHILADELPHÉES.** — *PHILADELPHEÆ* DC.

(De *Philadelphus*, nom du principal genre).

Décandrie et Icosandrie *L.* — **Arbres rosacés** *Tourn.* — **Myrthes** *Juss.*

G. **Philadelphus** *L.* — **Séringat.**

(De φιλάδελφος, qui aime ses frères ; allusion aux fleurs rapprochées en corymbe, ou nom donné par Athénée à un arbrisseau inconnu).

P. CORONARIUS L. — *S. DES JARDINS.* (*Syringa odorant*). Lign. Eté. Europe mérid. Ornement.

P. LATIFOLIUS Schr. — *S. A FEUILLES LARGES.* (*S. pubescens* Herb. amat.) (*Syringa pubescent*). Lign. Eté. Caroline. 1820. Ornement.

G. **Deutzia** *Thunb.* — **Deutzie.**

(Dédié à John Deutz, botaniste hollandais).

D. SCABRA Thunb.— *D. SCABRE.* (*D. grandiflora* Hortul.) Lign. Eté. Japon. 1833. Ornement.

D. GRACILIS Zucc.-Siéb.— *D. GRÊLE.* Lign. Eté. Japon. 1845. Ornement.

Fam. **SAXIFRAGÉES.** — *SAXIFRAGEÆ* Vent.

(Nom du principal genre, *Saxifraga*).

Décandrie *L.* — **Rosacées et Infundibuliformes** *Tourn.* **Saxifrages** *Juss.*

G. **Saxifraga** *L.* — **Saxifrage.**

(*Saxum*, pierre ; *Frangere*, briser ; allusion à l'habitat. bien plus qu'aux propriétés lithontriptiques).

S. HYPNOIDES L. — *S. MOUSSEUSE.* (*Gazon turc, discret*). Viv. Print. Montagnes. Auvergne, Pyrénées, Cévennes. Ornement.

S. TRIFURCATA Schr. — *S. TRIFURQUÉE.* (*S. ceratophylla* Dryand.) Viv. Print. Espagne. 1834. Ornement.

S. TRIDACTYLITES L. — *S. TRIDACTYLE.* Ann. Print. Murs, toits. AR. Indigène.

S. GRANULATA L. — *S. GRANULÉE.* (*Casse-pierre, Herbe à la gravelle, Rompt-pierre, Saxifrage blanche, perce-pierre, Belle anglaise, Sanicle de montagne*). Viv. Print. Lieux sablonneux, coteaux maritimes. TR. Indigène. Italie, Midi.

S. UMBROSA L. — *S. OMBREUSE.* (*Hydatica* Tausch.) (*Mignonette, Amourette, Désespoir des peintres*). Viv. Print. Pyrénées. Ornement.

S. SARMENTOSA L. — *S. SARMENTEUSE.* (*S. stolonifera* Jaq. — *Hydatica sarmentosa* Tausch.) Viv. Eté. Chine. 1772. Ornement.

S. CUNEIFOLIA L. — *S. A FEUILLES EN COIN.* (*Hydatica* Tausch.) Viv. Print. Alpes. 1768. Ornement.

S. COTYLEDON L. — *S. PYRAMIDALE.* (*S. à feuilles de cotylédon*). Viv. Print. Pyrénées. 1596. Ornement.

S. CRASSIFOLIA L. — *S. A FEUILLES ÉPAISSES.* (*Bergenia* Mœnch.) Viv. Print. Sibérie. 1765. Ornement.

S. CORDIFOLIA Haw. — *S. A FEUILLES EN CŒUR.* (*Bergenia* Mœnch.) Viv. Print. Sibérie. 1779. Ornement.

G. **Chysosplenium** *L.* — **Dorine.**

(χρυσος, or ; σπλην, rate ; allusion à la couleur des fleurs et à la forme des feuilles).

C. OPPOSITIFOLIUM L. — *D. A FEUILL. OPPOSÉES.* (*Saxifrage dorée*). Viv. Print. Chemins humides, bords des ruisseaux et des sources. AR. Indigène.

G. **Hoteya** *Dne et Morr.* — **Hoteya.**

(Dédié à Ho - Tei , botaniste japonais).

H. JAPONICA Dne et Morr. — *H. DU JAPON.* Viv. Print. Japon. 1835. Ornement.

G. **Hydrangea** *L.* — **Hortensia.**

(υδος, eau ; αγγος, vase ; c.-à-d. fruit semblable à une urne).

H. JAPONICA Siéb. — *H. DU JAPON.* Lign. Eté. Japon. 1843. Ornement.

H. HORTENSIA DC. — *H. HORTENSIA.* (*H. hortensis* Sm. — *Hortensia opuloides* Lamk.) (*Rose du Japon*). Lign. Eté. Chine. 1748. Ornement.

H. INVOLUCRATA Siéb. — *H. A INVOLUCRE*. Lign. Eté. Japon. Ornement.

G. **Escallonia** *Mut.* — **Escallonie.**

(Dédié à Escallon, voyageur espagnol, qui a trouvé l'espèce principale).

E. FLORIBUNDA Kunth. et H. B. — *E. A FLEURS NOMBREUSES.* Lign. Eté. Nouvelle Grenade, Andes. 1827. Ornement.

G. **Itæa** *L.* — **Itéa.**

(Ιτεα, saule; allus. à sa force végétative et à son inflorescence).

I. VIRGINICA L.— *I. DE VIRGINIE*. Lign. Eté. Virginie. 1744. Ornem.

G. **Tiarella** *L.* — **Tiarelle.**

(De *Tiara*, la tiare, diadème des Perses).

T. CORDIFOLIA L. — *T. A FEUILLES EN COEUR.* Viv. Print. Amér. septent. 1731. Ornement.

Fam. **CRASSULACÉES.** — *CRASSULACEÆ* DC.

(Nom tiré du genre *Crassula*).

Pentandrie et Décandrie *L.* — **Rosacées** *Tourn.* — **Joubarbes** *Juss.*

G. **Sedum** *L.* — **Sedum.**

(De *Sedere*, être assis; allusion au port des principal. espèces).

S. LATIFOLIUM Bert. — *S. A LARGES FEUILLES.* (*S. maximum* Hoffm. — *S. Telephium* Var. a. L.) Viv. Eté. Lieux montueux. Centre, Midi.

S. TELEPHIUM L. — *S. REPRISE.* (*Orpin*, *Herbe à la coupure*, *Fève grasse*, *Grasset*, *Herbe grasse*, *Saint-Jean*, *Joubarbe des vignes*, *Anacampseros*). Viv. Eté. Talus des fossés, bois, toits, murs. AC. Indigène. Emolliente.

S. ANACAMPSEROS L. — *S. A FEUILLES RONDES.* (*S. rotundifolium* Lamk. — *Anacampseros sempervirens* Haw.) Viv. Eté. Midi.

S. SPURIUM Biéb.— *S. BATARD.* Viv. Eté. Caucase. 1816.

S. DASYPHYLLUM L. — *S. A FEUILLES ÉPAISSES.* (*S. glaucum* Lamk.) Viv. Eté. Midi, Corse.

S. ALBUM L. — *S. BLANC.* (*S. teretifolium* Var. Lamk.) (*Trique-madame*). Viv. Eté. Murs, toits, rochers. AR. Indigèn.

S. ANGLICUM Huds. — *S. ANGLAIS.* (*S. rubens* Fl. Dan. — *S. Guettardi* Vill.) Ann. Eté. Coteaux maritimes, rochers, murs. C. Indigène.

S. ACRE L.— *S. ACRE.* (*Vermiculaire âcre, Joubarbe âcre, Marquet, Tétine de souris, Thym de crapaud, Orpin brûlant, Pain d'oiseau, Poivre des murailles*). Viv. Eté. Coteaux et rochers, toits du littoral. TC. Indigène. Suspecte.

S. CEPÆA L. — *S. PANICULÉ.* (*S. paniculatum* Lamk. — *Anacampseros Cepæa* Haw.) (*Orpin à fleur d'oignon*). Ann. Eté. Haies.

S. RUPESTRE L. — *S. DES ROCHERS.* (*S. reflexum* DC. — *minus* Haw.) Viv. Eté. Lieux secs, coteaux, rochers du littoral. AR. Indigène.

S. REFLEXUM L. — *S. COURBÉ.* Viv. Eté. Rochers, toits. R. Indigène.

S. ELEGANS Lej. — *S. ÉLÉGANT.* Viv. Eté. Lieux secs, murs. R. Indigène.

S. RUBENS. DC. — *S. ROUGE.* (*Crassula rubens* L.) Ann. Eté. Lieux secs. TR. Indigène.

G. **Rochea** *DC.* — **Rochea.**

(Dédié à Fr. La Roche, botaniste français).

R. FALCATA DC. — *R. A FEUILLES EN FAUX.* (*Crassula obliqua* Anders. — *decussata et Swellingrebliana* Hortul.) Lign. Eté. Cap. 1795. Ornement.

G. **Cotyledon** *DC.* — **Cotylet.**

(κοτυλη, écuelle ; allusion à la forme des feuilles).

C. ORBICULATA L. — *C. ORBICULAIRE.* Lign. Eté. Cap. 1798. Ornement.

G. **Umbilicus** *DC.* — **Ombilic.**

(*Umbilicus*, ombilic ; allus. à l'excavation centrale des feuill.)

U. PENDULINUS DC. — *O. A FLEURS PENDANTES.* (*Cotyledon Umbilicus* L. — *C. Umbilicus-Veneris* Black.) (*Godets, Nombril de Vénus*). Viv. Eté. Vieux murs, toits, haies. TC. Indigène. Emolliente.

G. **Sempervivum** *L.* — **Joubarbe.**

(*Semper*, toujours ; *Vivum*, vivant ; allusion aux rejets qui perpétuent l'espèce).

S. TECTORUM L.— *J. DES TOITS.* (*Sedum* Scop.) (*Faux Artichaut*). Viv. Eté. toits. AR. Indigène. Employée contre les cors aux pieds. Emolliente.

F. **MÉSEMBRYANTHEMÉES**. — *MESEMBRIANTHEMEÆ* Fenzl.

(Du genre *Mesembryanthemum*).

Icosandrie *L.* — **Ficoïdes** *Juss.*

G. **Mesembryanthemum** *L.* — **Ficoïde**.

(μεσεμβρια, milieu du jour; ανθος, fleur; c.-à-d. s'épanouissant à midi).

M. CRISTALLINUM L. — *FICOIDE CRISTALLINE.* (*Glaciale*). Ann. Eté. Sables maritimes de la Corse. Cap, Canaries. 1725. Ornement.

M. VIOLACEUM DC. — *F. VIOLETTE.* (*M. parvifolium* Lamk.— *Puniceum* Jacq.) Lign. Eté. Cap. 1820. Ornement.

M. AURANTIACUM Haw. — *F. A FLEURS ORANGE.* (*M. aurantium* Willd. — *glaucoides* Haw.) Lign. Eté. Cap. Ornement.

M. DOLABRIFORME L.—*F. EN FORME DE DOLOIRE.* Viv. Eté. Cap. 1705. Ornement.

M. LACERUM S. Dyck. — *F. LACÉRÉE.* (*M. acinaciforme* DC., non L. — *Milleri* Willd. — *gladiatum* Jacq.) Lign. Eté. Cap. 1714. Ornement.

Fam. **CACTÉES**. — *CACTEÆ* DC.

(De Κακτος, nom donné par Théophraste à une pl. épineuse).

Icosandrie *L.* — **Rosacées** *Tourn.* — **Cierges** *Juss.*

G. **Cereus** *DC.* — **Cierge**.

(nom faisant allusion à la forme de la tige).

C. PERUVIANUS Tabern. — *C. DU PÉROU.* (*Cactus* L. — *C. hexagonus* Willd. — *Cereus heptagonus* Hort.) Lign. Eté. Pérou. Ornement.

C. SERPENTINUS Lagasc. — *C. SERPENTAIRE.* Lign. Eté. Mexique. Ornement.

C. SPECIOSSIMUS DC. — *C. MAGNIFIQUE.* (*Cactus* Desf. — *speciosus* Willd.) Lign. Eté. Mexique. Ornement.

G. **Phyllocactus** *Linck.* — **Phillocactus**.

(De φυλλον, feuille; cactus ayant la forme de feuille).

P. PHYLLANTHOIDES DC. — *P. PHYLLANTHOIDE.* (*Cactus phyllanthoides* DC. — *alatus* Willd. — *speciosus* Bonpl. — *elegans* Linck. — *Epiphyllum speciosum* Haw. — *phyllanthoides* Hortul.) Lign. Eté. Mexique. Ornement.

P. ACKERMANI Linck. — *P. D'ACKERMAN.* (*Cereus* Otto. — *Epiphyllum* Haw.) Lign. Eté. Mexique. Ornement.

G. **Opuntia** *Tourn.* — **Raquette**.

(De *Opuntus*, ville de la Phocide où ces plantes abondent).

O. VULGARIS Mill. — *R. COMMUNE.* (*O. Italica* Tén. — *Cactus Opuntia* L. — *C. Op. nana* DC.) (*Nopal*). Lign. Print. Amér. mérid. Plante cultivée dans le Midi et en Algérie pour élever la cochenille. Fr. aliment.

G. **Melocactus** *C. Bauhin.* — **Melocactus**.

(*Melo*, melon ; c'est-à-dire cactus en forme de melon).

M. COMMUNIS Linck. — *M. COMMUN.* (*Cactus Melocactus* L. — *C. coronatus* Lamk.) Lign. Eté. Antilles. Ornement.

Fam. **GROSSULARIÉES**. — *RIBESIACEÆ* Endlich.

(Nom tiré du genre *Ribes*).

Pentandrie *L.* — **Arbres rosacés** *Tourn.* — **Cactées** *Juss.*

G. **Ribes** *L.* — **Groseiller.**

(De *Ribes*, nom donné par les Arabes à une rhubarbe acide, et que Bauhin, par erreur, attribua au groseiller, et appliqué par Linnée à cause de l'acidité des fruits, analogue au *Rheum Ribes*).

R. SANGUINEUM Pursh. — *G. SANGUIN.* (*Calobotrya* Spach.) (*Cassis rouge*). Lign. Print. Amér. septent., Colombie. 1817. Ornement.

R. RUBRUM L. — *GROSEILLER A GRAPPES.* (*Gradiller, Castillier*). Lign. Print. Bois, montagnes. TR. Indigène. Fruits alimentaires.

R. NIGRUM L. — *G. NOIR.* (*R. olidum* Mœnch.) (*Cassis*). Lign. Print. Bois. Midi. Fruits alimentaires.

R. UVA-CRISPA L. — *G. A MAQUEREAU.* (*Groseiller épineux*). Lign. Print. Haies, bois. TR. Indigène. Fr. aliment.

R. AUREUM Pursh. — *G. DORÉ.* (*R. longiflorum* Nutt. — *palmatum* Nutt. — *flavum* Coll. — *fragrans* Lodd. — *Chrysobotrya revoluta et intermedia* Spach.) Lign. Print. Missouri. 1812. Ornement.

R. CEREUM Dougl. — *G. A FLEURS BLANCHATRES.* (*R. inebrians* Lindl. — *pumilum* Nutt. — *Cerophyllum Douglasii* Spach.) Lign. Print. Colombie. 1834. Ornement.

Fam. **PASSIFLORÉES**. — *PASSIFLOREÆ* Juss.
(Du genre *Passiflora*).
Gynandrie, Pentandrie *L*.— **Rosacées** *Tourn*.

G. **Passiflora** *L*. — **Passiflore.**
(*Passionis flos*, allusion aux diverses parties de la fleur qui simulent les instruments de la Passion).

P. COERULEA L. — *P. BLEUE*. (*Grenadille, Fleur de la Passion*). Lign. Eté. Brésil. 1699. Ornement.

7e SOUS-CLASSE.

Dicotylédones polypétales périgynes, Axosporées, Exalbuminées.

(Pétales insérées sur le calice; ovaire soit libre, soit adhérent. Placenta axile. Graine généralement sans albumen).

Fam. **ONAGRARIÉES**. — *ŒNOTHEREÆ* Endl.
(Du genre *Œnothera*, onagre).
Diandrie, Tétrandrie Octandrie *L*. — **Rosacées** *Tourn*. — **Onagres** *Juss.*

G. **Œnothera** *L*. — **Onagre.**
(De Ονος, âne ; θήρα, proie ; c.-à-d. pl. recherch. par les ânes).

Œ. BIENNIS L. — *O. BISANNUELLE*. (*Onagra vulgaris et chrysantha* Spach.) (*Herbe aux ânes*). Bisann. Eté. Bords des chemins, talus des fossés, pelouses. TR. Naturalisée. Virginie. Rac. aliment. Ornement.

ŒE. ROSEA Ait.—*O. ROSE*. (*Œ. purpurea* Lamk.— *rubra* Cavan. — *Hartmannia gauroides* Spach.) Viv. Eté. Pelouses. Naturalisée. Mexique.

G. **Godetia** *Spach*. — **Godetia.**
(Dédié à Godet , botaniste suisse).

G. CAVANILLESII Spach.— *G. DE CAVANILLES*. (*Œnothera tenella* Cav.) Ann. Eté. Chili. 1822. Ornement.

G. RUBICUNDA Lindl. — *G. ROUGE VIN*. (*Œnothera* Thoie). Ann. Eté. Californie. 1842. Ornement.

G. **Clarkia** *Pursh*. — **Clarkie.**
(Dédié au capitaine américain Clarke, botaniste).

C. PULCHELLA Pursh. — *C. GENTILLE*. Ann. Eté. Californie. 1826. Ornement.

C. ELEGANS Dougl. — *C. ÉLÉGANTE.* (*Phœostoma Douglasii* Spach.) Ann. Eté. Californie. 1830. Ornement.

G. **Eucharidium** *Fisch. et Mey.* — **Eucharidie.**

(ευχαρις, agréable; allusion à l'élégance de la fleur).

E. GRANDIFLORUM Fisch. et Mey. — *E. A GRANDES FLEURS.* Ann. Eté. Californie. 1842. Ornement.

E. CONCINNUM Fisch. et Mey. — *E. AGREABLE.* Ann. Eté. Californie. Ornement.

G. **Epilobium** *L.* — **Epilobe.**

(επι, dessus ; λοβος, gousse ; allusion à la forme allongée du fruit).

E. SPICATUM Lamk. — — *E. EN ÉPIS.* (*E. angustifolium* L. — *Gessneri* Vill. — *Chamœnerion spicatum* Gray.) (*Osier fleuri, Laurier de Saint-Antoine, Antonin, faux Laurier, Laurier nain, Nériette, petit Laurier rose*). Viv. Eté. Bois, haies. TR. Indigène. Ornement.

E. HIRSUTUM L. — *E. VELU.* (*E. amplexicaule* Lamk.— *grandiflorum* All.— *aquaticum* Thuill.) (*Nériette amplexicaule*). Viv. Eté. Lieux humides. AC. Indigène.

E. MOLLE Lamk. — *E. MOU.* (*E. hirsutum* L. v. b. — *parviflorum* Schrèb. — *villosum* Curt.) Viv. Eté. Bords des eaux, lieux humides. TC. Indigène.

E. MONTANUM L. — *E. DES MONTAGNES.* (*E. lanceolatum* Leb. et Mauri. — *Chamœnerium montanum* Scop.) Viv. Eté. Haies, lieux ombragés. AC. Indigène.

E. TETRAGONUM L. — *E. TÉTRAGONE.* (*E. virgatum* Fries. — *obscurum* Schmidt. — *Chamœnerium* Schrèb.) Viv. Eté. Lieux humides, fossés. AC. Indigène.

E. ALPINUM L. — *E. DES ALPES.* (*E. anagallifolium* Lamk.) Viv. Eté. Hautes montagnes. Alpes.

G. **Circœa** *Tourn.* — **Circée.**

(Nom tiré de la magicienne Circé).

C. LUTETIANA L. — *C. PARISIENNE.* (*Herbe aux sorciers, à la magicienne, Enchanteresse, de Saint-Etienne, Tierce*). Viv. Eté. Bois, lieux couv. AR. Indig. Jadis usit. en médecine.

G. **Zauschneria** *Presl.* — **Zauscneria.**

(Dédié à Zauschner).

Z. CALIFORNIGA Presl.— *Z. DE CALIFORNIE.* Lign. Eté. Californie. Ornement.

G. **Lopezia** *Cav.* — **Lopézie.**

(Dédié à Th. Lopez, naturaliste espagnol).

L. RACEMOSA Cav. — *L. EN GRAPPES.* (*L. Mexicana* Jacq.) Ann. Eté. Mexique. 1792. Ornement.

G. **Fuchsia** *Plum.* — **Fuchsia.**

(Dédié à Léonard Fuchs, botaniste bavarois).

F. MICROPHYLLA Kunth. — *F. A PETITES FLEURS.* (*Brebissonia* Spach.) Viv. Eté. Mexique. 1827. Ornement.

F. CORYMBIFLORA Ruiz. et Pav. — *F. A FLEUR EN CORYMBE.* Lign. Eté. Pérou. Ornement.

F. FULGENS DC. — *F. ÉCLATANT.* Lign. Eté. Mexique. 1838. Ornement.

F. GRACILIS Lindl. — *F. GRÊLE.* Lign. Eté. Mexique. 1822. Ornement.

F. GLOBOSA Lindl.— *F. GLOBULEUX.* (*F. macrostemma* Var. — *globosa* Sweet.) Lign. Eté. Chili. Ornement.

G. **Gaura** *L.* — **Gaura.**

(γαυρος, superbe ; allusion à la beauté de ses fleurs).

G. BIENNIS L. — *G. BISANNUELLE.* Bisann. Eté. Virginie. Ornement.

G. MUTABILIS Cav. — *G. CHANGEANTE.* Viv. Eté. Nouvelle Espagne. Ornement.

G. **Isnardia** *L.* — **Isnardie.**

(Dédié à A. Danty d'Isnard, professeur de botanique).

I. PALUSTRIS L. — *I. DES MARAIS.* Viv. Eté. Ruisseaux, marais. TR. Indigène.

Fam. **HALORAGÉES.** — *HALORAGEÆ* R. Br.

(Du nom d'un genre exotique, *Haloragis*).

Monœcie *L.* — **Cruciformes** *Tourn.* — **Naiades** *Juss.*

G. **Myriophyllum** *Vaill.* — **Myriophylle.**

(μυριος, très-nombreux ; φυλλον, feuille ; allusion aux divisions multiples de la feuille).

M. SPICATUM L. — ***M.*** *A ÉPI.* (*Volant d'eau*). Viv. Eté. Grandes mares du littoral. TR. Indigène.

M. VERTICILLATUM L. — *M. VERTICILLÉ.* Viv. Eté. Fossés, étangs, mares. R. Indigène.

Fam. **CALLITRICHINÉES.** — *CALLITRICHINEÆ* Link.
(Nom tiré du genre *Callitriche*).

Monandrie digynie *L.* — **Naiades** *Juss.*

G. **Callitriche** *L.*— **Callitrique.**

(καλλος, beau ; θριξ, chevelure ; allusion aux tiges filiformes).

C. AQUATICA Huds. — *C. AQUATIQUE.* (*Etoile d'eau*). Viv. Eté. Rivières, ruisseaux, mares. TC. Indigène.

Fam. **HIPPURIDÉES.** — *HIPPURIDEÆ* L.
(Nom tiré du genre *Hippuris*).

Monandrie monogynie *L.* — **Naiades** *Juss.*

G. **Hippuris** *L.*— **Hippuride.**

(De ιππος, ουρα, queue de cheval ; allus. à la forme de la tige et à la disposition des feuilles).

H. VULGARIS L.— *H. COMMUNE.* (*Pesse d'eau, Queue de cheval*). Viv. Print. Eté. Fossés, mares. TR. Indigène.

Fam. **LYTHRARIÉES** — *LYTHRARIEÆ* Juss.
(Nom tiré du genre *Lithrum*).

Dodécandrie *L.* — **Rosacées** *Tourn.* — **Salicaires** *Juss.*

G. **Lythrum** *L.* — **Salicaire.**

(λυθρον, sang des blessures ; allusion à la couleur des fleurs).

L. SALICARIA L. — *S. COMMUNE.* (*Lythraria spicata* Lamk.) (*Lysimachie rouge*). Viv. Eté. Fossés, bords des eaux, prés humides. TC. Indigène.

L. HYSSOPIFOLIA L. — *S. A FEUILLES D'HYSOPE.* (*Salicaria hyssopifolia* Lamk.) Ann. Eté. Flaques d'eau, lieux exondés des chemins. TR. Indigène.

G. **Peplis** *L.* — **Péplide.**

(πεπλιον, nom grec du pourpier).

P. PORTULA L. — *P. POURPIER.* Ann. Eté. Lieux humides, exondés, mares, fossés. AR. Indigène.

G. **Lagerstrœmia** *L.* — **Lagerstrôme.**

(Dédié à Magnus Lagerstrœm, naturaliste suédois).

L. INDICA L. — *L. DE L'INDE.* Lign. Eté. Chine. 1759. Ornement.

G. **Cuphea** *Jacq.* — **Cuphéa.**

(κυφος, courbé ; allusion à la forme du calice).

C. MINIATA Brogn.— *C. VERMILLON.* Viv. Eté. Mexiq. 1845. Ornement.

C. PLATYCENTRA Benth. — *C. A LARGE ÉPERON.* Viv. Eté. Mexique. Ornement.

C. PROCUMBENS Cav. — *C. COUCHÉ.* Ann. Eté. Mexiq. 1816. Ornement.

Fam. **MYRTACÉES.** — *MYRTACEÆ* R. Br.

(Nom tiré du genre *Myrthus*).

Icosandrie *L.* — **Arbres rosacés** *Tourn.* — **Myrthes** *Juss.*

G. **Punica** *Tourn.* — **Grenadier.**

(De *Punicus*, carthaginois ; allusion à sa patrie primitive).

P. GRANATUM L. — *G. COMMUN.* Lign. Eté. Provence. Afrique. 1548. Ornement. Fruit acid. astring. Ecorce ténifuge.

G. **Myrthus** *Tourn.* — **Myrthe.**

(De Μυρτος, de Μυρον, parfum).

M. COMMUNIS L. — *M. COMMUN.* Lign. Eté. Terres arides. Europe mérid., Midi. 1597. Ornement. Baies stimul.

Fam. **CALYCANTHÉES.** — *CALYCANTHEÆ* Lindl.)

(Nom tiré du genre *Calycanthus*).

Icosandrie *L.* — **Arbres rosacés** *Tourn.*— **Rosacées** *Juss.*

G. **Calycanthus** *Lindl.* — **Calycanthe.**

(χαλυξ, calice ; ανθος, fleur ; c.-à-d. fleur à calice pétaloide).

C. FLORIDUS L.—*C. DE LA FLORIDE.* (*C. sterilis* Walt.) (*Pompadoura*, *Arbre aux anémones*). Lign. Eté. Caroline. 1726. Ornement.

C. PRÆCOX L. — *C. PRÉCOCE.* (*Chimonanthe fragrans* Lindl. — *Meralia fragrans* Loisel). Lign. Hiver. Japon. 1776. Ornement. Fleur très-odorante.

Fam. **ROSACÉES.** — *ROSACEÆ* Juss.

(Du genre *Rosa*).

Icosandrie *L.* — **Rosacées** *Tourn.*

1re *Tribu.* **SANGUISORBÉES** Torr. et Gray.

Monœcie et Tétrandrie *L.* — **Infundibuliformes et fleurs à étamines** *Tourn.*

G. **Agrimonia** *Tourn.* — **Aigremoine.**

(De Αργημον, taie de l'œil ; allusion à des propriétés médical.; ou de Αργιος, sauvage ; μονιας, solitaire ; allusion à l'habitat de la plante).

A. EUPATORIA L. — *A. EUPATOIRE.* (*Eupatoire des Grecs, des Anciens, Francormier*). Viv. Eté. Chemins, talus des fossés, coteaux. C. Indigène. Astringente.

A. ODORATA Mill. — *A. ODORANTE.* Viv. Eté. Haies, bords des champs. AR. Indigène. Astringente.

G. **Alchimilla** *Tourn.* — **Alchémille.**

(Nom des arabes, qui ramassaient, dit-on, la rosée de ses feuilles pour leurs recherches).

A. VULGARIS L. — *A COMMUNE.* (*Pied de lion. Patte de lapin, Porte-rosée, Sourbeirette, Manteau ou Mantelet des dames*). Viv. Eté. Bois et prés. TR. Indigène. Astringente.

A. ARVENSIS Scop. — *A. DES CHAMPS.* (*Aphanes* L.) (*Perce-pierre des champs*). Ann. Eté. Champs, talus des foss., murs. TC. Indigène.

G. **Sanguisorba** *L.*— **Sanguisorbe**.

(*Sanguis*, sang ; *Sorbere*, boire ; c.-à-d. antihémorrhagique, à cause de ses propriétés astringentes).

S. OFFICINALIS L. — *S. OFFICINALE.* (*Grande Pimprenelle, Pimprenelle des montagnes, d'Italie*). Viv. Eté. Lieux humides, bords des eaux. TR. Indigène. Excellent fourrage.

G. **Poterium** *L.* — **Pimprenelle.**

(ποτον, breuvage ; allusion à ses propriété rafraîchissantes ; ou ποτηριον, coupe ; allusion à la forme du calice).

P. SANGUISORBA L. — *P. SANGUISORBE.* (*P. Guetsphalicum* Bœng. — *dictyocarpum* Var. — *glaucum* Spach.) (*Pimprenelle des jardins, Bipinelle, petite Pimprenelle*). Viv. Eté. Lieux secs, Champs, coteaux de la région maritime. AC. Indigène. Condiment. Aliment.

2e *Tribu.* **POMACÉES.** — *POMACEÆ* Juss.

(De *Pomum*, fruit à pépin).

G. **Cydonia** *Tourn.*— **Coignassier.**

(Κυδιον, ville de Crète, sa patrie primitive).

C. JAPONICA Pers. — *C. DU JAPON.* (*Pyrus* Thunb. — *Chænomeles* Lindl.) (*Pommier du Japon*). Lign. Print. Japon. Ornement. 1815.

C. VULGARIS Pers. — *C. COMMUN.* (*C. Europæa* Sav. — *Pyrus Cydonia* L.) Lign. Print. Autriche. Cultiv. Fruit aliment. et médicinal.

G. **Pyrus** *L.* — **Poirier**.

(De *Peren*, nom celtique ; ou de πυρ, flamme ; allusion à la forme du fruit).

P. COMMUNIS L. — *P. COMMUN.* Lign. Print. Bois, forêts. Cultiv. Fruits acerbes. Astringent.

P. MALUS L. — *P. POMMIER DOUX.* (*Malus mitis* Wall. — *communis* Juss.) (*Doucin, Pommier à couteau*). Lign. Print. Bois, collines. Cultiv. Fruit aliment.

P. ACERBA DC. — *P. ACERBE.* (*Malus acerba* Mér. — *sylvestris* Fl. Dan.) (*Pommier à cidre, Suret, Paradis*).

P. PARADISIACA L. — *P. DE PARADIS.* (*Malus paradisiaca* Spach. — *præcox* Pall.) Lign. Print. Russie méridion. Ornement. Fr. comestible.

G. **Sorbus** *L.* — **Sorbier**.

(De *Sormet*, nom celtiq. dont les Gaulois ont fait *Cormet*, corme et de *Sorbere*, boire ; allusion aux fruits, qui sont fermentescibles).

S. AUCUPARIA L. — *S. DES OISELEURS.* (*Pyrus* Gærtn. — *Mespilus* All.) Lign. Print. Bois. AR. Indig. Fr. acidules.

S. TORMINALIS Crantz. — *S. TORMINAL.* (*Pyrus* Ehrh. — *Cratægus* L.) (*Alisier des bois et tranchant, Aigrettier*). Lign. Print. Bois, montagnes. R. Indigène. Fr. astringent.

S. DOMESTICA L. — *S. DOMESTIQUE.* (*Pyrus domestica* Smith. — *P. Sorbus* Gærtn.) (*Cormier*). Lign. Print. Montagnes. cultiv. Fruit acide, astringent.

G. **Mespilus** *L.* — **Néflier**.

(De Μεσος πιλος, demi-balle ; allusion à la forme hémisphérique du fruit ; ce qu'indique aussi le mot nèfle, dérivé du celtiq. *Naff*, qui signifie tronqué).

M. GERMANICA L. — *N. D'ALLEMAGNE.* (*Mêlier*). Lign. Print. Haies. bois. AC. Indigène. Fr. comest., astringent.

G. **Cotoneaster** *Médick.* — **Cotoneaster**.

(*Cotoneum*, coignassier ; allusion à ses feuilles, duvetées comme celles du coignassier).

C. VULGARIS Lindl. — *C. COMMUN.* (*Mespilus Cotoneaster*

L. — *melocarpa* Fisch.) (*Néflier-cotonnier*). Lign. Print. Collines pierreuses, montagnes. Midi. Indigène. Ornement.

C. PYRACANTHA Spach. — *C. BUISSON-ARDENT.* (*Cratægus* Pers.— *Mespilus* L.) Lign. Print. Midi. Ornem. 1624.

G. **Eriobotrya** *Lindl.* — **Eriobotrya.**

(εριον, laine ; ϐοτρυς, grappe ; c'est-à-dire grappe laineuse).

E. JAPONICA Lindl. — *E. DU JAPON.* (*Mespilus* Thunb. — *Cratægus Bibas* Lour.) (*Néflier du Japon, Bibacier*). Lign. Automne. Japon. Ornement. 1787.

G. **Cratægus** *Lindl.* — **Aubépine.**

(Κραταιγος, nom grec de l'azérolier; κρατος αιγιον, force des chèvres; allusion aux jeunes pousses, avidement broutées par les chèvres.

C. MONOGYNA Jacq. — *A. MONOGYNE.* (*C. oxyacantha* L. — *Mespilus oxyacantha* Gœrtn.) (*Epine blanche*, *bois de mai*). Lign. Print. Haies. TC. Indigène. Ses fruits portent le nom de hagues.

C. AZEROLUS L. — *A. AZEROLIER.* (*Pyrus Azerolus* Scop. (*Pommettes de doux-close, Azérole*). Lign. Eté. Midi. Méditerran. Fruit comestible. 1640.

3e *Tribu.* **ROSÉES.** — *ROSEÆ* DC.

(De Ροδον, nom grec de la rose).

G. **Rosa** *Tourn.* — **Rosier.**

(Du celtique *Rhodd*, rouge ; allusion à la couleur de la fleur ; ou de Ροδον, rose).

R. ARVENSIS L. — *R. DES CHAMPS.* (*R. serpens* Wib.) (*Rose à chien*). Lign. Eté. Haies, buissons. TC. Indigène.

R. PIMPINELLIFOLIA L.— *R. PIMPRENELLE.* (*R. spinosissima* Jacq.— *microcarpa* Rœss.— *melanocarpa* Link.— *Hibernica* Hook. — *involuta* Sm. — *nivalis* Donn.) Lign. Eté. Région maritime. TR. Indigène.

R. INDICA L. — *R. DE L'INDE.* (*Roses Bengale, Thé, noisette*, etc.) Lign. Eté. Inde. Ornement. 1789.

R. GALLICA L. — *R. FRANÇAIS.* (*Rose rouge, Rose de Provins*). Lign. Eté. Lieux secs, Midi. Ornement. Médical. Astring.

R. CENTIFOLIA L. — *R. A CENT FEUILLES.* (*R. muscosa* Ait.— *pomponia* DC.— *R. provincialis* Ait.— *Burgundiaca* Pers.) (*Rose des jardins*). Lign. Eté. Europ. mérid. Ornement. Fl. laxatives.

R. CANINA L. — *R. DES CHIENS. (Eglantier).* Lign. Eté. Haies, bois. R. Indigène. Fr. astring. (*Cynorrhodons*).

4° *Tribu.* **DRYADÉES.** — *DRYADEÆ* Vent.

(Du genre *Dryas*, de Δρυς, chêne ; ou δρυας, nymphe des bois).

G. **Rubus** *L.* — **Ronce.**

(*Ruber*, rouge ; allusion à la couleur du fruit).

R. CŒSIUS L.—*R. BLEUE.* Lign. Print. Haies, bords des chemins. TR. Indigène. Fr. acidules, comestibles.

R. IDÆUS L.—*R. FRAMBOISIÈRE.* (*Framboisier*). Lign. Print. Bois, montagnes. Midi. Centre. Cultiv. Fr. aliment.

R. FRUTICOSUS L. — *R. FRUTESCENTE.* (*R. discolor* Weihe. — *tomentosus* Willd. — *corylifolius* Smith., etc.) (*Catimuron*). Lign. Eté. Haies, bord des chemins, bois. TC. Indigène. Fruit. aliment., acide, qui porte le nom de mures sauvages, moure.

R. ODORATUS L. — *R. ODORANTE.* Lign. Eté. Amériq. boréale. Ornement.

G. **Fragaria** *Tourn.* — **Fraisier.**

(De *Fragrans*, odorant; allusion à la chair parfumée du fruit).

F. VESCA L. — *F. COMESTIBLE.* (*Fraisier des bois, de table*). Viv. Print. Haies, bois. AC. Indigène. Fruit aliment. Cette espèce a donné les diverses variétés dites *fressant, de Versailles, de tous les mois*, etc.

F. GRANDIFLORA Ehrh. — *F. A GRANDES FLEURS.* (*F. elatior* Ehrh.) (*Fraisier Capronnier*). Viv. Print. Montagn. Midi. Fruit. aliment.

G. **Comarum** *L.* — **Comaret.**

(De Κομαρος, arbousier; allusion à la ressemblance du fruit).

C. PALUSTRE L.—*C. DES MARAIS.* (*Potentilla Comarum* Scop.) (*Quintefeuille rouge des marais*). Viv. Eté. Bords des eaux, lieux tourbeux. TR. Indigène. Fébrifuge.

G. **Potentilla** *L.* — **Potentille.**

(Diminutif de *Potens*, puissant ; allusion à leurs propriétés médicales).

P. FRAGARIASTRUM Ehrh.— *P. FRAISIER.* (*P. Fragaria* Poir. — *Fragaria sterilis* L.) (*Faux Fraisier, Fraisier stérile*). Viv. Print. Bois, chemins. TC. Indigène.

P. TORMENTILLA Nestl. — *P. TORMENTILLE.* (*P. tetraptera* Hall. — *Tormentilla erecta* L. — *T. officinalis* Sm.) (*Blodrot*). Viv. Eté. Landes, bruyères. TC. Indigène. Racine très-astringente et tannifère.

P. REPTANS L. — *P. REPTANS.* (*P. Tormentilla nemoralis* Sér. — *P. nemoralis* Nestl. — *P. procumbens* Sibth. — —*Tormentilla reptans* L.) (*Quintefeuille*). Viv. Eté. Bois, haies, chemins pierreux. AR. Indigène. Rac. astringente.

P. ANSERINA L.— *P. ANSERINE.* (*Bec d'oie, Herbe aux oies, Argentine*). Viv. Eté. TC. Chemins humides, paturages humides. Indigène. Feuilles astringentes.

P. RECTA L. — *P. DROITE.* Viv. Eté. Bois. Corse.

P. ARGENTEA L.— *P. ARGENTÉE.* Viv. Eté. Coteaux maritimes. Lieux secs. TR. Indigène.

P. ATRO-SANGUINEA Lood. — *P. ROUGE-BRUN.* Viv. Eté. Népaul. Ornement. 1822.

P. NEPALENSIS Hook. — *P. DU NÉPAUL.* (*P. formosa* Don.) Viv. Eté. Népaul. Ornement. 1822.

G. **Geum** *L.* — **Bénoite.**

(De γεύω, je fais goûter; allusion à l'arôme de la racine).

G. URBANUM L. — *B. URBAINE.* (*B. officinale, Galiote, Griote, Herbe de Saint-Benoît, Giroflée, Récise, Caryophyllata, Sanicle de montagne*). Viv. Eté. Bois, haies. TC. Indigène. Rac. très-astringente, à odeur de girofle.

G. COCCINEUM Sibth. et Sm.— *B. ÉCARLATE.* (*G. Salderi* Frivald.) Viv. Eté. Orient. Culture ornementale.

G. RIVALE L.— *B. DES RUISSEAUX.* (*G. nutans* Rafin. — *hybridum* Jacq.) (*Bénoite aquatique*). Viv. Eté. Lieux humid. des montagnes. Alpes. Ornement.

G. MONTANUM L. — *B. DES MONTAGNES.* Viv. Eté. Hautes montagnes. Alpes. Ornement.

G. **Dryas** *L.* — **Dryade.**

(De Δρυαδης, divinités du chêne ; ou Δρυας, nymphe des bois; allusion à la station de la plante).

D. OCTOPETALA L.— *D. A HUIT PÉTALES.* (*Chênette*). Viv. Eté. Hautes montagnes. Alpes. Pyrénées. Ornement.

5° *Tribu.* **SPIRÉACÉES.** — *SPIREACEÆ* DC.

(Du genre principal, *Spiræa*).

G. **Kerria** *DC.* — **Corète.**

(Dédié à Ker, botaniste anglais).

K. JAPONICA DC. — *C. DU JAPON.* (*Corchorus* Thunb.) (*Kerrie, Corchorus*). Lign. Eté. Japon. Ornement. 1700.

G. **Spiræa** *L.* — **Spirée.**

(σπειραια, nom donné par les grecs à un arbrisseau flexible dont ils faisaient des couronnes).

S. FILIPENDULA L. — *S. FILIPENDULE.* (*Filipendula vulgaris* Mœnch.) Viv. Eté. Lieux frais, bois des terr. calc. AC. Haute-Normandie. Astringente.

S. ULMARIA L. — *S. ULMAIRE.* (*Ulmaria pratensis* Mœnch.) (*Reine des prés, Ormière, Vignette, Herbe aux abeilles, Pied de bouc, petite Barbe de chèvre*). Viv. Eté. Bords des eaux, prés et lieux très-humides. TC. Indigène. Ornement. Racine astringente., vermifuge. Fleurs aromatiques.

S. ARUNCUS L. — *S. BARBE DE BOUC.* (*Barbe de chèvre, de bouc*). Viv. Eté. Sibérie. Ornement. 1633.

S. SALICIFOLIA L. — *S. A FEUILLES DE SAULE.* Lign. Eté. Amér. boréale et Sibérie. Ornement. Natural. dans quelques bois. 1820.

S. HYPERICIFOLIA L. et DC. — *S. A FEUILLES DE MILLEPERTUIS.* Lign. Eté. Canada. Ornement. 1640.

S. OPULIFOLIA L. — *S. A FEUILLES D'OBIER.* Lign. Eté. Canada. Ornement. 1690.

S. TRIFOLIATA L. — *S. A TROIS FEUILLES.* (*Gillenia* Mœnch.) Viv. Eté. Amér. boréal. Ornem. Rac. vomitiv. 1713.

6e *Tribu.* **AMYGDALÉES.** — *AMYGDALEÆ* Juss.

(Du genre *Amygdalus*, amandier).

G. **Amygdalus** *L.* — **Amandier.**

(αμυγδαλη, amande; de Αμυξ, gerçure; allusion à la déhiscence du fruit).

A. COMMUNIS L. — *A. COMMUN.* Lign. Print. Barbarie. Cultivé dans le Midi. Ornement. Fruits doux, comestibles, — ou amers. Médicam. Condim. Parfum. 1548.

A. NANA L. — *A. NAIN.* (*Amandier de Géorgie*). Lign. Print. Asie. Orient. Ornement. 1683.

A. ORIENTALIS Ait. — *A. DU LEVANT.* (*A. argentea* Lamk.) (*A. satiné*). Lign. Print. Orient. Ornement. 1756.

A. PERSICA L. — *A. DE PERSE. (Persica vulgaris* Mill.) *(Pêcher).* Lign. Print. Perse. Fruits comestibles. Amandes amères. Condim. Parfum. Introduite depuis plus de 20 siècles.

G. **Prunus** *L.* — **Prunier.**

(De προυμνον, prune).

P. ARMENIACA L. — *P. ABRICOTIER. (Armeniaca vulgaris* Lamk.) Lign. Print. Arménie. Fruit aliment., amande amère. 1548.

P. DOMESTICA L.— *P. DOMESTIQUE. (Prunier).* Lign. Print. Haies. Europe mérid. Cultivé. Fruit aliment.

P. INSITITIA L. — *P. SAUVAGE. (Blossier).* Lign. Print. Haies, buissons pierreux. R. Indigène. Fruits acerbes, appelés *blosses.*

P. SPINOSA L. — *P. ÉPINEUX. (Prunellier, Epine noire).* Lign. Print. Haies, bois, coteaux. TC. Indigène. Fr. acerbes.

P. AVIUM L. — *P. DES OISEAUX. (P. nigra* Mill. — *Cerasus avium* Mœnch.) *(Mérisier).* Lign. Print. Bois, haies. AC. Indigène. Fruits comestibles.

P. CERASUS L. — *P. CERISIER. (Cerasus vulgaris* Mill. — *Caproniana* DC. — *acida* Gærtn.) *(Cerisier).* Lign. Print. Haies. Europe mérid. TC. Cultivé. Fruits aliment. Introduite par Lucullus, il y a 19 siècles.

P. PADUS L. — *P. A GRAPPES. (Cerasus* DC.) *(Mérisier à grappes, Putiet).* Lign. Print. Europe mérid.

P. LUSITANICA L. — *P. DE PORTUGAL. (Cerasus* Lois.) *(Laurier de Portugal, Azaréro).* Lign. Print. Portugal. Amér. boréale. Ornement. Baies vénéneuses. 1648.

P. LAURO-CERASUS L. — *P. LAURIER-CERISE. (Cerasus* Loisel). *(Laurier aux crèmes, Laurier-amandier, Palme, Laurier-palme).* Lign. Print. Asie mineure. 1576. Feuilles médic., arom. Très-vénéneuses.

Fam. **LÉGUMINEUSES.** — *LEGUMINOSEÆ* Juss.

(De *Legumen*, légume ; à cause du fruit).

Diadelphie décandrie *L.* — **Papilionacées** *Tourn.*

1re *Tribu.* **CÆSALPINIÉES.** — *CÆSALPINIEÆ* R. Br.

(Du genre *Cæsalpinia*).

G. **Cercis** *L.* — **Gainier.**

(De κερκις, navette ; nom donné par Théophraste, à cause de la forme du fruit).

C. SILIQUASTRUM L. — *G. COMMUN.* (*Siliquastrum orbiculatum* Mœnch.) (*Arbre de Judée, de Judas*). Lign. Print. Europe mérid. 1596. Ornement.

G. **Cassia** *L.* — **Casse.**

(De κατσα, nom arabe du genre).

C. MARYLANDICA L. — *C. DE MARYLAND.* (*C. succedanea* Bell.— *reflexa* Salisb. — *acuminata* Mœnch.) Lign. Eté. Amér. boréale. 1823. Ornement.

2ᵉ *Tribu.* **PAPILIONACÉES.** — *PAPILIONACEÆ* L.

(De *Papilio*, papillon, à cause de l'aspect de la corolle).

G. **Sophora** *L.* — **Sophora.**

(Altération du nom arabe Σοφερα).

S. JAPONICA L.— *S. DU JAPON.* (*Styphnolobium* Schott.) Lign. Eté. Japon. 1768. Ornement.

G. **Dolichos** *Gærtn.* — **Dolique.**

(De δολιχος, long ; allusion à la tige longue et grimpante).

D. LABLAB L. — *D. LABLAB.* (*Lablab vulgaris* Savi. — *niger* Mœnch.) Ann. Eté. Indes orient. Egypte. 1794. Aliment. Ornement.

D. MELANOPHTHALMUS DC. — *D. A ŒIL NOIR.* (*D. unguiculatus* Thore.— *Vigna melanophthalmus* Weprs.) (*Habine, Mongette, Bannette*). Ann. Eté. Amérique. Cult. aliment. en Italie et dans le Midi.

G. **Phaseolus** *L.* — **Haricot.**

P. VULGARIS L. — *H. COMMUN.* (*H. à ramer*). Ann. Eté. Inde. Aliment. Type des variétés dites à rames et naines, non grimpantes.

P. MULTIFLORUS Willd. — *H. MULTIFLORE.* (*P. coccineus* Kniph.) (*Haricot d'Espagne, Faviole*). Ann. Eté. Amér. mérid. 1633. Ornement.

G. **Apios** *Boerh.* — **Apios.**

(απιος, poire ; allusion à la forme des racines).

A. TUBEROSA Mœnch. — *A. TUBÉREUSE.* (*Glycine Apios* L.) Viv. Eté. Pensylvanie. 1640. Rac. aliment.

G. **Glycine** *L.* — **Glycine**.

(De γλυκους, doux; allusion à ses racines sucrées).

G. SINENSIS L. — *G. DE CHINE.* (*Wistaria* Nutt.) Lign. Print.-été. Chine. Ornement.

G. **Hedysarum** *L.* — **Sainfoin**.

(De ηδυς, doux ; allusion à la qualité de cette pl. fourragère).

H. ONOBRYCHIS L. — *SAINFOIN CULTIVÉ.* (*Onobrychis sativa* Lamk.) (*Esparcette*, *Esparette*, *Bourgogne*, *Foin de Bourgogne*, *Fenasse*, *Herbe éternelle*, *Tête et Crête de coq*, *Chèpre*, *Pelagra*). Viv. Eté. Coteaux et terrains calcaires. Centre, Midi. Excellent fourrage.

H. CORONARIUM L. — *S. A BOUQUETS.* (*Scilla*, *Sulla*, *Sainfoin d'Espagne*). Viv. Eté. Espagne. Italie. 1596. Ornem.

H. FLEXUOSUM L.—*S. FLEXUEUX.* Ann. Eté. Asie. 1680.

H. CAUCASICUM Biéb. — *S. DU CAUCASE.* Viv. Eté. Caucase. 1820.

H. ALPINUM L. — *S. DES ALPES.* (*H. obscurum* L. — *Sibiricum* Poir.— *controversum* Crantz.) Viv. Eté. Alpes. 1640.

G. **Hippocrepis** *L.* — **Hippocrépide**.

(ιππος, cheval ; κρηπις, chaussure ; allusion à la forme en fer à cheval de la gousse).

H. COMOSA L.— *H. EN OMBELLE.* (*H. perennis* Lamk.) Viv. Eté. Terrains calcaires. TR. Indigène.

G. **Ornithopus** *Desv.* — **Ornithope**.

(ορνις, oiseau ; πους, pied ; allusion au fruit, qui forme les doigts d'un oiseau).

O. PERPUSILLUS L. — *O. DÉLICAT.* (*Pied d'oiseau*). Ann. Eté. Pelouses, chemins. C. Indigène. Fourrage.

O. SATIVUS Brot. — *O. CULTIVÉ.* (*Serradelle*). Ann. Eté. Lieux sablonneux. Cult. fourragère.

G. **Coronilla** *Neck.* — **Coronille**.

(Diminutif de *Corona*, couronne ; allusion à l'inflorescence).

C. EMERUS L.— *C. DES JARDINS.* (*C. pauciflora* Lamk. — *Emerus major* Mill. — *major* Lamk.) (*Séné bâtard*, *faux Baguenaudier*, *Emérus*, *Sécurigère des jardiniers*). Lign. Print.-été. Midi. 1596. Ornement.

G. **Securigera** *DC.* — **Securigère**.

(*Securis*, Hache ; *Gerere*, porter ; allusion à la forme de la gousse).

S. CORONILLA DC. — *S. CORONILLE.* (*Coronilla Securidaca* L. — *Securidaca lutea* Mill. — *legitima* Gærtn. — *Bonaveria Coronilla* Scop.) Ann. Eté. Europe mérid. 1562.

G. **Scorpiurus** *L.*— **Scorpiure**.

(σκορπιος, scorpion ; ουρα, queue ; allusion à la forme de la gousse).

S. VERMICULATA L.— *S. VERMICULAIRE.* (*Chenille*). Ann. Eté. Europe mérid. 1621.

G. **Arachis** *L.* — **Arachide**.

(α, privatif; ραχις, branche; allusion au port de la plante).

A. HYPOGEA L.— *A. SOUTERRAINE.* (*A. Asiatica* Lour.) (*Pistache de terre*). Ann. Eté. Amér. septent. 1712. Semences huileuses, aliment.

G. **Orobus** *Tourn.* — **Orobe**.

(οροβιος, nom grec d'une légumineuse fourragère ; ou de ορω, exciter ; βους, bœuf).

O. TUBEROSUS L. — *O. TUBÉREUX.* Viv. Print. Lieux couverts, bois. AR. Indigène.

O. VERNUS L. — *O. PRINTANIER.* Viv. Print. Bois montueux. Centre. Midi. 1629.

G. **Latyrus** *L.* — **Gesse**.

(Λαθυρος, nom donné à une sorte de pois chiche).

L. ODORATUS L. — *G. ODORANTE.* (*Pois de senteur, musqué, à fleurs*). Ann. Eté. Sicile. 1700. Ornement.

L. SATIVUS L.— *G. CULTIVÉE.* (*Cicerella alata* Mœnch.) (*Gesse à larges gousses, Gesse, Lentille d'Espagne, Pois de brebis, Pois carré, Jarra, Lentille suisse, Lentillon, Pois breton, gras, Gesse domestique*). Ann. Eté. Moissons calcaires. Espagne. 1640. Bon fourrage.

L. CICERA L. — *G. CHICHE.* (*L. sativa* Var. Lamk. — *Cicerella anceps* Mœnch.) (*Gairoutte, Gessette, Jarrat, Jarosse, petite Gesse, petit Pois chiche, Garousse, Pois cornu, Breton*). Ann. Eté. Moissons. Bon fourrage.

L. NISSOLIA L. — *G. DE NISSOLE.* Ann. Eté. Lieux cultivés, bords des chemins. TR. Indigène.

L. APHACA L. — *G. SANS FEUILLES.* (*L. segetum* Lamk.) (*Pois aux lièvres, de serpent, Reluiseau*). Ann. Eté. Lieux cultivés. TR. Indigène.

L. TUBEROSUS L. — *G. TUBÉREUSE.* (*L. attennuatus* Vivian.) (*Gland de terre, Macusson, Anette, Anotte de Bourgogne, Arnoute, Chourles, Favouettes, Jacquerette, Louisette, Macion, Macjon, Mégason, Minson, Mitrouillet*). Viv. Eté. Champs, moissons. TR. Indigène.

L. PRATENSIS L. — *G. DES PRÉS.* Viv. Eté. Haies humides, prés. AC. Indigène. Bon fourrage.

L. LATIFOLIUS L. — *G. A LARGES FEUILLES.* (*Grande Gesse, Pois à bouquet, éternel, perpétuel, vivace*). Viv. Eté. Midi. Bon fourrage pour les sols calcaires.

G. **Vicia** *Koch.* — **Vesce.**

(De *Vincere*, entrelacer; allusion aux tiges volubiles de ces plantes).

V. FABA L. — *V. FÈVE.* (*Faba vulgaris* Mœnch.) (*Fève de marais, Féverolle*). Ann. Eté. Egypte. Graine alimentaire. Excellent fourrage.

V. SATIVA L. — *V. CULTIVÉE.* (*Pesette, Barbotte, Billon, Hyvernage, Vesce de Pigeon*). Ann. Print.-été. Champs, moissons. AC. Excellent fourrage.

V. ANGUSTIFOLIA Koch. — *V. A FEUILL. ÉTROITES.* (*Vesce sauvage, Vesceron*). Ann. Print.-Eté. Haies, champs. TC. Indigène.

V. LUTEA L. — *V. JAUNE.* Ann. Eté. Moissons. TR. Indigène.

V. SEPIUM L. — *V. DES HAIES.* (*Vesce des bergeries*). Viv. Print. Talus des fossés couverts. AR. Indigène.

V. CRACCA L. — *V. MULTIFLORE.* (*Cracca major* Gr. et Godr.) (*Vesce en épi, Covesce, Gazillon, Jarseau, Luiset des prés, Luzeau, Pois à crapaud*). Viv. Eté. Haies, buissons, bords des ruisseaux. AC. Indigène. Excellent fourrage.

V. TETRASPERMA Mœnch. — *V. A QUATRE GRAINES.* (*Ervum* L. — *Vicia pusilla* Muhl.) Ann. Eté. Moissons. Champs. AC. Indigène.

V. ERVILIA Willd. — *V. ERS.* (*Ervum* L. — *Ervilia sativa* Link.) (*Lentille, Cicérole, Alliez, Ervillier, Goirils, Orobe, Arobe, Lentille bâtarde, Pois de pigeon, Pesette, Pois mauresque, Erres, faux Orobe, Jarosse, Komin, Orobe des boutiques, Lentille ervillière, Vesce noire*). Ann. Eté. Europ. mérid. 1596. Vanté à tort comme fourrage excell. et productif. Echauffant.

V. LENS Coss. et Germ. — *V. LENTILLE.* (*Ervum Lens* L.— *sativum* L.— *dispermum* Roxb. —*Lens esculata* Mœnch.— *Cicer Lens* Roxb.— *punctulatum* Hortul.) (*Lentille, grosse Lentille, Nantille, Lentille blonde, Esse, Arrousse, Arroufle*). Ann. Print. Cult. aliment. Excellent fourrage, quoiqu'on lui préfère la variété *minor*, à graine petite et rougeâtre.

G. **Pisum** *Tourn.* — **Pois.**

(Πισος, nom gec du pois).

P. SATIVUM L. — *P. CULTIVÉ.* Ann. Eté. Europe mérid.? Cult. Aliment. Type de toutes les variétés jardinièr.

P. ARVENSE L. — *P. DES CHAMPS.* (*P. sativum* Var.— *arvense* Poir.) (*Pisaille, Pois gris, de brebis, d'agneau, de pigeon, de lièvre, Bisaille*). Ann. Eté. Europ. mérid. Excellent fourrage, en vert surtout.

G. **Cicer** *Tourn.* — **Chiche.**

(De κικος, force ; et de *Cicer*, nom latin de cette plante, à laquelle on attribuait des qualités éminentes).

C. ARIETINUM L.—*C. TÊTE DE BÉLIER.* (*Pois chiche, Garvance, Café français, Ceseron, Césé, Ciserole, Garvanne, Pesette, Pois bécu, blanc, cornu, de brebis, gris, pointu*). Ann. Eté. Europe mérid. 1548. Cult. aliment. et fourragère dans le Midi.

G. **Bisserula** *L.* — **Bisserule.**

(*Bis, serrula*, double scie ; allusion aux dents des valves de la gousse).

B. PELECINUS L. — *B. PÉLÉCINE.* (*Pelicinus vulgaris* Tourn.) Ann. Eté. Europe mérid., Corse. 1640.

G. **Astragalus** *DC.* — **Astragale.**

(αστραγαλος, os du talon ou vertèbre ; allusion à la forme des graines ou de la racine de quelques espèces, ou du nom donné par Pline à une légumineuse).

A. GLYCYPHYLLOS L.—*A. A FEUIL. DE RÉGLISSE.* (*Réglisse bâtarde, sauvage, Chasse-vache, Malmaison, Orglisse, Racine douce*). Viv. Eté. Bois, lieux incultes.

A. GALEGIFORMIS L. — *A. GALÉGIFORME.* (*A. malacaphyllus* Hort.) Viv. Eté. Sibérie. 1729.

A. MASSILIENSIS Lamk. — *A. DE MARSEILLE.* (*A. Tragacantha* Pallas). Lign. Eté. Sables de la Méditerranée, Midi.

A. ONOBRYCHIS L. — *A. ESPARCETTE.* Viv. Eté. Dauphiné, Provence. 1640.

A. ALOPECUROIDES L. — *A. QUEUE DE RENARD.* (*A. alopecurus* Pall.) Viv. Eté. Espagne. 1737.

Ces plantes ont des racines fort longues, ce qui les rend propres à fixer les dunes et les sables maritimes.

G. **Oxytropis** *DC.* — **Oxytrope.**

(οξυς, aigu ; τροπις, carène ; allusion à la pointe de la carène).

O. MONTANA DC. — *O. DES MONTAGNES.* (*Astragalus* L. — *Phaca* Crantz.) Viv. Eté. Alpes. Europe mérid. 1581.

G. **Clianthus** *Sol.* — **Clianthe.**

(κλειος, gloire ; ανθος, fleur ; allusion à la beauté de la corolle).

C. PUNICEUS Sol. — *C. A FLEURS POURPRES.* (*Donia* Sveet.) Lign. Eté. Nouvelle Zélande, Nouvelle Hollande. 1840. Ornement.

G. **Phaca** *L.* — **Phaque.**

(De φακος, nom grec de la lentille à laquelle elle ressemble).

P. ALPINA L.—*P. DES ALPES.* (*P. frigida* L.) Viv. Eté. Sibérie. 1795.

G. **Colutea** *L.* — **Baguenaudier.**

(De κολαω, faire du bruit ; à cause de ses gousses qui crèvent avec bruit ; ou de κολος, tronqué ; ιτεα, arbre ; allusion à la gousse ou à l'opinion que la résection des branches faisait périr l'arbre.

C. ARBORESCENS L. — *B. ARBORESCENT.* (*C. hirsuta* Roth.) Lign. Eté. Coteaux calcaires. Midi. Ornement.

C. CRUENTA Ait. — *B. D'ORIENT.* (*C. orientalis* Lamk.) Lign. Eté. Méditerrann. Orient. Ornement.

G. **Caragana** *Lamk.* — **Caragana.**

(De *Carachana*, nom tartare de la plante).

C. CHAMLAGU Lamk. — *C. DE LA CHINE.* (*Robinia* Lhérit.) Lign. Print. Chine. 1773. Ornement.

G. **Robinia** *L.* — **Robinier.**

(Dédié à Jean Robin, jardinier de Louis XIII).

R. VISCOSA Vent. — *R. VISQUEUX.* (*R. glutinosa* Curt.) Lign. Print. Caroline. 1797. Ornement. (Dans la plantation du bas du jardin.)

R. HISPIDA L. — *R. HISPIDE.* (*R. rosea* Duham.) (*Acacia rose*). Lign. Print.-été. Caroline. 1743. Ornement.

R. PSEUDO-ACACIA L. — *R. FAUX ACACIA.* (*Pseudacacia odorata* Mœnch.) (*Acacia*). Lign. Print. Virginie. 1635. Ornement. (Dans la plantation du bas du jardin.)

G. **Galega** *Tourn.* — **Galéga.**

(De γαλα, lait; plante augmentant le lait).

G. OFFICINALIS L. — *G. OFFICINAL.* (*G. vulgaris* Black.) (*Lavanèse*, *Rue de chèvre*, *Herbe aux chèvres*, *faux Indigotier*). Lign. Eté. Midi. Europe mérid. 1568. Excellent fourrage. Plante sudorifique.

G. ORIENTALIS Lamk. — *G. D'ORIENT.* (*G. montana* Schult.) Viv. Eté. Caucase. Asie Mineure. 1801. Ornement.

G. **Glycyrrhiza** *Tourn.* — **Réglisse**.

(De γλυκυς, doux; ριξα, racine; allusion à sa racine sucrée).

G. GLABRA L. — *R. GLABRE.* (*G. lævis* Pall. — *Liquiritia officinalis* Mœnch.) Viv. Eté. Europe mérid. 1562. Rac. médicale.

G. ECHINATA L. — *R. HÉRISSÉE.* Viv. Eté. Italie. 1596. Racine médicale.

G. **Indigofera** *L.* — **Indigotier**.

(ινδικον, indigo, couleur bleue; φερω, porter; pl. produisant l'indigo).

I. DOSUA Don. — *I. DOSUA.* Viv. Eté. Népaul. Ornem.

G. **Psoralea** *L.* — **Psoralier**.

(De ψοραλεος, galeux; allusion aux tubercules du calice).

P. BITUMINOSA L. — *P. BITUMINEUX.* (*Dorychnium angustifolium* Mœnch.) (*Psoralée*). Lign. Print.-été. Europe mérid. 1570. Feuilles employées contre le cancer.

G. **Amorpha** *L.* — **Amorpha**.

(α, privatif; μορφη, forme; allusion à la corolle sans ailes et sans carène).

A. FRUTICOSA L. — *A. LIGNEUX.* (*Faux Indigo*). Lign. Eté. Caroline. 1724. Ornement.

G. **Lotus** *L.* — **Lotier.**

(Λωτος, nom donné à diverses légumineuses fourragères; nom d'origine douteuse, probablement égyptien).

L. CORNICULATUS L. — *L. CORNICULÉ.* (*Pied d'oiseau, Lotier d'Allemagne, des prés, Mariée, petit Sabot, Pied de bon Dieu, de pigeon, Pois joli, Trèfle cornu, jaune*). Viv. Eté. Pelouses, coteaux. TC. Indigène.

L. ANGUSTISSIMUS L. — *L. A FEUILLES ÉTROITES.* (*L. angustifolius* Gouan, *diffusus* Sm. — *gracilis* Waldst.) Viv. Eté. Bords du littoral. TR. Indigène.

G. **Tetragonolobus** *Scop.* — **Tétragonolobe.**

(τετραγωνος, carré; λοβος, gousse; gousse à quatre ailes).

T. SILIQUOSUS Roth. — *T. SILIQUEUX.* (*Lotus* L.) Viv. Eté. Prairies. Midi.

T. PURPUREUS Mænch. — *T. POURPRE.* (*Lotus Tetragonolobus* L.) Ann. Eté. Midi. Ornement. Gousse et graines alimentaires.

G. **Dorychnium** *Tourn.* — **Dorychnie.**

(δορυ, lance; κναω, frotter; herbe dont on envenimait la pointe des lances).

D. SUFFRUTICOSUM Vill. — *D. SOUS-FRUTESCENTE.* (*D. Monspeliense* Willd. — *Lotus Dorychnium* L.) Lign. Eté. Midi. Lieux stériles.

D. HERBACEUM Vill. — *D. HERBACÉE.* Viv. Eté. Dauphiné, Languedoc, Roussillon.

G. **Trifolium** *Tourn.* — **Trèfle.**

(*Tres*, trois; *Folium*, feuille; plante à trois feuilles).

T. PATENS Sch. — *T. ÉTALÉ.* (*T. Pariense* DC. — *T. procumbens* Var. — *majus* Koch.) Ann. Eté. Prairies, pelouses. AR. Indigène.

T. AGRARIUM L. — *T. DES CAMPAGNES.* (*T. campestre* Schréb. — *aureum* Poll.) (*Minette dorée, Tranee, Trèfle jaune*). Ann. Eté. Champs, murs. AC. Indigène.

T. REPENS L. — *T. RAMPANT.* (*Triolet, Trèfle blanc, Trifollet, Trauffle, Fan Houssy, Tranelle, Trianelle*). Viv. Eté. Prés, lieux incultes. TC. Indigène.

T. FRAGIFERUM L. — *T. FRAISE.* (*Trèfle-Capiton*). Viv. Eté. Prés, pelouses humides. AC. Indigène.

T. SUBTERANEUM L. — *T. ENTERREUR.* (*Trèfle semeur*). Ann. Print. Lieux sablonneux, coteaux. AR. Indigèn.

T. BOCCONI Sav.—*T. DE BOCCONE.* (*T. Collinum* Bast. — *gemellum* Lapeyr.) Ann. Eté. Falaises de l'ouest. RRR. Indigène.

T. SCABRUM L.— *T. SCABRE.* Ann. Print.-été. Coteaux maritimes. TR. Indigène.

T. OCHROLEUCUM L. — *T. JAUNATRE.* Viv. Prés calcaires secs. TR. Indigène.

T. PRATENSE L. — *T. DES PRÉS.* (*Trèfle rouge, Trémaine, Trèfle de Hollande, de Flandre, de Piémont, de Normandie, Clave, Trianelle, Triolet, Herbe à vache, grand Trèfle, Trèfle pourpre, Suçotte*). Viv. Print.-été. Prés cultivés. TC. Indigène. Le plus commun de nos fourrages.

T. MEDIUM L. — *T. INTERMÉDIAIRE.* Viv. Eté. Prés et pelouses des terrains calcaires. R. Indigène.

T. INCARNATUM L. — *T. INCARNAT.* (*Farouche, Trèfle rouge, de Roussillon, Férou, Lupinelle*). Ann. Print. Coteaux secs. TR. Indigène? Cultivé. Excellent fourrage.

G. **Melilotus** *Tourn.* — **Mélilot.**

(μελι, miel; λωτος, lotier; plante recherchée par les abeilles).

M. OFFICINALIS Willd. — *M. OFFICINAL.* (*M. macrorhiza* Pers. — *altissima* Lois.) (*Couronne royale, Mélilot citrin, Mirlirot, Trèfle de cheval, des mouches, odorant, Trouillet, Lotier jaune*). Ann. Eté. Champs et bords des chemins du littoral. TR. Indigène. Pl. médicin.

M. ALBA Lamk. — *M. BLANC.* (*M. leucantha* Koch. — *vulgaris* Willd.) Bisann. Eté. Prairies. France. Non indigène.

G. **Trigonella** *L.* — **Trigonelle.**

(τριγωνος, triangulaire; de la forme de la fleur).

T. COERULEA Serr. — *T. BLEUE.* (*Melilotus* L.) (*Lotier odorant, Mélilot d'Allemagne, Baumier, faux Baume du Pérou, Trèfle musqué, miellé*). Ann. Eté. Hongrie. Ornem. Fourrage. Sert à aromatiser les fromages, qu'elle colore en bleu verdâtre.

T. FOENUM-GROECUM L.— *T. FENUGREC.* (*T. gladiata* Hortul.) (*Senegré, Seine-graine, Fenugrec*). Ann. Eté. Midi. Feuille mangée par les Egyptiens sous le nom de *Helbé*; Graines mucilagin., médical. Excellent fourrage.

G. **Medicago** *L.* — **Luzerne.**

(Μεδιχη, nom grec donné par Théophraste à l'espèc. princip.)

M. MACULATA Willd.— *L. TACHÉE.* (*M. Arabica* Allion. — *cordata* Desr.) (*Mailiettes*). Ann. Print.-été. Prés, pelouses. TC. Indigène.

M. SATIVA L. — *L. CULTIVÉE.* (*Foin ou Trèfle de Bourgogne*). Viv. Eté. Prairies. Cultivée. France. Excell. fourrage.

M. LUPULINA L. — *L. LUPLINE.* (*M. Wildenowii* Mér.) (*Mignonette, Luzerne houblonnée, Mirlirot des champs, Triolet, Minette dorée, Lotier, Trèfle noir, jaune*). Bisann. Print.-été. Prés, murs, chemins. TC. Indigène. Excellent fourrage.

G. **Anthyllis** *L.* — **Anthyllide.**

(ανθος, fleur ; ιουλος, duvet, poil ; allusion à la pubescence du calice).

A. VULNERARIA L. — *A. VULNÉRAIRE.* (*Vulneraria Anthyllis* Scop. — *V. rustica* Lamk.) (*Trèfle jaune, des sables, Vulnéraire des paysans*). Viv. Print.-été. Coteaux et champs maritimes, falaises. TR. Indigène. Feuill. émollientes.

A. BARBA JOVIS L. — *A. BARBE DE JUPITER.* (*Vulneraria argentea* Lamk.) Lign. Print. Europe mérid. Falaises du Midi. 1640. Ornement.

G. **Cytisus** *L.* — **Cytise.**

(χυτισος, nom d'une espèce trouvée à Cythnus, l'une des Cyclades).

C. LABURNUM L.— *C. AUBOUR.* (*C. Alpinus* Lamk., non Mill.) (*Faux Ebénier, Cytise à grappes, de Virgile, Aubour, Auborn, Arbois, Ebénier des Alpes, Bois de lièvre*). Lign. Print. Alpes. 1596. Ornement.

C. ALBUS Link. — *C. BLANC.* (*Genista alba* Lamk. — *Spartium album* Desf. — *S. multiflorum* Ait.) (*Genêt blanc*). Lign. Print. Portugal. 1752.

G. **Genista** *Lamk.* — **Genêt.**

(De *Gen*, buisson, en langue celtique ; ou γονυ, genou ; allusion aux angles de la tige).

G. SAGITTALIS L. — *G. A TIGE AILÉE.* (*G. herbacea* Lamk.) Lign. Print. Bois et haies boisées. TR. Haute-Normandie. Europe. 1570.

G. TINCTORIA L. — *G. DES TEINTURIERS.* (*Spartium tinctorium* Roth.) (*Génestrole, Bois à jaunir*). Lign. Eté. Bois, falaises. TR. Indig. Pl. tinctor. Fl. diurét. Graines purgativ.

G. ANGLICA L. — *G. D'ANGLETERRE.* (*G. minor* Lamk.) Lign. Print. Bois et lieux humides. TR. Indigène.

G. SCOPARIA Lamk. — *G. A BALAI.* (*Spartium* L. — *Sarothamnus* Wimm. — *Cytisus* Link.) Lign. Print. Bois, haies, coteaux. TC. Feuill. et graines émétiq. et purgatives. Fleurs employées contre les affections de la peau.

G. JUNCEA Lamk. — *G. A BRANCHE DE JONC.* (*Spartium* L. — *G. odorata* Mænch. — *Spartianthus junceus* Link.) Lign. Eté. Espagne, Portugal. 1548. Ornement.

G. PURGANS DC. — *G. PURGATIF.* (*Spartium* L. — *Sarothamnus* Gr. et Godr.) (*Genêt griot*). Lign. Eté. Montagn. Midi. Plante médicale, purgative.

G. **Ulex** *L.* — **Ajonc.**

(De ὑλη, broussailles).

U. EUROPÆUS Smith. — *A. D'EUROPE.* (*U. grandiflorus* Pourr. — *vernalis* Thore. — *Europæus* Part. L.) (*Genêt épineux*, *Jonc marin*, *Jan*, *Piquets*, *Brusq*, *Hautjonc*, *Hédin*, *Hudin*, *Jauge*, *Jean-Brusq*, *Landier*, *Lande épineuse*, *Vigneau*, *Vignon*, *Sainfoin d'hiver*, *d'Espagne*). Lign. Print. Landes, bois, haies. TC. Indigène. Bon fourrage.

U. NANUS Sm. — *A. NAIN.* (*U. minor* Roth. — *autumnalis* Thore. — *Europæus* Part. L.) Lign. Eté-automn. Landes. AR. Indigène.

U. GALLII Planch. — *A. DE LE GALL.* (*U. provincialis* Lois. — *parviflorus* Pourr.) Lign. Eté.-Automne. Landes. R. Indigène.

G. **Ononis** *L.* — **Bugrane.**

(ονος, âne ; ονεμι, délecter ; plante qui plait aux ânes).

O. PROCURRENS Wall. — *B. DIFFUSE.* (*O. arvensis* Lamk.) Lign. Eté. Sables maritimes, champs du littoral. AC. Indigène.

O. SPINOSA Wall. — *B. ÉPINEUSE.* (*O. campestris* Koch.) Viv. Eté. Bords des chemins, talus des fossés. RR. Indigène.

Ces deux espèces sont confondues sous les noms d'*Arrête-bœuf*, *Agon*, *Agavon*, *Bougraine*, *Bougrane*, *Bugrande*, *Bugave*, *Care-bœuf*, *Epine-bœuf*, *Mâche noire*, *Tendon*. A détruire.

G. **Lupinus** *Tourn.* — **Lupin.**

(De *Lupus*, loup ; plante dévorant le sol).

L. ALBUS L. — *L. BLANC.* (*Pois de loup*, *Fève de loup*). Ann. Eté. Orient. 1596. Ornement. Pl. fourragère, délicate.

L. VARIUS L. — *L. BIGARRÉ*. (*L. semi-verticillatus et sylvestris* Lamk.) Ann. Eté. Europe mérid. 1586. Fourrag. délic.

L. LUTEUS L. — *L. JAUNE*. (*L. odoratus* Hortul.) Ann. Eté. Région méditerrann. Ornement.

L. POLYPHYLLUS Lindl. — *L. POLYPHYLLE*. Ann. Eté. Colombie. 1826. Ornement.

L. BICOLOR Lindl.—*L. BICOLORE*. Ann. Eté. Californie. 1827. Ornement.

L. TRICOLOR Sweet. — *L. TRICOLORE*. Ann. Eté. Mexique. 1828. Ornement.

G. **Baptisia** *Vent.* — **Baptisie.**

(Βαπτειν, teindre ; allusion aux propriétés tinctoriales de quelques espèces).

B. AUSTRALIS R. Br. — *B. AUSTRALE*. (*Sophora* Bot. Magell. — *Podalyria* Vent. — *P. cærulea* Pursh.) Viv. Eté. Caroline. 1758. Ornement.

B. ALBA R. Br. — *B. BLANCHE*. (*Sophora* Walt. — *Podalyria* Willd. — *Crotalaria* L.) Viv. Eté. Amérique boréale. 1724. Ornement.

B. TINCTORIA R. Br. — *B. DES TEINTURIERS*. (*Sophora* L. — *Podalyria* Sims.) Viv. Eté. Amér. boréale. 1759. Ornement.

B. PERFOLIATA R. Br.— *B. A FEUIL. PERFOLIÉES*. (*Crotalaria* L. — *Sophora* Walt. — *Podalyria* Mich. — *Raffnia* Willd.) Viv. Eté. Amér. boréale. 1732. Ornement.

G. **Thermopsis** *R. Br.* — **Thermopside.**

(θερμος, lupin; οψις, ressemblance ; plante ayant l'aspect d'un lupin).

T. NEPALENSIS DC.— *T. DU NÉPAUL*. (*T. laburnifolia* D. Don. — *Baptisia Nepalensis* Hook. — *Piptanthus Nepalensis* Sveet.) Lign. Print. Népaul. 1819. Ornement.

T. FABACEA DC. — *T. FÈVE*. Ann. Eté. Amér. boréale. Ornement.

T. LANCEOLATA R. Br. — *T. LANCEOLÉE*. (*Sophora lupinoides* Pall. — *podalyria* Willd.) Viv. Eté. Sibérie. 1776. Ornement.

G. **Anagyris** *R. Br.* — **Anagyre.**

(ανα, γορος, arqué en arrière ; allusion au bord onduleux de la gousse).

A. FŒTIDA L. — *A. FÉTIDE*. (*Bois puant*). Lign. Print.

Europe mérid., Canaries. Plante médicale, feuilles purgatives.

Fam. **TÉRÉBINTHACÉES**. — *TEREBINTACEÆ* Juss.
(Nom tiré de *Terebinthus*, une des espèc. principales)
Diœcie pentandrie *L.* — **Pentandrie triginie** *L.* — **Arbres à étamines** *Tourn.*

G. Pistacia *L.* — **Pistachier.**
(De πισταχια, nom grec d'un des genres ; ou de *Poustak*, nom arabe de l'espèce principale).

P. VERA L. — *P. COMMUN.* Lign. Print. Levant. 1570. Graine aliment. Cultivé.

G. Rhus *L.* — **Sumac.**
(De Ρους, nom grec du genre ; ou du celtique *Rhud*, rouge, à cause du fruit et des feuilles en automne).

R. COTINUS L. — *S. DES TEINTURIERS.* (*Fustet, Arbre à perruque, Bois jaune*). Lign. Eté. Europe mérid. 1656. Feuilles tinctoriales et employées au tannage. Ornement.

R. CORIARIA L. — *S. DES CORROYEURS. (Rouvre des corroyeurs)* Lign. Eté. Orient. 1596. Feuill. et fruits astring., tannifères.

R. TYPHINA L. — *S. AMARANTHE.* (*R. viridiflora* Poir. — *Canadensis* Mill.) (*Sumac de Virginie*). Lign. Eté. Amérique boréale, Virginie. 1629.

R. RADICANS L. — *S. RAMPANT.* (*R. toxicodendron* L. *Toxicodendron glabrum* Mill. ? — *pubescens* Mill. — *quercifolium* Michaux). (*Arbre du poison, Sumac vénéneux, à la gale, à la puce*). Lign. Eté. Virginie, Canada. 1688. Très-vénéneux. Médicament.

8e SOUS-CLASSE.

Dicotylédones polypétales hypogynes axosporées.

(Corolle à pétales libres, insérées sur le réceptacle. Placentation axile.

Fam. **ACÉRINÉES**. — *ACERINEÆ* DC.
(Nom tiré du genre *Acer*).
Polygamie monœcie *L.* — **Arbres rosacés** *Tourn.* — **Erables** *Juss.*

G. **Acer** *L.* — **Erable.**

(De *Acer*, rude, piquant ; ou de ακος, pointe ; à cause de son emploi à faire des lances dans l'antiquité).

A. CAMPESTRE L. — *E. CHAMPÊTRE.* (*Cochène, Auzerole, Bois chaud, de poule, petit Erable*). Lign. Print. Haies. PC. Indigène.

A. PSEUDO-PLATANUS L. — *E. FAUX PLATANE.* (*Sycomore*). Lign. Print. Haies, bois. AC. Indigène.

Fam. **HIPPOCASTANÉES.** — *HIPPOCASTANEÆ* DC.

(Nom tiré de l'espèce principale, *Hippocastanum* ; ιππος, cheval ; χαστανον, châtaigne).

Heptandrie monogynie *L.* — **Arb. rosacés** *Tourn.*

G. **Æsculus** *DC.* — **Marronnier d'Inde.**

(De *Æsculus*, nom latin d'un chène à fruits comestibles).

Æ. HIPPOCASTANUM L. — *M. D'INDE COMMUN.* Lign. Print. Asie. 1615. Cult. Ornement. Fr. féculent., amer.

A. PAVIA L. — *M. PAVIA.* (*Pavia rubra* Lamk. — *Michauxi, lucida, intermedia, atropurpurea* Spach.) Lign. Print. Amériq. boréale. 1711. Ornement.

Fam. **POLYGALÉES.** — *POLYGALEÆ* Juss.

(Nom tiré du genre principal, *Polygala*).

Diadelphie *L.* — **Personées** *Tourn.* — **Pédiculaires** *Juss.* **Rhinanthacées** *DC.*

G. **Polygala** *L.* — **Polygala.**

(De πολυς, γαλα, beaucoup de lait ; pl. développant le lait).

P. VULGARIS L. — *P. COMMUN.* (*Herbe au lait, Laitier commun, Polygalon, Fleur ambrévale*). Viv. Print.-été. Pâturages, bords des bois. AC. Indigène.

P. DEPRESSA Wend. — *P. DÉPRIMÉ.* (*P. serpyllacea* Rob. — *serpyllifolia* Weihe.) Viv. Print.-été. Landes, coteaux secs, talus des fossés. AC. Indigène.

P. CORDIFOLIA Thunb. — *P. A FEUILL. EN CŒUR.* (*P. fruticosa* Berg.) Lign. Print.-été. Cap. 1791. Ornement.

Fam. **HYPERICINÉES.** — *HYPERICINEÆ* DC.

(Du genre principal, *Hypericum*).

Polyadelphie polyandrie *L.* — **Rosacées** *Tourn.*

G. **Hypericum** *L.* — **Millepertuis**.

(De υπερ, au-delà ; ρικων, image ; allusion à la transparence des feuilles ; ou plutôt υπο, sous ; Ερεικη, bruyère ; plante vivant sous les bruyères.

H. HUMIFUSUM L. — *M. COUCHÉ*. Viv. Été. Bords des chemins, landes, bois. C. Indigène.

H. TETRAPTERUM Fries. — *M. A QUATRE AILES*. (*H. quadrangulare* Sm.) Viv. Été. Lieux humides, bords des eaux. C. Indigène.

H. PERFORATUM L. — *M. PERFORÉ*. (*H. vulgare* Lamk. — *officinarum* Crantz.) (*Millepertuis commun*, *Herbe à mille trous*, *aux piqûres*, *de Saint-Jean*, *Chasse-diable*, *Trucheran jaune*). Viv. Été. Haies, coteaux, lieux secs. TC. Indigène. Plante sudorifiq., antilaiteuse.

H. LINEARIFOLIUM Valh. — *M. A FEUIL. LINÉAIRES*. Viv. Eté. Coteaux arides. TR. Indigène.

H. PULCHRUM L. — *M. ÉLÉGANT*. (*H. elegantissimum* Crantz.) Viv. Été. Bois, bruyères. TC. Indigène.

H. HIRSUTUM L. — *M. VELU*. Viv. Été. Bois. TR. Indigène.

H. ANDROSŒMUM L. — *M. ANDROSÈME*. (*Androsæmum officinale* All.) (*Parcœur*, *Toute-saine*). Viv. Été. Bois, lieux humides couverts. TR. Indigène. Plante vulnéraire.

H. HIRCINUM L. — *M. A ODEUR DE BOUC*. (*Androsæmum fœtidum* Spach.) Viv. Été. Bois, lieux couverts. Europe mérid. 1640. Ornement.

H. CALYCINUM L. — *M. A GRANDES FLEURS*. (*Androsæmum calycinum* Tourn.) Viv. Eté. Orient. Ornement. TR. Naturalisé dans les bois.

H. ELODES L. — *M. ELODE*. (*Elodes palustris* Scop.) (*Millepertuis à feuilles rondes*). Viv. Été. Prés tourbeux, ruisseaux. R. Indigène.

Fam. **CAMELLIACÉES**. — *CAMELLIACEÆ* Auct.

(Nom tiré du genre *Camellia*).

Monadelphie polyandrie ***L.*** — **Arbres rosacés** ***Tourn.*** — **Orangers** *Juss.* **Ternstrœmiacées** *Mirb.*

G. **Camellia** *L.* — **Camellia**.

(Dédié à G. Camellus, jésuite et botaniste du XVIIIe siècle).

C. JAPONICA L. — *C. DU JAPON*. (*Rose du Japon*). Lign. Print. Japon. Ornement.

Fam. **TILIACÉES**. — *TILIACEÆ* Juss.

(Nom tiré du genre *Tilia*).

Polyandrie monogynie *L*. — **Arbres rosacés** *Tourn*.

G. **Tilia** *L*. — **Tilleul**.

(Etymologie inconnue ; de *Tigillum*, soliveau?)

T. PLATYPHYLLA Scop. — *T. A LARGES FEUILLES*. (*T. rubra* DC. — *mollis* Spach. — *Europæa* Desf. — *cordifolia* Bess. — *cordata* Mill. — *grandiflora* Ehrh. — *corallina* Ait. — *Corinthiaca* Bosc.) (*Tilleul à feuilles molles, de Hollande*). Lign. Eté. Europe mérid. Fleurs très-usitées en médecine, antispasmodiques.

T. ARGENTEA Desf. — *T. ARGENTÉ*. (*Lindnera* Rchb. — *Tilia rotundifolia* Vent.) Lign. Eté. Hongrie. 1767. Ornem.

G. **Corchorus** *L*. — **Corète**.

(De Κορχωρος, nom donné à un légume sauvage par les Grecs; ou de Κορεω, je purge ; à cause des propriétés de l'espèce qui suit).

C. OLITORIUS L. — *C. POTAGÈRE*. Ann. Eté. Indes. 1640. Pl. alimentaire et textile.

G. **Sparmannia** *Thunb*. — **Sparmannie**.

(Dédié à Sparmann , compagnon de Cook).

S. AFRICANA L. — *S. D'AFRIQUE*. Lign. Eté. Cap. 1790. Ornement.

Fam. **HESPÉRIDÉES**. — *AURANTIACEÆ* Corr.

(Nom français tiré des pommes d'or du Jardin des Hesperides, et de l'espèce Orange, *Aurantium* en latin).

Polyadelphie icosandrie *L*. — **Arbres rosacés** *Tourn*. **Orangers** *Juss*.

G. **Citrus** *L*. — **Citron**.

(Du nom grec Κιτρον, citron).

C. MEDICA Risso. — *C. DE MÉDIE*. (*C. Medica Cedra* Gall.) (*Cédratier*). Lign. Eté. Médie. IIIe siècle. Fruit médicinal, condiment. Ecorce servant à la parfumerie.

C. LIMONIUM Risso. — *C. LIMONIER*. (*C. medica* Var. — *acida* Gall.) (*Limonier*). Lign. Eté. Asie. 1648. Fr. médicin. Ecorce servant à la parfumerie.

C. AURANTIUM L. — *C. DOUX*. (*Aurantium vulgare* Poit. et Risso. — *dulce* Vulg.) (*Oranger*). Lign. Viv. Asie. 1595. Fr. acide, médicin., alim. Ecorce servant à la parfumerie.

Fam. **MALVACÉES**. — *MALVACEÆ* Juss.
(Du genre *Malva*).

Monadelphie polyandrie *L.* — **Campanulacées** *Tourn.*

G. **Hibiscus** *L.* — **Ketmie.**
(Ἰβισχος, nom grec de la guimauve).

H. SYRIACUS L. — *K. DE SYRIE.* (*Ketmie des jardins, Althéa, Guimauve en arbre*). Lign. Eté. Syrie. 1596. Ornem.

H. TRIONUM L.— *K. VESICULEUSE.* (*Ketmie trifoliée*). Ann. Eté. Italie. 1596. Ornement.

G. **Malva** *L.* — **Mauve.**
(Altération du grec μαλαχος, mou ; ou de μαλασσω, adoucir ; c'est-à-dire plante émolliente).

M. ROTUNDIFOLIA L. — *M. A FEUILLES RONDES.* Viv. Eté. Cours des fermes, vieux murs. AC. Indig. Emoll.

M. CRISPA L.—*M. CRÉPUE.* Ann. Eté. Syrie. 1573. Ornem.

M. SYLVESTRIS L. — *M. SAUVAGE.* (*M. vulgaris* Tén., non Fries.) (*Grande Mauve*). Viv. Eté. Bords des chemins, lieux incultes. TC. Indigène. Emolliente.

M. MOSCHATA L.—*M. MUSQUÉE.* (*M. laciniata* Desrouss. — *undulata* Sims. — *tenuifolia* Sav.) Viv. Eté. Haies, bords des champs. AR. Indigèn. Ornement. Adoucissante.

M. VERTICILLATA L.—*M. A FLEURS VERTICILLÉES.* (*M. flexuosa* Horn. — *glomerata* Hortul.) Viv. Eté. Chine. 1683. Ornem.

G. **Lavatera** L. — **Lavatère**.
(Dédié aux frères Lavater, médecins-naturalistes de Zurich).

L. TRIMESTRIS L. — *L. A GRANDES FLEURS.* (*Malva trimestris* Hortul. — *Stegia Lavatera* Lamk.) (*Mauve fleurie, de trois mois*). Ann. Eté. Europe mérid. 1633. Ornement.

L. ARBOREA L. — *L. EN ARBRE.* Lign. Eté. Italie, Angleterre. Naturalisée. Ornement. Adoucissante.

L. THURINGIACA L. — *L. DE THURINGE.* (*L. olbia* Stéph., non L.) Viv. Eté. Allemagne. 1731. Ornement.

L. MARITIMA Gouan.— *L. MARITIME.* (*L. Lusitanica* L. — *Hispanica* Mill. — *rotundifolia* Lamk.) Viv. Eté. Espagne, Portugal. 1597. Ornement.

G. **Althæa** *Cav.* — **Guimauve**.
(De Αλθειν, guérir ; à cause de ses usages médicinaux).

A. OFFICINALIS L. — *G. OFFICINALE.* Viv. Eté. Prés marécageux maritimes. TR. Indigène. Adoucissante.

A. CANNABINA L. — *G. A FEUILLES DE CHANVRE.* Viv. Eté. Europe mérid. Midi. 1597. Ornement.

A. ROSEA Cav.— *G. PASSE-ROSE.* (*Alcea* L.) (*Rose trémière*, *Rose de mer*, *Alcée rose*, *Passe-rose*). Lign. Eté. Chine. 1573. Ornement. Racine très-émolliente.

A. NARBONENSIS Pourr. — *G. DE NARBONNE.* Viv. Eté. Midi. 1780. Ornement.

G. **Kitaibelia** *Willd.* — **Kitaibelia.**

(Dédié à Paul Kitaibel, botaniste de Hongrie).

K. VITIFOLIA Willd. — *K. A FEUILLES DE VIGNE.* Lign. Eté. Hongrie. Smyrne. 1801. Ornemént.

G. **Malope** *L.* — **Malope.**

(μαλος, couvert de poils blancs; allus. aux feuil. de la plante).

M. MALACOIDES L. — *M. FAUSSE MAUVE.* Ann. Eté. Europ. mérid. 1710. Ornement.

M. TRIFIDA Cav.— *M. A TROIS LOBES.* (*V. grandiflora*). Ann. Eté. Mauritanie. 1808. Ornement.

Fam. **GÉRANIACÉES.** — *GERANIACEÆ* DC.

(Du genre principal, *Geranium*).

Monadelphie décandrie *L.* — **Rosacées** *Tourn.*

G. **Erodium** *Lhér.* — **Erodium.**

(ερωδιος, héron ; allusion au fruit, figurant un bec de héron).

E. CICUTARIUM Lhér. — *E. A FEUILLES DE CIGUE.* (*Geranium* L.) Ann. Print.-été. Bords des chemins, coteaux maritimes. AC. Indigène.

E. MOSCHATUM Lhér. — *E. MUSQUÉ.* (*Geranium* L.) Ann. Print.-été. Murs, chemins, lieux incultes. AC. Indigène.

E. CICONIUM Willd. — *E. A BEC DE CIGOGNE.* (*Geranium* L.) Ann. Eté. Lieux vagues. Indigène.

E. MALACOIDES Willd. — *E. FAUSSE MAUVE.* (*Geranium* L.) Ann. Print. Coteaux arides. TR. Indigène. Roc de Granville.

E. MARITIMUM Sm. — *E. MARITIME.* (*Geranium* L.) Ann. Print.-été. Coteaux, chemins du littoral. R. Indigène.

G. **Geranium** *Lhér.* — **Geranium.**

(De γερανος, grue ; allusion au fruit, qui figure un bec de grue).

G. ROBERTIANUM L. — *G. HERBE A ROBERT.* (*Bec*

de grue, *Herbe à l'esquinancie*, *Feu sauvage*). Ann. Print.-été. Haies, bords des chemins. TC. Indigène.

G. LUCIDUM L. — *G. LUISANT*. Ann. Eté. Haies ombragées. Vieux murs. AR. Indigène.

G. DISSECTUM L. — *G. DÉCOUPÉ*. Ann. Eté. Haies, bords des chemins. C. Indigène.

G. COLUMBINUM L. — *G. COLOMBIN*. (*Pied de pigeon*). Ann. Eté. Talus des fossés. AR. Indigène.

G. ROTUNDIFOLIUM L. — *G. A FEUILLES RONDES*. (*G. viscidulum* Fries.) Ann. Eté. Coteaux stériles, vieux murs. TR. Indigène.

G. MOLLE L. — *G. MOLLET*. Ann. Eté. Murs, terres incultes. C. Indigène.

G. PRATENSE L. — *G. DES PRÉS*. Viv. Eté. Prairies, bois. TR. Indigène. Ornement.

G. STRIATUM L. — *G. STRIÉ*. Viv. Eté. Italie. 1629. Naturalisé dans plusieurs localités. Ornement.

G. MACRORHIZUM L.— *G. A GROSSES RACINES*. Viv. Print.-été. Italie. 1576. Ornement.

G. SANGUINEUM L.— *G. SANGUIN*. (*Sanguinaire*, *Herbe à berquet*). Viv. Print. Bois et prés secs. TR. Haute-Normandie, îles Chausey, Granville.

G. **Pelargonium** *Lhér.* — **Pelargonium**.

(πελαργος, cigogne ; allusion au fruit en bec de cigogne).

P. ZONALE Willd. — *P. ZONALE*. (*Geranium* L.) Viv. Eté. Cap. 1710. Ornement.

P. INQUINANS Ait. — *P. FÉTIDE*. (*Geranium* L.) Lign. Eté. Cap. 1714. Ornement.

P. ODORATISSIMUM Ait. — *P. ODORANT*. (*Geranium* Cav.) Viv. Eté. Cap. 1724. Ornement.

P. TRISTE Ait. — *P. TRISTE*. (*Geranium* L.) Viv. Eté. Cap. 1632. Ornement.

P. QUINQUEVULNERUM Willd.— *P. A CINQ TACHES*. (*Geranium* Andréz.) Cap. 1796. Ornement.

P. FULGIDUM Ait.— *P. ÉCLATANT*. (*Geranium* L.) Lign. Eté. Cap. 1723. Ornement.

P. GRANDIFLORUM Willd.— *P. A GRANDES FLEURS*. Viv. Eté. Cap. 1794. Ornement.

P. PAPILIONACEUM Ait. — *P. PAPILIONACÉ*. (*Geranium* L.) Viv. Eté. Cap. 1724. Ornement.

P. CAPITATUM Ait. — *P. A FLEURS EN TÊTE.* (*P. rosa* Hortul. — *G. capitatum L.*) Viv. Été. Cap. 1690. Ornem.

P. TRICOLOR Curt. — *P. TRICOLORE.* (*P. violarium* Jacq. — *Geranium tricolor* Andréz. — *Phymatanthus tricolor* Sweet.) Viv. Eté. Cap. 1791. Ornement.

Fam. **LIMNANTHÉES.** — *LIMNANTHEÆ* R. Br.
(Du genre *Limnanthes*).
Polyandrie polyginie *L.* — **Rosacées** *Tourn.*

G. **Limnanthes** *Lindl.* — **Limnanthe.**
(De λιμνη, marais ; ανθος, fleur ; c'est-à-dire fleur de marais).

L. DOUGLASII Lindl. — *L. DE DOUGLAS.* Ann. Print.-été. Californie. Ornement.

L. ROSEA Benth.—*L. A FLEURS ROSÉES.* Ann. Print.-été. Californie. Ornement.

Fam. **BALSAMINÉES.** — *BALSAMINEÆ* Rich.
(Du genre principal, *Balsamina*).
Singénésie monogamie *L.* — **Anomales** *Tourn.* — **Geraniées** *Juss.*

G. **Balsamina** *Riv.* — **Balsamine.**
(Βαλλειν, lancer ; *Semen*, graine ; c.-à-d. fruit lançant ses graines).

B. HORTENSIS Desp. — *B. DES JARDINS.* (*Impatiens Balsamina* L.) Ann. Eté. Indes. Orient. 1596. Ornement.

B. LATIFOLIA DC. — *B. A LARGES FEUILLES.* (*Impatiens* L.) Ann. Eté. Indes. Orient. 1818. Ornement.

G. **Impatiens** *L.* — **Impatiente.**
(Allusion à l'élasticité des valves de la capsule).

I. CAPENSIS Thunb.— *I. DU CAP.* (*Balsamina* DC.) Ann. Eté. Cap. 1818. Ornement.

I. NOLI-TANGERE L. — *I. N'Y TOUCHEZ PAS.* Ann. Eté. Lieux ombragés. Midi. Europe. Pl. médicin. Ornement.

I. GLANDULIGERA Lindl. — *I. GLANDULEUSE.* Ann. Eté. Indes. 1841. Ornement.

I. TRICORNIS Lindl. — *I. A TROIS CORNES.* Ann. Eté. Indes. 1841. Ornement.

Fam. **TROPEOLÉES.** — *TROPŒOLEÆ* Juss.

(Du genre *Tropæolum*).

Octandrie monogynie *L.* — **Anomales** *Tourn.*

G. **Tropœolum** *L.* — **Capucine.**

(De τροπαιον, trophée ; allusion aux feuilles en bouclier et aux fleurs en casque).

T. MAJUS L. — *C. A GRANDES FEUILLES.* (*Cresson du Pérou*). Ann. Eté. Pérou. 1686. Ornement. Pl. âcre et piquante. Fruits condiment.

T. MINUS L. — *C. A PETITES FEUILLES.* (*Capucine naine*). Ann. Eté. Pérou. 1596. Ornement. Mêmes propriétés.

T. TUBEROSUM Ruiz. et Pavon. — *C. TUBÉREUSE.* Viv. Eté. Pérou. 1837. Ornement. Racine dite alimentaire ; mauvaise.

Fam. **LINÉES.** — *LINEÆ* DC.

(Du genre *Linum*).

Pentandrie *L.* — **Caryophyllées** *Tourn. et Juss.*

G. **Linum** *L.* — **Lin.**

(De Λινον, nom grec de toute sorte de fil).

L. USITATISSIMUM L. — *LIN USUEL.* (*L. arvense* Neck. — *L. sativum* Blackw.) (*Lin de Riga*). Ann. Print. Europe. Cultivé. Graines émollientes, huileuses. Tiges fibreuses. Industriel.

L. SIBIRICUM DC. — *L. DE SIBÉRIE.* (*L. perenne* Var. — *Sibiricum* L.— *Austriacum* Sims.— *L. Lewisii* Pursh.) (*Lin vivace*). Viv. Eté. Autriche. 1775. Ornement.

L. SUFFRUTICOSUM L.— *L. SOUS-LIGNEUX.* Viv. Eté. Espagne. Midi. 1759. Ornement.

L. ANGUSTIFOLIUM Huds. — *L. A FEUIL. ÉTROITES.* (*Lin sauvage*). Viv. Eté. Coteaux. Lieux arides. C. Indigène.

L. CATHARTICUM L.—*L. PURGATIF.* Ann. Eté. Coteaux, pelouses, landes. AR. Indigène. Plante médicin.

L. ALPINUM L. — *L. DES ALPES.* (*L. montanum et Austriacum* DC.) Viv. Eté. Prés montueux.

L. NARBONENSE L. — *L. DE NARBONNE.* Viv. Eté. Midi. Espagne. 1759. Ornement.

L. FLAVUM L. — *L. JAUNE.* (*L. campanulatum* Lamk.— *glandulosum* Dub.) Viv. Eté. Midi. Ornement.

L. GRANDIFLORUM Desf. — *L. A GRANDES FLEURS.* Viv. Eté. Maroc. 1817. Ornement.

L. DECUMBENS Desf. — *L. A TIGES DÉCOMBANTES.* Viv. Eté. Afrique septent. 1817. Ornement.

L. VISCOSUM L. — *L. VISQUEUX.* (*L. viscosum* Var. — *hypericifolium* Salisb. — *L. venustum* Andréz.) Viv. Eté. Caucase. 1807. Ornement.

L. RADIOLA L. — *L. RADIOLE.* (*Radiola linoides* Gmel. — *R. millegrana* Sm.) Ann. Eté. Landes, lieux exondés. TR. Indigène.

Fam. **OXALIDÉES**. — *OXALIDEÆ* DC.

(Du genre *Oxalis*).

Décandrie pentagynie *L.* — **Campanulacées** *Tourn.* — **Geraniées** *Juss.*

G. **Oxalis** *L.* — **Oxalide**.

(Ὀξύς, acide; ἅλς, sel; allusion au sel acide des feuilles).

O. CRENATA Jacq. — *O. CRENELÉE.* (*O. Arracacha* D. Don.) Viv. Eté. Pérou. 1833. Tubercule acide, aliment.

O. STRICTA L.— *O. DROITE.* (*O. lutea* Mænch.) Bisann. Eté. Moissons, jardins. R. Indigène. Amér. septent. 1658.

O. CORNICULATA L. — *O. CORNICULÉE.* Viv. Eté. Jardins, lieux cultiv. R. Indigène.

O. ACETOSELLA L.— *O. OSEILLE.* (*Oxysalba* Lamk.) (*Pain au coucou*, *Oxalide blanche*, *Alleluia*, *Trèfle-oseille*, *Oseille à trois feuilles*, *Oseille de bûcheron*, *Oseille de bois*, *Surette*, *Surelle*, *Trèfle aigre*, *Herbe bœuf*). Viv. Print. Lieux frais. AR. Indigène. Feuilles acides rafraîchissantes. Enlève la rouille, nettoie le cuivre.

O. ROSEA Jacq. — *O. ROSE.* (*O. Simsii* Sweet.) Viv. Print. Chili. 1823.

Fam. **ZYGOPHYLLÉES**. — *ZYGOPHYLLEÆ* R. Br.

(Tiré du genre *Zygophyllum*).

Décandrie monogynie. — **Didynamie angiospermie.** — **Anomales** *Tourn.*

G. **Tribulus** *Tourn.* — **Tribule.**

(De τρίβολος, à trois dards; allusion aux valves épineuses du fruit).

T. TERRESTRIS L. — *T. COUCHÉE.* (*Croix de Malte*). Ann. Eté. Europe mérid. Midi. 1596. Pl. odorante, recherch. par les dindons et les poules. Médic. astring.

G. **Zigophyllum** *L.* — **Fabagelle.**

(ζευγος, paire; φυλλον, feuille; c.-à-d. feuille à deux folioles).

Z. FABAGO L. — *Z. COMMUNE.* Viv. Eté. Méditerran., Syrie. 1596. Ornement.

G. **Melianthus** *Tourn.* — **Mélianthe.**

(μελ, miel; ανθος, fleur; allusion au nectaire du calice).

M. MAJOR L. — *M. PYRAMIDAL.* (*Pimprenelle d'Afrique*). Viv. Eté. Cap. 1672. Ornement.

M. MINOR L. — *M. AXILLAIRE.* (*M. à feuilles étroites*). Viv. Eté. Cap. 1696. Ornement.

Fam. **RUTACÉES.** — *RUTACEÆ* Bart.

(Du genre *Ruta*).

Décandrie et dodécandrie monogynie *L.* — **Rosacées** *Tourn.*

G. **Ruta** *Tourn.* — **Rue.**

(De Ρυτα, nom grec de la plante; ou de ρυω, sauver; ou ρεω, couler; allusion aux propriétés emménagogues de la plante.

R. GRAVEOLENS L. — *R. FÉTIDE.* (*R. hortensis* Mill.) Viv. Eté. Europe mérid. 1562. Pl. médic. vénéneuse.

G. **Peganum** *L.* — **Pegane.**

(πηγανον, nom grec de la rue; ou πελαζειν, faire couler; ou πεγναω, échauffer; allus. à ses propriét. médicales).

P. HARMALA L. — *P. HARMALE.* (*Harmale à feuilles découpées*). Viv. Eté. Espagne, Syrie. 1570.

G. **Dictamnus** *L.* — **Fraxinelle.**

(Δικταμνος, nom grec d'une pl. aromatique, dérivé de Δικτος, montagne de Crète).

D. ALBUS L. — *F. BLANCHE.* (*D. Fraxinella* Pers.) (*Dictame blanc*). Viv. Eté. Europe mérid. Grèce. 1596. Ornem.

G. **Xanthoxylon** *L.* — **Clavalier.**

(De ξανθος, jaune; ξυλον, bois).

X. FRAXINEUM Willd. — *C. A FEUILLES DE FRÊNE.* (*X. Americanum* Mill. — *ramiflorum* Mich.) (*Frêne épineux*). Lign. Print. Virginie. 1759. Ornement.

G. **Ailantus** *DC.* — **Ailante**.

(De *Ailanto*, nom chinois de l'espèce principale).

A. GLANDULOSA Desf. — *A. GLANDULEUSE*. (*A. procera* Salisb.) (*Vernis du Japon*). Lign. Eté. Chine. 1751. Ornem.

Fam. **CORIARIÉES**. — *CORIARIEÆ* DC.

(Nom tiré du genre *Coriaria*).

Diœcie *L.* — **Apétal.** *Tourn.*

G. **Coriaria** *L.* — **Coriaire.**

(De *Corium*, cuir; allusion au suc astringent, tannifère de la plante).

C. MYRTIFOLIA L. — *C. A FEUILLES DE MYRTE*. (*C. vulgaris* Nissol.) (*Redoux*, *Redoul*, *Corroyère*). Lign. Eté. Europe mérid. 1629. Feuill. narcotiq.; suc astringent.

Fam. **MAGNOLIACÉES**. — *MAGNOLIACEÆ* DC.

(Du genre *Magnolia*).

Polyandrie polygynie *L.* — **Arbres rosacés** *Tourn.*

G. **Magnolia** *L.* — **Magnolia.**

(Dédié à Magnol, professeur de botaniq. à Montpellier. 1700).

M. GRANDIFLORA L. — *M. A GRANDES FLEURS*. (*Laurier-tulipier*). Lign. Eté. Caroline. 1734. Ornement. Fl. aromatiques.

M. GLAUCA L. — *M. GLAUQUE*. (*Arbre du castor*). Lign. Eté. Caroline. 1688. Ornement.

G. **Liriodendron** *L.* — **Tulipier.**

(De Λειριον, lis; δενδρον, arbre; c.-à-d. arbre à fleurs de lis, ou mieux de tulipe).

L. TULIPIFERA L. — *T. DE VIRGINIE*. Lign. Eté. Virginie. 1663. Ecorce amère, fébrifuge. Ornement.

Fam. **BERBÉRIDÉES**. — *BERBERIDEÆ* Vent.

(Nom du genre *Berberis*).

Hexandrie *L.* — **Arbres rosacés** *Tourn.*

G. **Epimedium** *L.* — **Epimède.**

(επι, sur, et Μεδια, originaire de la Médie).

E. ALPINUM L. — *E. DES ALPES*. (*Chapeau d'évêque*). Viv. Print. Alpes. Ornement.

E. HEXANDRUM Hook. — *E. A SIX ÉTAMINES.* (*I. Musschianum* Mor. et DC.) Lign. Print. Japon. 1834. Ornem.

G. **Nandina** *Thunb.* — **Nandine.**

(De *Nandin*, nom japonais de la plante).

N. DOMESTICA Thunb. — *N. DOMESTIQUE.* Lign. Eté. Japon, Chine. 1804.

G. **Berberis** *L.* — **Berberis.**

(Nom arabe ; ou de Βερβερι, coquille ; allusion à la forme concave des pétales).

B. VULGARIS L. — *B. COMMUN.* (*Epine-vinette, Vinettier, Epine aigrette, Chicafou*). Lign. Print. Haies, bois. TR. Indig. Fr. acide, comestible.

B. CANADENSIS Mill. — *B. DU CANADA.* Lign. Print. Amérique septent. 1759. Ornement.

G. **Mahonia** *Nutt.* — **Mahonia.**

(Dédié à Mac-Mahon, botaniste américain).

M. FASCICULARIS DC. — *M. FASCICULÉE.* (*Berberis pinnata* Lagasc. — *fasciculata* Sims.) Lign. Print. Californie. 1820. Ornement.

M. AQUIFOLIUM Nutt. — *M. A FEUILLES DE HOUX.* (*Berberis aquifolia* Pursh.) Lign. Print. Colombie. 1833. Ornement.

Fam. **RENONCULACÉES.** — *RANUNCULACEÆ* Juss.

(Du genre *Ranunculus*).

Polyandrie *L.* — **Rosacées ou Anomales** *Tourn.*

G. **Clematis** *L.* — **Clématite.**

(κλῆμα, sarment de vigne ; allusion à la tige grimpante).

C. VITALBA L. — *C. VIGNE BLANCHE.* (*Clématite commune, des haies, Herbe aux gueux*). Lign. Eté. Haies. R. Indig. Pl. très-âcre, vésicante et vénéneuse.

C. FLAMMULA L. — *C. ODORANTE.* (*C. Flammète*). Lign. Eté. Midi. 1596. Ornement.

C. RECTA L. — *C. DROITE.* Lign. Eté. Espagne. Midi. Ornement.

C. INTEGRIFOLIA L. — *C. A FEUILLES ENTIÈRES.* Lign. Eté. Hongrie. 1596. Ornement.

C. ALPINA Lamk. — *C. DES ALPES.* (*Atragene* Pers.) Lign. Eté. Alpes, Sibérie. Ornement.

C. SIBIRICA L.? — *C. SIBÉRIE.* (*C. ochotensis* Poir. — *Atragene ochotensis* Pall.) Lign. Eté. Sibérie. 1818.

G. **Thalictrum** *L.* — **Pigamon**.

(De θαλλειν, verdoyer ; ιϰταϛ, vite ; allusion à la rapidité de végétation de la plante).

T. FLAVUM L. — *P. JAUNE.* (*Rue des prés*, *Rhubarbe des pauvres*, *des paysans*, *fausse Rhubarbe*, *Pied de Milan*). Viv. Eté. Prés, bords des eaux. TR. Indigène. Ornement.

T. MINUS L. — *P. MINEUR.* Viv. Eté. Midi. Ornem.

T. AQUILEGIFOLIUM L. — *P. A FEUIL. D'ANCOLIE.* (*T. atropurpureum* Jacq.) (*Colombine plumeuse*). Lign. Eté. Midi. 1731. Ornement.

G. **Anemone** *Hall.* — **Anémone**.

(ανεμος, vent ; c.-à-d. plantes d'équinoxe ou de lieux battus par les vents).

A. PULSATILLA L. — *A. PULSATILLE.* (*Pulsatilla vulgaris* Lob.) (*Coquerette*, *Coquelourde*, *Herbe du vent*, *Fleur du vent*, *de Pâques*, *aux dames*, *Passe-fleur*, *Teigne-œuf*). Viv. Print. Bois, coteaux calcaires. Normandie. AR. Ornement.

A. ALPINA L. — *A. DES ALPES.* (*Pulsatilla* Lois.) Viv. Eté. Alpes, Mont-d'Or. 1658. Ornement.

A. NEMOROSA L.—*A. DES BOIS.* (*Sylvie*, *Bassinet blanc*, *purpurin*, *fausse Anémone*, *Renoncule*, *des bois*). Viv. Print. Bois et collines. AR. Indigène. Ornement.

A. CORONARIA L. — *A. COURONNÉE.* (*A. des jardins*). Viv. Print. Levant, Midi. 1596. Ornement.

A. STELLATA Lamk. — *A. ÉTOILÉE.* (*A. hortensis* L.) Viv. Print. Midi. 1597. Ornement.

A. VIRGINIANA L. — *A. DE VIRGINIE.* Viv. Print. Amérique septent. 1722. Ornement.

A. SYLVESTRIS L.—*A. SAUVAGE.* Viv. Print. Allemagn. 1596. Ornement.

A. NARCISSIFLORA L. — *A. FLEURS DE NARCISSE.* Viv. Print. Sibérie. 1773.

A. APENNINA L.— *A DE L'APENNIN.* (*Anémone bleue*). Viv. Print. Corse. Ornement.

G. **Hepatica** *Dill.* — **Hépatique.**

(De *Hepar*, foie ; allusion aux lobes de la feuille, figurant ceux du foie).

H. TRILOBA Chaix. — *H. TRILOBÉE.* (*Anemone Hepatica* L.) (*Hépatique, Herbe de la Trinité*). Viv. Print. Lorraine, Jura, Provence. Ornement.

G. **Adonis** *Dill.* — **Adonide.**

(Allusion au chasseur Adonis, tué par un sanglier et changé en fleur par Vénus).

A. AUTUMNALIS L.— *A. D'AUTOMNE.* (*Goutte de sang*). Ann. Eté. Moissons des terrains calcaires. Normandie. TR. Ornement.

A. ÆSTIVALIS L. — *A. D'ÉTÉ.* Ann. Eté. Moissons des terrains calcaires. Normandie. TR. Ornement.

G. **Myosurus** *Dill.* — **Myosure.**

(μυος, rat ; ουρα, queue ; allusion à la forme du pistil).

M. MINIMUS L. — *M. MINIME.* (*Ratoncule, Queue de rat*). Ann. Print. Moissons calcaires. R. Normandie.

G. **Ranunculus** *Hall.* — **Renoncule.**

(De *Rana*, grenouille ; pl. amphibie comme les grenouilles).

R. HEDERACEUS L. — *R. A FEUILLES DE LIERRE.* (*Batrachium hederaceum* Dum.) Viv. Print. Eté. Lieux fangeux, sources, ruisseaux. AC. Indigène.

R. AQUATILIS L. — *R. AQUATIQUE.* (*Batrachium heterophyllum* Fries.) (*Herbe sardonique, Millefeuille aquatique, Grenouillette*). Viv. Print.-été. Ruisseaux, étangs. AC. Indig.

R. DIVARICATUS Schrank. — *R. DIVARIQUÉE.* (*R. circinatus* Sibth.) Viv. Eté. Mares et fossés. R. Indigène.

R. GRAMINEUS DC.— *R. GRAMINÉE.* Viv. Print. Centre, Midi.

R. LINGUA L. — *R. LANGUE.* (*Grande Douve*). Viv. Eté. Marais. TR. Indigène.

R. FLAMMULA L. — *R. FLAMMÈTE.* (*Petite Douve*). Viv. Eté. Marécages, prés humides. TC. Indigène. Très-vénéneux pour les bestiaux.

R. OPHIOGLOSSIFOLIUS DC. — *R. A FEUILLES D'OPHIOGLOSSE.* Ann. Eté. Mares calcaires. TR. Indigène.

R. BULBOSUS L. — *R. BULBEUSE.* (*Pied de corbin, de coq, Grenouillette, Rave de Saint-Antoine*). Viv. Print. Coteaux, pelouses sèches. AC. Indigène.

R. REPENS L. — *R. RAMPANTE.* (*Bassinet, Bassin d'or, Piépont, Racinet rampant, Bouton d'or, petite Bassine, Pied de poule, de coq*). Viv. Été. Lieux incultes, pied des murs. TC. Indigène.

R. ACRIS L. — *R. ACRE.* (*Grenouillette, Bouton d'or, Bassinet, Jauneau, Fleur de beurre, Patte de loup, Pied cot, Pied de corbin*). Viv. Eté. Prés, bois humides.

R. LANUGINOSUS L. — *R. LAINEUSE.* Viv. Eté. Pyrénées, Corse, Est. TR.

R. PHILONOTIS Retz. — *R. DES MARES.* (*R. hirsutus* Curt. — *R. parvulus* L.) Ann. Eté. Mares, lieux aquatiques. AR. Indigène.

R. PARVIFLORUS L. — *R. A PETITES FLEURS.* Ann. Print. Talus des fossés humides. AR. Indigène.

R. ARVENSIS L.—*R. DES CHAMPS.* Ann. Eté. Champs du littoral. AC. Indigène.

R. SCELERATUS L.—*R. SCÉLÉRATE.* Ann. Eté. Lieux aquatiques, fossés. TR. Indigène.

R. CHŒROPHYLLOS L. — *R. CERFEUIL.* Viv. Print. Coteaux maritimes. TR. Indigène.

R. ASIATICUS L. — *R. D'ASIE.* (*Rouma, Renoncule des jardins*). Viv. Print. Levant. 1596. Ornement.

Toutes ces Renoncules sont plus ou moins âcres, caustiques et vésicantes.

G. **Ficaria** *Dill.* — **Ficaire.**

(De *Ficus*, figue ; allusion à ses racines, formant de petites figues agglomérées).

F. RANUNCULOIDES Mœnch. — *F. RENONCULE.* (*Ranunculus Ficaria* L.) (*Petite Chélidoine, Billonnée, Clair-Bassin, Eclairette, Gamille, Grenouillette, Herbe aux hémorrhoïdes, Jauneau, Jaunets, petit Eclair, petite Scrophulaire, Pissenlit doux, rond*). Viv. Print. Haies, prés, bois. TC. Indigène. Pl. âcre, caustique, vénéneuse.

G. **Caltha** *L.* — **Populage.**

(Nom latin d'une espèce de souci).

C. PALUSTRIS L. — *P. DES MARAIS.* (*Souci d'eau, des marais, Clair-Bassin de rivière, Cocusseau, Gannle, Girois*).

Viv. Print. Prés humides, surtout calcaires. AR. Indigène. Ornement.

G. **Trollius** *L.* — **Trolle**.

(De *Trolen*, ou *Trot* en allemand, rond ; allusion à la forme sphéroïdale de la fleur).

T. EUROPÆUS L. — *T. D'EUROPE*. (*Boule d'or*, *Renoncule de montagne*). Viv. Print. Prés montueux, hautes montagnes, Midi, Est. Ornement.

T. ASIATICUS L.—*T. D'ASIE*. Viv. Print. Sibérie. 1759. Ornement.

G. **Eranthis** *Salisb.* — **Eranthe**.

(ηρ, printemps; ανθος, fleur ; ou ερα, terre; fleur de printemps ou fleur de terre, à cause de leur peu de hauteur sur le sol).

E. HYEMALIS Salisb. — *E. D'HIVER*. (*Helleborus* L.) Viv. Hiver. Bois humides. Europe. R. 1596. Ornement.

G. **Helleborus** *Adams.* — **Hellébore**.

(ελειν, faire périr ; Βορα, pâture ; c.-à-d. plante vénéneuse).

H. VIRIDIS L. — *H. VERT*. (*Pommelière*). Viv. Print. prés humides, lieux couverts. TR. Indigène. Pl. drastique, vénéneuse.

H. FŒTIDUS L. — *H. FÉTIDE*. (*Fève de loup*, *Herbe aux fées*, *aux bœufs*, *Herbe du crû*, *Marfouré*, *Parménie*, *Pas de lion*, *Patte d'ours*, *Pied de griffon*, *de lin*, *Pommelée*). Viv. Print. lieux pierreux, bords des chemins. TR. Indigène. Pl. très-drastique, vénéneuse.

H. NIGER L. — *H. NOIR*. (*Hellébore à fleurs roses*, *Rose de Noël*). Viv. Hiver. Alpes, Pyrénées, Autriche. 1596. Ornem. Pl. âcre, drastique, vénéneuse.

G. **Ysopyrum** *L.* — **Ysopyre**.

(ισος, semblable; πυρ, feu; allus. à la saveur brulante de la grain. ou à la forme du fruit, qui ressemble à une flamme).

Y. THALICTROIDES L. — *Y. PIGAMIER*. (*Y. faux Pigamon*). Viv. Print. Bois ombragés. Calvados. TR. Indigène.

Y. FUMARIOIDES L.—*Y. A FEUIL. DE FUMETERRE*. (*Helleborus* Lamk.) Ann. Eté. Sibérie. 1741.

G. **Aquilegia** *Tourn.* — **Ancolie.**

(De *Aquilegium*, réservoir d'eau ; allusion aux pétales conformés en urne ; ou *Aquila*, aigle ; à cause de ses nectaires ou éperons, crochus comme les serres de cet oiseau).

A. VULGARIS L. — *A. COMMUNE.* (*Cinq doigts*, *Gants de Notre-Dame*, *Aiglantine*, *Bonne femme*, *Clochette*, *Colombine*, *Galanthine*, *Gonneau*, *Manteau royal*). Viv. Eté. Bois, prairies. TR. Indigène. Ornement.

A. ALPINA L. — *A. DES ALPES.* Viv. Eté. Alpes. 1731. Ornement.

A. VISCOSA Gouan. — *A. VISQUEUSE.* Viv. Eté. Midi. 1752. Ornement.

G. **Garidella** *Tourn.* — **Garidelle.**

(Dédié à Paul Garidel, botaniste français).

G. NIGELLASTRUM L. — *G. FAUSSE NIGELLE.* Ann. Eté. Midi.

G. **Nigella** *L.* — **Nigelle.**

(*Nigellus*, noirâtre ; allusion à la couleur des graines).

N. DAMASCENA L. — *N. DE DAMAS.* (*Cheveux de Vénus*, *Patte d'araignée*, *Barbe de capucin*). Ann. Eté. Midi. Ornem.

N. SATIVA L. — *N. CULTIVÉE.* (*Nigelle de Crète*, *Quatre-Epices*, *Cumin noir*, *Poivrette commune*). Ann. Eté. Midi. Grain. aromatiques, excitantes.

N. ARVENSIS L. — *N. DES CHAMPS.* (*Nielle*). Ann. Eté. Moissons. Midi. Rac. apéritiv.

H. ORIENTALIS L. — *H. DU LEVANT.* Ann. Eté. Orient. 1699. Ornement.

G. **Delphinium** *L.* — **Dauphinelle.**

(δελφιν, Dauphin ; allusion à la forme du sépale supérieur, ressemblant aux dauphins figurés dans les armoiries).

D. AJACIS L. — *D. D'AJAX.* (*Dauphinelle des jardins*, *Pied d'alouette*, *Béquette*). Ann. Eté. Suisse. 1573. Ornement.

D. CONSOLIDA L. — *D. DES CHAMPS.* (*Pied d'alouette des champs*). Ann. Eté. Moissons calcaires, champs du littoral. TR. Indigène.

D. PALMATIFIDUM DC. — *D. PALMÉE.* Viv. Eté. Sibérie. 1824. Ornement.

D. STAPHYSAGRIA L. — *D. STAPHYSAIGRE.* (*Herbe aux poux*). Bisann. Eté. Midi. 1596.

D. ELATUM L. — *D. ÉLEVÉE.* (*D. intermedium* Ait. — *montanum* DC.) (*Pied d'alouette vivace*). Viv. Eté. Suisse, Sibérie. 1597. Ornement.

D. CHEILANTHUM Fisch. — *D. DE LA DAOURIE.* Viv. Eté. Daourie. 1819. Ornement.

D. GRANDIFLORUM L. — *D. A GRANDES FLEURS.* Viv. Eté. Sibérie. 1741. Ornement.

D. ELEGANS DC. — *D. ÉLÉGANTE.* Viv. Eté. Amériq. septent. 1741. Ornement.

D. OCHROLEUCUM Stév. — *D. JAUNATRE.* (*D. fissum* Walds. et Kit. — *hybridum* v. DC.?) Viv. Eté. Ibérie, Hongrie. 1823.

G. **Aconitum** *Tourn.* — **Aconit.**

(ακονη, pierre ; c'est-à-dire plante des rochers).

A. NAPELLUS L. — *A. NAPEL.* (*Casques*). Viv. Eté. Talus des fossés, bois. TR. Indigène. Plante très-vénéneuse, médicinale.

A. LYCOCTONUM L.-Desf. — *A. TUE-LOUP.* Viv. Eté. Alpes. 1596. Ornement.

A. VARIEGATUM L.—*A. PANACHÉ.* (*A. hamatum* Rchb.) Viv. Eté. Italie. 1597. Ornement.

A. JAPONICUM DC. — *A. DU JAPON.* Viv. Eté. Japon. 1700.

A. GRANDIFLORUM Rchb.— *A. A GRANDES FLEURS.* Viv. Eté. Jura. 1821.

G. **Actea** *L.* — **Actée.**

(ακταια, baie de sureau ; allusion au fruit de l'actée).

A. SPICATA L. — *A. COMPACTE.* Viv. Print. Caucase. Ornement.

A. CIMIFUGA L. — *A. FÉTIDE.* (*Cimifuga fœtida* Desf.) (*Chasse-punaise*). Viv. Eté. Sibérie. 1777. Employée contre les punaises.

A. RACEMOSA L. DC.— *A. A GRAPPES.* (*Botrophis* Raff. — *Cimifuga serpentaria* Pursh.) Viv. Eté. Amériq. boréale, Virginie. Racine médicinale contre les serpents, etc., etc. Ornement.

G. **Pœonia** *Tourn.* — **Pivoine.**

(Dédié à Pœon, médecin grec, qui employa le premier cette plante ; ou de Pœonie, où cette plante a été observée).

P. MOUTAN Sims. — *P. MOUTAN. (Pivoine en arbre).* Viv. Print. Chine. 1794. Ornement.

P. CORALLINA Retz. — *P. CORAIL. (Pivoine mâle).* Viv. Print. Bois. Centre. Ornement.

P. OFFICINALIS Retz. — *P. OFFICINALE. (P. fœmina* Fisch.) *(Pivoine femelle).* Viv. Print. Montagnes. Midi. 1548. Ornement.

P. PEREGRINA Mill.-DC. — *P. VOYAGEUSE. (Rose de Sérane).* Viv. Print. Montagnes. Midi. Ornement.

P. TENUIFOLIA L. — *P. A FEUILLES MENUES.* Viv. Print. Sibérie. 1765. Ornement.

Fam. **NYMPHÉACÉES.** — *NYMPHÆACEÆ* Salisb.

(Du genre *Nymphœa*).

Polyandrie monogynie *L.* — **Rosacées** *Tourn.*

G. **Nymphæa** *L.* — **Nymphéa.**

(De νυμφη, nymphe ; plante des eaux comme les naïades).

N. ALBA L. — *N. BLANC. (Nénuphar, Lys des étangs).* Viv. Eté. Etangs, rivières. R. Indigène. Ornement. Rac. médicin. et aliment. Feuilles vulnéraires, fleurs narcotiques.

G. **Nuphar** *Sm.* — **Nuphar.**

(Altération du nom de la plante, *Niloufar*, en arabe).

N. LUTEUM Sm. — *N. JAUNE. (Nymphœa lutea* L.) *(Nénuphar jaune, Plateau).* Viv. Eté. Etangs, rivières. AR. Indigène. Mêmes propriétés que le précédent.

Fam. **DROSÉRACÉES.** — *DROSERACEÆ* DC.

(Du genre *Drosera*).

Pentandrie *L.* — **Rosacées** *Tourn.* — **Capparidées** *Juss.*

G. **Drosera** *L.* — **Rossolis.**

(δροσος, rosée ; du suc, qui forme des gouttelettes analogues à la rosée à l'extrémité des cils des feuilles).

D. ROTUNDIFOLIA L. — *R. A FEUILLES RONDES. (Rosette, Herbe de la goutte).* Viv. Eté. Terrains marécageux couv. de sphagnes. TR. Indig. Pl. âcre, caustiq., vénéneuse. Employée contre l'asthme.

D. INTERMEDIA Hayne. — *R. INTERMEDIA.* (*D. longifolia* Sm. — *D. Americana* Willd.) Viv. Eté. Marécages sur sphagnes. RRR. Indigène.

G. **Parnassia** *Tourn.* — **Parnassie.**

(De Παρνασσος, Parnasse. L'élégance des fleurs a fait supposer que la plante venait du mont Parnasse).

P. PALUSTRIS L. — *P. DES MARAIS.* (*Gazon du Parnasse*, *Fleur du Parnasse*, *Hépatique blanche*, *noble*). Viv. Eté. Prés spongieux. RRR. Indigène.

Fam. **PAPAVERACÉES.** — *PAPAVERACEÆ* Juss.

(Du genre *Papaver*).

Polyandrie monogynie *L.* — **Rosacées ou Cruciformes** *Tourn.*

G. **Bocconia** *Plum.* — **Bocconie.**

(Dédié à P. Bocconi, botaniste sicilien).

B. CORDATA Willd. — *B. A FEUILLES EN CŒUR.* (*Macleya* R. Br.) Viv. Eté. Chine. 1795. Ornement.

G. **Chelidonium** *Tourn.* — **Chelidoine.**

(De χελιδιον, hirondelle ; plante fleurissant à l'arrivée des hirondelles).

C. MAJUS L. — *C. ÉCLAIR.* (*Grande Eclaire*, *Herbe aux verrues*, *de l'hirondelle*, *aux boucs*, *Felougne*). Viv. Eté. Vieux murs, décombres. AC. Indigène. Pl. à suc âcre. Vénéneuse.

C. QUERCIFOLIUM Willd. — *C. A FEUIL. DE CHÊNE.* (*C. laciniatum* Mill.) Viv. Eté. Décombres. RRR. Indigène?

G. **Argemone** *Tourn.* — **Argémone.**

(αργεμον, taie d'œil ; allusion à ses propriétés médicinales).

A. GRANDIFLORA Bot. Reg. — *A. A GRANDES FLEURS.* Ann. Eté. Mexique. 1827. Ornement.

A. MEXICANA L. — *A. DU MEXIQUE.* (*Pavot épineux*). Ann. Eté. Mexique. 1592. Ornement.

G. **Meconopsis** *Vigier.* — **Méconopsis.**

(De Μηκων, pavot ; οψις, ressemblance ; c'est-à-dire ressemblant à un pavot).

M. CAMBRICA Vig. — *M. GALLOIS.* (*Papaver* L.) Viv. Eté. Pâturages des montagnes. Pyrénées.

G. **Papaver** *Tourn.* — **Pavot.**

(De *Papa*, bouillie ; de l'usage ancien d'en mettre du suc dans la bouillie des enfants pour les endormir).

P. ARGEMONE L.—*P. ARGÉMONE*. Ann. Eté. Moissons calcaires. TR. Indigène.

P. ALPINUM L. — *P. DES ALPES*. Viv. Eté. Pâturages montueux. Alpes, Pyrénées.

P. RHŒAS L. — *P. COQUELICOT*. Ann. Eté. Moissons. TC. Indigène. Plante médicam., calmante, narcotique.

P. DUBIUM L. — *P. DOUTEUX*. Ann. Eté. Champs du littoral. TR. Indigène.

P. HYBRIDUM L.— *P. HYBRIDE*. (*Pavot à petites fleurs*). Ann. Eté. Champs du littoral. TR. Indigène.

P. ORIENTALE L. — *P. DU LEVANT*. (*Pavot de Tournefort*). Viv. Eté. Arménie. 1714. Ornement.

P. BRACTEATUM Lindl.— *P. A BRACTÉES*. (*Calomecon* Spach.) Viv. Eté. Sibérie. 1817. Ornement.

P. CAUCASICUM Biéb. – *P. DU CAUCASE*. Ann. Eté. Russie. Caucase. 1813. Ornement.

P. SOMNIFERUM L. — *P. SOMNIFÈRE*. (*Pavot des jardins, noir, blanc*). Ann. Eté. Levant. Cultiv. Capsules calmantes, narcotiques.

P. CROCEUM Lebed. — *P. SAFRANÉ*. Viv. Eté. Altaï. 1829. Ornement.

G. **Glaucium** *Tourn.* — **Glaucie.**

(γλαυκος, glauque ; allusion à la couleur de la plante).

G. FLAVUM Crantz. — *G. JAUNE*. (*G. luteum* Tourn. — *Chelidonium Glaucium* L.) (*Coq, Pavot cornu*).Viv. Eté. Mielles, sables maritimes. R. Indigène. Feuill. employées avec succès en cataplasmes contre les plaies des chevaux.

G. CORNICULATUM Curt. — *G. CORNUE*. (*Chelidonium* L.) (*Glaucie à fleurs rouges*). Ann. Eté. Midi. Ornement.

G. FULVUM Sm. — *G. FAUVE*. (*Chelidonium* Poir.) Viv. Eté. Europe mérid. 1802.

G. **Eschscholtzia** *Cham.* — **Escholstzie.**

(Dédié au docteur Eschscholtz, botaniste suédois).

E. CALIFORNICA Cham. — *E. DE LA CALIFORNIE*. (*Chryseis* Lindl.) (*Chryséis de la Californie*). Viv. Eté. Californie. 1822. Ornement.

Fam. **FUMARIACÉES**. — *FUMARIACEÆ* DC.

(Du genre *Fumaria*).

Diadelphie hexandrie *L.* — **Anomales** *Tourn.* — **Papavéracées** *Juss.*

G. **Hypecoum** *Tourn.* — **Hypecoon.**

(De υπεχεω, résonner; allusion au bruit des graines dans leur silique).

H. PROCUMBENS L. — *H. COUCHÉ.* (*Cumin cornu*). Ann. Eté. Champs. Midi. 1596.

G. **Dicentra** *Borkh.* — **Dielytre.**

(δις, deux; κεντρον, éperon; corolle à deux éperons ou cornets).

D. SPECTABILIS DC. — *D. REMARQUABLE.* (*Fumaria* L. — *Dielytra* DC.) Viv. Eté. Sibérie, Chine Orientale. 1810. Ornement.

D. FORMOSA DC. — *D. A BELLES FLEURS* (*Fumaria* Andréz.) Viv. Eté. Amérique septent. 1812.

G. **Adlumia** *Raf.* — **Adlumia.**

(Nom américain de la pl.)

A. CIRRHOSA Raf. — *A. A VRILLES.* (*Fumaria fungosa* H. Kew. — *Corydalis fungosa* Vent.) Bisann. Eté. Canada. 1778. Ornement.

G. **Corydalis** *DC.* — **Corydalis.**

(De Κορυδδαλλις, alouette; allusion à l'éperon de la fleur, ressemblant au doigt postérieur de l'alouette).

C. TUBEROSA DC. — *C. TUBÉREUSE.* (*Fumaria* Cava.-Mill. — *bulbosa* a. L. — *Corydalis Cava* Schw.) Viv. Print. Lieux humides, montagnes. Europe. 1596. Ornement.

C. BULBOSA DC. — *C. BULBEUSE.* (*C. solida* Sm. — *Fumaria digitata* Pers.) Viv. Print. Bois, vignes. Midi. Ornem.

C. LUTEA Pers. — *C. JAUNE.* (*Fumaria* L.) Viv. Eté. Murs, rochers. Naturalisée. Midi. Ornement.

C. CLAVICULATA DC. — *C. A VRILLES.* (*Fumaria* L.) Ann. Eté. Bois, coteaux couverts. TR. Indigène.

G. **Sarcocapnos** *DC.* — **Sarcocapnos.**

(καπνος, fumeterre; σαρξ, chair; allus. aux feuilles charnues).

S. ENNEAPHYLLA DC. — *S. A NEUF FOLIOLES.* (*Fumaria* L.) Viv. Print.-Eté. Espagne, Portugal. 1714. Ornem.

G. **Cysticapnos** *Bœrh.* — **Cysticapnos.**

(κυστις, vessie; καπνος, fumeterre; fumeterre à fr. vésiculeux).

C. AFRICANA Gærtn. — *C. D'AFRIQUE.* (*Fumaria vesicaria* L.) Ann. Eté. Cap. 1696. Ornement.

G. **Fumaria** *Tourn.* — **Fumeterre.**

(*Fumus terræ*, fumée de la terre; allusion à l'aspect glauque de la plante, et non à son odeur qui serait analogue à celle de la suie ou de la fumée).

F. OFFICINALIS L. — *F. OFFICINALE.* (*Fiel de terre, Lait battu, Pied de geline, Pisse-sang*). Ann. Print.-été. Lieux cultivés. AC. Indigène. Plante tonique, amère.

F. BORÆI Jord. — *F. DE BOREAU.* (*F. capreolata* Sm., non L.) Ann. Print.-été. Lieux cultivés. C. Indigène. Plante tonique, amère.

G. **Platycapnos** *DC.* — **Platycapnos.**

(πλατυς, plat; καπνος, fumeterre; fumeterre à fruit plat).

P. SPICATA DC. — *P. EN ÉPI.* (*Fumaria L.*) Ann. Eté. Midi.

Fam. **CISTINÉES.** — *CISTINEÆ* DC.

(Du genre *Cistus*).

Polyandrie *L.* — **Rosacées** *Tourn.*

G. **Cistus** *Tourn.* — **Ciste.**

(De κιστη, boîte; allusion à la forme de la capsule).

C. INCANUS L. — *C. COTONNEUX.* Lign. Eté. Europe mérid., Corse. 1596. Ornement.

C. LADANIFERUS L. — *C. LADANIFÈRE.* Lign. Eté. Espagne. Midi. 1659. Ornement. Pl. à suc résineux, médic.

C. HIRSUTUS Lamk. — *C. VELU.* Lign. Eté. Europe mérid. Bretagne. 1656. Ornement.

G. **Helianthemum** *Tourn.* — **Hélianthème.**

(De ελιος, soleil; ανθημον, fleur; allusion à la couleur d'or de quelques espèces).

H. VULGARE Gærtn. — *H. COMMUN.* (*Cistus Helianthemum* L.) (*Herbe d'or*). Lign. Eté. Bois, prés secs. Midi. Ornement.

H. POLIFOLIUM DC. — *H. A FEUILLES DE POLIUM.* (*Cistus* L.) Lign. Eté. Coteaux arides. Midi. Ornement.

H. GUTTATUM Mill. — *H. TACHÉ.* (*Cistus guttatus* L. — *acuminatus* Vivian.) Ann. Eté. Bords des chemins, des bois arides. TR. Indigène.

Fam. CRUCIFÈRES. — *CRUCIFERÆ* Juss.

(Allusion à la disposition en croix des pétales).

Tetradynamie *L.* — **Cruciformes** *Tourn.*

G. **Hesperis** *R. Br.* — **Julienne.**

H. MATRONALIS Lamk. — *J. DES DAMES.* (*Cassolette, Arragone, Damas, Girarde, Beurrée, Giroflée des dames, musquée, Julienne des jardins*). Viv. Print.-été. Lieux ombragés, buissons. Sibérie. Ornement. Naturalisée.

G. **Malcolmia** *R. Br.* — **Malcolmia.**

(Dédié à Malcolm, célèbre cultivateur anglais).

M. MARITIMA R. Br. — *M. MARITIME.* (*Hesperis* Lamk. — *Cheiranthus* L.) (*Gazon de Mahon*). Ann. Print.-été. Bords pierreux et sablonneux du littoral. TR. Indig.? Midi. Ornem.

G. **Cheiranthus** *L.* — **Giroflée.**

(De *Keiri*, nom arabe de la plante ; ou de χειρ, main ; ανθος, fleur ; c.-à-d. bouquet à la main).

C. CHEIRI L. — *G. VIOLIER.* (*Ravenelle, Violier de muraille, Giroflée des murs, Muret, Violier jaune*). Viv. Print. Vieux murs. AC. Indigène.

C. SINUATUS L. — *G. SINUÉE.* (*Matthiola* R. Br. — *Hesperis* Lamk.) Bisann. Print. Champs et plages du littoral. TR. Indigène. Ornement.

C. INCANUS L. — *G. BLANCHATRE.* (*Matthiola* R. Br. *Hesperis violaria* Lamk.) (*Giroflée des jardins, Violier*). Viv. Eté. Midi. Corse. Ornement.

C. FENESTRALIS R. Br. — *G. CHIFFONNÉE.* (*Matthiola* R. Br.) Bisann. Eté.

C. ANNUUS L. — *G. ANNUELLE.* (*Matthiola* Sweet.) (*Violier d'été*). Ann. Eté. Littoral du Midi. Cultiv. Ornement.

C. TRICUSPIDATUS L. — *G. A TROIS POINTES.* (*Matthiola* R. Br. — *Hesperis* Lamk.) Ann. Eté. Italie. Espagne.

G. **Erysimum** *L.* — **Vélar**.

(De ερυω, sauver ; οιμη, voix ; allus. à ses propriét. médicales).

E. CHEIRANTHOIDES L. — *V. A FL. DE GIROFLIER.* (*Cheiranthus turritoides* Lamk.) Ann. Eté. Terrains sablonneux du littoral. RR. Indigène.

E. BARBAREA L. — *V. DE SAINE-BARBE.* (*Barbarea vulgaris* R. Br.) (*Barbarée*, *Rondotte*, *Herbe de Sainte-Barbe*, *Cresson de terre*, *Cresson vivace*, *Herbe aux charpentiers*, *de Saint-Julien*, *de Sainte-Marguerite*, *Julienne jaune*).Viv. Print. Lieux frais, bords des eaux. AR. Indigène. Pl. antiscorbutiq., comestible.

E. PERFOLIATUM Crantz.— *V. PERFOLIÉ.* (*E. orientale* R. Br. — *Brassica orientalis* L. — *perfoliata* L.) Ann. Eté. Champs calcaires. TR. Indigène.

G. **Sisymbrium** *L.* — **Sisymbre**.

(De Σισυμβριον, nom grec d'une espèce de cresson).

S. OFFICINALE Scop.— *S. OFFICINAL.* (*Erysimum officinale* L. — *officinarum* Crantz. — *vulgare* C. Bauh. — *runcinatum* Gilib. — *Chamœplium officinale* Wallr.) (*Herbe aux chantres*, *Tortelle*, *Vélar*). Ann. Print. murs, décombres, lieux incultes. C. Indigène. Pl béchique, contre les aphonies.

S. IRIO L. — *S. IRIO.* (*S. erisimastrum* Lamk.— *glabrum* Willd. — *subhastatum* Edgew.) (*Vélaret*). Ann. Eté. Champs. TR. Indigène.

S. SOPHIA L. — *S. SAGESSE.* (*S. parviflorum* Lamk. — *tenuifolium* Salisb. — *Sophia multifida* Gilib. — *Seriphium Germanicum* Trag. — *Seriphium Absinthium* Fusch. — *Sophia chirurgicorum* Lob.) Ann. Eté. Décombres,vieux murs. RRR. Indigène.

S. ALLIARIA Scop.—*S. ALLIAIRE.* (*S. alliaceum* Salisb. — *Alliaria officinalis* DC. — *Erysimum Alliaria* L.— *cordifolium* Pallas. — *Hesperis Alliaria* Lamk.— *Alliaria Matthioli* Daléch.) (*Herbe aux aulx*). Bisann. Print. Haies fraîches, chemins ombragés. AR. Indigène.

G. **Nasturtium** *DC.* — **Cresson.**

(*Nasum torquere*, picoter le nez; à cause de ses goût et odeur piquants).

N. OFFICINALE R. Br. — *C. OFFICINAL.* (*Sisymbrium Nasturtium* L. — *Cardamine fontana* Lamk.) (*Cresson d'eau*, *de fontaine*, *Cailli*, *Santé du corps*). Viv. Eté. Fontaines, ruisseaux, lieux aquatiq. C. Indigène. Pl. aliment. antiscorbutiq.

N. AMPHIBIUM R. Br. — *C. AQUATIQUE.* (*Sisymbrium amphibium* L. — *aquaticum* Gars. — *Rorripa amphibia* Bess. — *Myagrum aquaticum* Lamk.) (*Raifort aquatique, jaune*). Viv. Eté. Bords des eaux. AR. Indigène. Pl. antiscorbutiq.

G. **Arabis** *L.* — **Arabette.**

(Originaire de l'Arabie, selon de Théis ; ou mieux de Ἀραβίδες, vents soulevant le sable comme les vents d'Arabie ; allusion aux localités que préfèrent ces plantes).

A. THALIANA L.—*A. DE THALIUS.* (*Sisymbrium* Gaud. — *Conringia* Nutt.) Ann. Print. Vieux murs, talus des fossés. C. Indigène.

A. PENDULA L. — *A. PENDANTE.* Ann. Print. Sibérie, 1752. Ornement.

A. ROSEA DC.— *A. ROSE.* Bisann. Print. Calabres.1827. Ornement. Natural. sur les murs de MM. Baudry et Hamel.

A. COLLINA Tén. — *A. DES COLLINES.* Viv. Eté. Naples. 1823. Ornement.

A. CAUCASICA Willd. — *A. DU CAUCASE.* (*A. albida* Stév.) Viv. Eté. Taurie, Caucase. 1798. Ornement.

G. **Cardamine** *L.* — **Cardamine.**

(De Καρδαμον, nom du cresson, que donnent quelques auteurs à ce genre ; ou de Καρδια, cœur ; Δαμαω, dompter ; allusion à ses propriétés excitantes).

C. PRATENSIS L. — *C. DES PRÉS.* (*Cresson des prés, Pentecôte, petit Cresson aquatique, Cressonnette, Cresson élégant, Passe-rage sauvage, Bec à l'oiseau*). Viv. Print. Prés, lieux humides. TC. Indigène. Pl. antiscorbutiq., condiment.

C. HIRSUTA L. — *C. VELUE.* (*Cressonnette, Herbe à l'aiguille*). Ann. Print. Murs, lieux cultivés, talus des fossés. TC. Indigène. Plante antiscorbutique. Condiment.

C. AMARA L. — *C. AMER.* (*Cresson amer*). Viv. Print. Prés, lieux humides. R. Indigène. Pl. antiscorbutique.

G. **Dentaria** *L.* — **Dentaire.**

(De *Dens*, dent; allusion aux dents qui existent à la base des feuilles).

D. BULBIFERA L. — *D. BULBIFÈRE.* Viv. Print. Bois montagneux. France, Angleterre. Ornement.

D. DIGITATA Lamk. — *D. DIGITÉE.* (*D. pentaphylla* L.) Viv. Print. Bois montagneux. Suisse. 1656. Ornement.

G. **Lunaria** *L.* — **Lunaire.**

(De *Luna*, lune ; allusion à la forme et à la couleur du fruit).

L. BIENNIS Mœnch. — *L. ANNUELLE. (L. annua* L. — *inodora* Lamk.) (*Monnoyère, Monnaie du pape, grande Lunaire, Médaille de Judas, Bulbonac, Satinée).* Bisann. Print. Bois. Europe mérid. 1570. Ornement. Rac. comestible.

L. REDIVIVA L. — *L. VIVACE. (L. perennis* Mill.) Viv. Print. Bois. Europe mérid. 1596. Ornement.

G. **Alyssum** *L.* — **Alysse.**

(De α, privatif ; λυσσα, rage ; pl. qui guérit de la rage).

A. SAXATILE L. — *A. DES ROCHERS.* (*Thlaspi jaune, Corbeille d'or*). Viv. Print. Russie. Candie. 1710. Ornement.

A. ERIOCARPUM Desf. — *A. A FRUIT LAINEUX.* (*Farsetia* DC.) Lign. Eté. Grèce, Chypre. 1820. Ornement.

A. CLYPEATUM L. — *A. EN BOUCLIER.* (*Farsetia* R. Br. — *Draba* Lamk.) (*Farsétie à fruit de lunaire).* Ann. Eté. Europe mérid. 1596.

A. UTRICULATUM L. — *A. A UTRICULES.* (*Vesicaria* Lamk.) Viv. Print. Grèce, Italie. 1739. Ornement.

A. MARITIMUM Lamk. — *A. MARITIME.* (*Clypeola* L.— *Koniga* R. Br.) Viv. Eté. Littoral de la Méditerrann. Ornem.

A. DELTOIDEUM L. — *A. DELTOIDE.* (*Aubretia* DC. — *Draba hesperidiflora* Lamk.) Viv. Print. Europe mérid. 1823. Ornement.

A. INCANUM L. — *A. BLANCHATRE.* (*Berteroa* DC. — *Draba Cheirifolia* Berg.) (*A. à fleur de giroflée*). Ann. Eté. Europe. Midi. 1640. Ornement.

G. **Clypeola** *L.* — **Clypéole.**

(De *Clypeus*, bouclier ; allusion à la forme de la silicule).

C. JONTHLASPI L.— *C. JONTHLASPI.* Ann. Eté. Europ. mérid. 1710.

C. ALLIACEA Lamk. — *C. ALLIACÉE.* (*Clypeola perennis* Ard. — *Peltaria Alliacea* L.) Viv. Print. Autriche. 1601. Ornement.

G. **Draba** *L.* — **Drave.**

(De Δραβη, nom de l'espèce principale).

D. VERNA L. — *D. PRINTANIÈRE.* (*Erophila vulgaris* Auct.) Ann. Print. Murs, toits, pelouses sablonn. C. Indigèn.

G. **Cochlearia** *L.* — **Cochléaria.**

(De *Cochlear*, cuiller ; allusion à la forme de la silicule).

C. OFFICINALIS L. — *C. OFFICINAL.* (*Cranson*, *Herbe aux cuillers*, *au scorbut*). Bisann. Print. Lieux pierreux humides. TR. Indigène. Pl. antiscorbutique.

C. DANICA L. — *C. DE DANEMARK.* Bisann. Print. Murs, bords du littoral. TC. Indigène. Pl. antiscorbutiq.

C. ARMORACIA L. — *C. D'ARMORIQUE.* (*Armoracia rusticana* Rchb.) (*Grand Raifort*, *Raifort sauvage*, *faux Raifort*, *Moutarde d'Allemagne*, *de capucin*, *Cranson rustique*, *Cran de Bretagne*, *des Anglais*, *Mérédick*). Viv. Print.-été. Lieux frais du littoral. TR. Indigène? Plante antiscorbutiq. Racine condiment. Très-piquante et même vésicante.

C. SAXATILIS Lamk. — *C. DES ROCHERS.* (*Kernera* Rchb. — *Myagrum* L.) Viv. Eté. Autriche. 1775.

G. **Camelina** *Crantz.* — **Cameline.**

(χαμαι, λινον, petit lin ; allusion à la graine oléagineuse).

C. SATIVA Crantz. — *C. CULTIVÉE.* (*Myagrum* L.) Ann. Eté. Moissons calcaires. TR. Indigène? Cultivée. Graines oléagineuses.

G. **Myagrum** *Tourn.* — **Myagre.**

(μυια, mouche ; αγρα, capture ; nom de diverses plantes qui saisissent les mouches).

M. PERFOLIATUM L. — *M. PERFOLIÉ.* Ann. Eté. Moissons du Midi. 1648.

M. PANICULATUM L. — *M. EN PANICULE.* (*Neslia* Desv. — *Rapistrum* Gærtn.) Ann. Eté. Europe, Midi. 1683.

M. PERENNE L. — *M. VIVACE.* (*Rapistrum* Berg.) Viv. Eté. Suisse. 1795.

G. **Isatis** *L.* — **Pastel.**

(ισαζειν, unir ; plante, d'après Dioscoride et Pline, polissant la peau).

I. TINCTORIA L. — *P. DES TEINTURIERS.* (*Guède*, *Vouède*, *Herbe de Saint-Philippe*). Bisann. Print. Champs du littoral. TR. Indigène. Feuilles tinctoriales. C'est l'indigo français.

G. **Biscutella** *L.* — **Lunetière.**

(Du latin *Bis scutella*, double écuelle ou coupe ; à cause des silicules ; ou de *Bis scutum*, double bouclier).

B. LÆVIGATA L. — *L. LISSE*. Viv. Eté. Italie. 1777.

G. **Iberis** *L.* — **Ibéride.**

(De *Iberia*, Espagne ; plante du midi de l'Europe).

I. SEMPERVIRENS L. — *I. TOUJOURS VERTE*. (*Corbeille d'argent*, *Thlaspi blanc vivace*). Viv. Print. Alpes, Candie. 1731. Ornement.

I. SEMPERFLORENS L. — *I. DE TOUS LES MOIS*. (*Thlaspi vivace*, *Ibéride de Perse*). Viv. Automne-hiver. Perse, Sicile. 1679. Ornement.

I. UMBELLATA L. — *I. EN OMBELLE*. (*Thlaspi des jardiniers*, *Ibéride de Crète*, *Gris de lin*). Ann. Eté. Europe mérid. 1759. Ornement.

G. **Teesdalia** *R. Br.* — **Tisdalia.**

(Dédié à Teesdale , botaniste anglais).

T. IBERIS DC. — *T. IBÉRIDE*. (*Iberis nudicaulis* L. — *Teesdalia nudicaulis* R. Br. — *Guepinia nudicaulis* Bast.) Ann. Print. Talus des fossés, pelouses marines. TR. Indigène.

G. **Æthionema** *R. Br.* — **Ethionème.**

(αηθης, insolite ; νημα, filet ; allus. à la forme des étamines).

Æ. CORIDIFOLIUM DC. — *E. A FEUILLES DE CORIS*. Lign. Print. Mont Liban. 1826. Ornement.

G. **Thlaspi** *Dill.* — **Tabouret.**

(De θλαειν, comprimer ; allusion à la silicule comprimée).

T. ARVENSE L. — *T. DES CHAMPS*. (*Monnoyère*). Ann. Eté. Bords des champs, moissons. TR. Indigène.

T. PERFOLIATUM L. — *T. PERFOLIÉ*. Ann. Print.-été. Champs arides calcaires. TR. Normandie.

T. BURSA PASTORIS L. — *T. BOURSE A PASTEUR*. (*Capsella* Mœnch.) (*Bourse à berger*, *Mallette*, *Boursette*, *Mouffette*, *Mille fleurs*). Ann. Toute l'année. Lieux cultivés, bords des chemins. TC. Indigène.

G. **Lepidium** *L.* — **Lépidie.**

(λεπις, écaille ; allusion à la forme de la silicule).

L. SATIVUM L. — *L. CULTIVÉE.* (*Thlaspi* Desf.) (*Cresson alénois, des jardins, Passe-rage alénois, Nasitort*). Ann. Été. Perse. 1548. Pl. comestible, potagère, antiscorbutique.

L. CAMPESTRE R. Br. — *L. DES CHAMPS.* (*Thlaspi campestre* L.) Ann.-Bisann. Eté. Bords des champs, des chemins. AR. Indigène.

L. SMITHII Hook.— *L. DE SMITH.* (*Thlaspi hirtum* Sm., non L.) Viv. Print.-été. Talus des fossés, chemins. AR. Indig.

L. VIRGINICUM L.— *L. DE VIRGINIE.* (*L. Iberis* Schkur.) Ann. Eté. Amér. boréale. 1713. Ornement.

L. LATIFOLIUM L.—*L. A LARGES FEUILLES.* (*Grande Passe-rage, Moutarde des Anglais, en herbe, Puette*). Viv. Eté. Bords de la mer. Pérou, Mont Saint-Michel. TR. Indigène.

L. GRAMINIFOLIUM L.— *L. A FEUIL. DE GRAMINÉE.* (*L. Iberis* L.) Ann. Eté. Allemagne. 1793.

G. **Cakile** *Tourn.* — **Caquillier.**

(Nom arabe de la plante).

C. MARITIMA Scop. — *C. MARITIME.* (*Bunias Cakile* L.) (*Roquette de mer*). Ann. Eté. Sables et champs du littoral. AC. Indigène. Pl. antiscorbutiq. Purgatif énergique?

G. **Bunias** *R. Br.* — **Bunias.**

(De Βουνος, colline ; allusion à la station de la plante).

B. ERUCAGO L. — *B. FAUSSE-ROQUETTE.* (*Myagrum* Lamk.) (*Masse au bedeau*). Ann. Eté. Moissons. Autriche. 1640.

B. ORIENTALIS L. — *B. DU LEVANT.* (*Myagrum taraxacifolium* Lamk.) Viv. Print. Levant. 1735. Mauv. fourrage.

G. **Coronopus** *Sm.* — **Coronope.**

(κορωνη, corneille ; πους, pied ; allusion à la découpure des feuilles).

C. VULGARIS Desf. — *C. COMMUN.* (*C. Ruellii* Daléch. — *Cochlearia Coronopus* L. — *Senebiera Coronopus* Poir.) (*Corne de cerf*). Ann. Eté. Lieux incultes. TC. Indigène.

C. DIDYMA Sm.— *C. DIDYME.* (*Lepidium didymum* L.— *Senebiera pinnatifida* DC. — *didyma* Pers.) Ann. Eté. Lieux incultes. RRR. Indigène.

G. **Sinapis** *L.* — **Senevé.**

(Σιναπι, nom grec du senevé ou de la moutarde).

S. ARVENSIS L. — *S. DES CHAMPS.* (*Bézards*, *Russe*, *Jotte*, *Rosse*, *Moutarde sauvage*, *Sauve*, *Sendre*, *Sené*, *Guelos*, *Navette des serins*). Ann. Eté. Lieux cultivés, champs. C. Indigène. Pl. âcre, vésicante, comestible, condimentaire.

S. NIGRA L. — *S. NOIR.* (*Brassica* Koch.) (*Moutarde noire*, *Navasse rouge*, *Russe-boue*). Ann. Eté. Lieux incultes. AR. Indigène. Antiscorbutique, vésicante.

S. ALBA L. — *S. BLANC.* (*Moutarde blanche*, *Moutardin*, *Herbe au beurre*). Ann. Eté. Lieux incultes. TR. Indigène. Condiment., médicale.

S. CHEIRANTHUS Koch. — *S. GIROFLÉE.* (*S. Cheiranthoides* Holland. — *Brassica Cheiranthus* Will.) Bisann. Viv. Eté. Lieux pierreux. TR. Indigène.

G. **Eruca** *Tourn.* — **Roquette.**

(De *Urere*, brûler ; allusion à la saveur et aux propriétés de la plante).

E. SATIVA Lamk. — *R. CULTIVÉE.* (*Brassica Eruca* L.) Ann. Eté. Midi. Condiment. Graines âcres, échauffantes.

G. **Brassica** *L.* — **Chou.**

(De *Bresic*, chou, en langue celtique).

B. OLERACEA L. — *C. DES JARDINS.* (*Chou potager*). Bisann. Print. Cultivé. Plante alimentaire.

Cette espèce botanique comprend les diverses races de choux dites : *Choux rameux* ou *Cavalier*, *Chou vert*, *Choux rouge*, *Chou de Milan*, *Chou-rave*, *Chou-fleur*, que la culture a produites et perfectionnées).

B. NAPUS L.— *C. NAVET.* Ann.-Bisann. Print. Champs, talus des fossés. C. Indigène. Plante aliment., industrielle, oléifère.

Cette espèce constitue le *Navet* ordinaire, le *Rutabaga* et le *Colza d'hiver* ou *Navette.*

B. ASPERIFOLIA Lamk. — *C. A FEUILLES RUDES.* Ann.-Bisann. Print. Champs, talus des fossés. AR. Indigène.

Cette plante, par la culture, a donné deux variétés : le *B. Campestris* L. (*Colza*, *Navette*), et le *B. Rapa* L. (*Rabioule*, *Turneps*).

B. ERUCASTRUM L. — *C. A FEUIL. DE ROQUETTE.*

(*Sisymbrium Erucastrum* L. — *Erucastrum obtusangulum* Rchb. Viv. Print. Lieux cultivés. R. Haute-Normandie.

G. **Diplotaxis** *DC.* — **Diplotaxis.**

(διπλος, double ; ταξις, rang ; allusion à la double série de graines de chaque loge).

D. TENUIFOLIA DC. — *D. A FEUILLES MENUES.* (*Sisymbrium tenuifolium* L. — *Brassica muralis* Curt.) Viv. Eté. Mielles, champs du littoral. R. Indigène.

D. MURALIS DC. — *D. DES MURAILLES.* (*Sisymbrium murale* L. — *S. Erucastrum* Gouan.) Bisann. Champs du littoral, murs. R. Indigène.

G. **Moricandia** *DC.* — **Moricandie.**

(Dédié à Moricandi, botaniste italien).

M. ARVENSIS DC. — *M. DES CHAMPS.* (*Brassica arvensis* L.) (*Moricandie à fleur de Julienne*). Viv. Eté. Midi. Ornem.

G. **Crambe** *Tourn.* — **Crambé.**

(Κραμβη, nom grec de quelques choux).

C. MARITIMA L. — *C. MARITIME.* (*Chou marin*). Viv. Eté. Sables maritimes. TR. Indigène. Aliment excellent.

G. **Rapistrum** *Bœrh.* — **Rapistre.**

(De *Rapa*, rave ; pl. ressemblant à la rave par ses feuilles).

R. RUGOSUM All. — *R. RIDÉ.* (*Myagrum* L.) Ann. Eté. Champs sablonneux. Midi. 1739.

G. **Raphanus** *L.* — **Radis.**

(De Ραφανος, rave).

R. SATIVUS L. — *R. CULTIVÉ.* Ann. Print. Chine. Aliment., médicament. Est le type du *R. Radicula* Pers. (*Petite Rave*), et du *R. Niger* (*Radis noir* ou *Raifort des Parisiens*).

R. RAPHANISTRUM L. — *R. RAVENELLE.* (*Raphanistrum arvense* All.) (*Ravenaille*, *Ravenelle*, *Rosse*, *Russe*). Ann. Print. Moissons. R. Indigène.

R. MARITIMUS Sm. — *R. MARITIME.* Viv. Bisann. Eté. Falaises. TR. Indigène.

Fam. **RÉSÉDACÉES.** — *RESEDACEÆ* DC.

(Du genre *Reseda*).

Dodécandrie *L.* — **Anomales** *Tourn.* — **Capparidées** *Juss.*

G. **Reseda** *L.* — **Réséda.**

(De *Resedare*, calmer ; allusion à ses propriétés vulnéraires).

R. LUTEOLA L. — *R. GAUDE.* (*Réséda des teinturiers, Vaudre, Guèbre, Herbe à jaunir*). Bisann. Eté. Lieux incultes, chemins. C. Indigène. Pl. tinctoriale. Graines oléagineuses. Racine âcre.

R. LUTEA L. — *R. JAUNE.* (*R. undata* Habl. — *vulgaris.* — *crispa* Mull. — *ochroceu* Mœnch.) (*Réséda sauvage*). Bisann. Champs et talus des fossés du littoral. C. Indigène.

R. FRUTICULOSA L. — *R. SOUS-LIGNEUX.* (*R. alba* Chauv.) Viv. Eté. Bords de la mer. RRR. Indigène?

R. PHYTEUMA L. — *R. RAIPONCE.* (*R. calicinalis* Lam. — *media* Lagasc.) (*Réséda calicinal*). Ann. Eté. Europe méridionale. 1752.

R. ODORATA L.— *R. ODORANT.* (*Herbe maure, d'amour*). Ann. Eté. Egypte. 1752. Ornement.

R. SESAMOIDES L. — *R. FAUX-SÉSAME.* (*R. stellata* Lamk.— *A. sesamoides* DC.) Ann. Eté. Coteaux arides. Midi, Centre. 1787.

Fam. **VIOLARIÉES.** — *VIOLARIÆ* DC.

(Du genre *Viola*).

Singénésie monogamie, Cistacées *Juss.* — **Anomales** *Tourn.*

G. **Viola** *L.* — **Violette.**

(De ιον, nom grec de la plante).

V. HIRTA L. — *V. HÉRISSÉE.* Viv. Eté. Haies, lieux pierreux. TR. Indigène.

V. ODORATA L. — *V. ODORANTE.* (*Violette de mars*). Viv. Print. Prairies, haies ombragées. T. Indigène. Racine émétique.

V. LANCIFOLIA Thore.— *V. A FEUILLES EN FER DE LANCE.* Viv. Print. Pelouses humides, haies.

V. RIVINIANA Rchb.— *V. DE RIVIN.* (*Viola canina* DC., non L.) Print. Eté. Lieux cultivés, bois, landes.

V. ARVENSIS DC.—*V. DES CHAMPS.* (*Viola tricolor* L. Part.) (*Pensée, fleur de la Trinité*). Ann. Eté. Lieux cultivés. AC. Indigène.

V. ALTAICA K. — *V. DE L'ALTAI.* (*V. grandiflora* L. — *Pallasii* Fisch.) (*Pensée vivace*). Eté. Suisse, Altaï.

Fam. **TAMARISCINÉES**. — *TAMARISCINEÆ* Aug. St-Hil.

(Du genre *Tamarix*).

Pentandrie trigynie *L.* — **Campanuiformes** *Tourn.*

G. **Tamarix** *Desv.* — **Tamarix**.

(De *Tamarisci*, peuple habitant le Tamaris, sur le revers des Pyrénées).

T. ANGLICA Webb. — *T. D'ANGLETERRE.* (*T. Gallica* Sm., non L.) Lign. Eté. Lieux marécageux du littoral. TR. Indigène. Très-fréquemment planté en haie. Ornement.

9e SOUS-CLASSE.

Dicotylédones polypétales cyclosporées.

(Fleur pétalée. Graine à plantule plus ou moins courbée autour d'un albumen farineux).

Fam. **CARYOPHYLLÉES**. — *CARYOPHYLLEÆ* Juss.

(De *Caryophyllum*, girofle ; allusion au parfum de l'œillet rouge).

Décandrie *L.* — **Caryophyllées** *Tourn.*

G. **Dianthus** *L.* — **Œillet**.

(Διος, ανθος, fleur de Jupiter ; allus. à la beauté des espèces).

D. PROLIFER L. — *ŒE. PROLIFÈRE.* (*Tunica* Scop.) Ann. Eté. Coteaux secs. RRR. Indigène.

D. ARMERIA L. — *ŒE. ARMERIA.* (*D. hirtus* Lamk.) Ann. Eté. Coteaux, bas des haies. R. Indigène.

D. BARBATUS L., non Pall. — *ŒE. BARBU.* (*Œillet de poète*, *Jalousie*, *Bouquet parfait*, *Doux-Jean*, *Doux-Guillaume*). Bisann. ou trisann. Eté. Allemagne, Midi. 1573. Ornement.

D. CARTHUSIANORUM L. — *ŒE. DES CHARTREUX.* Viv. Eté. Lieux secs calcaires. R. Haute-Normandie.

D. CARYOPHYLLUS L. — *ŒE. GIROFLE.* (*Œillet des fleuristes*, *à bouquet*, *à ratafia*, *Grenadin*). Viv. Eté. Vieux murs. TR. Indigène.

D. CHINENSIS L. — *ŒE. DE CHINE.* (*Œillet de la régence*). Ann. Eté. Chine. 1713. Ornement.

D. PLUMARIUS L.— *Œ. PLUMEUX.* (*D. moschatus* Gm.) (*Œillet mignardise, Œillet plume, Mignardise à plumet*). Viv. Eté. Patrie inconnue. Ornement.

D. SUPERBUS L.— *Œ. SUPERBE.* (*D. fimbriatus* Lamk.) (*Œillet à plumes, frangé, Mignardise des prés*). Viv. Eté. Prairies; bois. Alpes, Pyrénées, Auvergne. R. Indig. Ornement.

D. DELTOIDES L. — *Œ. DELTOIDE.* Viv. Eté. Lieux secs. TR. Haute-Normandie.

G. **Gypsophila** *L.* — **Gypsophile.**

(γυψος, φιλος, qui aime la craie; allus. au terrain que préfère la plante).

G. PROSTRATA L. — *G. ÉTALÉE.* Viv. Eté. Suisse, Midi. 1759. Ornement.

G. PANICULATA L.— *G. PANICULÉE.* Viv. Eté. Sibérie. 1759. Ornement.

G. ELEGANS Marth.— *G. ÉLÉGANTE.* Viv. Eté. Crimée. 1820. Ornement.

G. GRAMINEA Sibth.— *G. GRAMINÉE.* Viv. Eté. Grèce. 1810. Ornement.

G. **Saponaria** *L.* — **Saponaire.**

(De *Sapo*, savon; allus. au suc savonn. de l'espèce princip.)

S. OFFICINALIS L. — *S. OFFICINALE.* (*Bootia officinalis* Neck.) (*Savonnière, Savonaire, Saponaire, Herbe à foulon*). Viv. Eté. Champs, bords des rivières. TR. Indigène. Plante médicinale, dépurative, industrielle, ornementale.

S. OCYMOIDES L. — *S. FAUX-BASILIC.* Viv. Eté. Europe mérid. 1768. Ornement.

S. VACCARIA L. — *S. DES VACHES.* (*Lychnis* Scop. — *Gypsophila* Sibth.) (*Saponaire rouge*). Ann. Eté. Champs calcaires. Haute-Normandie. Ornement.

S. ORIENTALIS L.— *S. DU LEVANT.* Ann. Eté. Orient. 1680. Ornement.

G. **Agrostemma** *Braun.* — **Agrostemme.**

(αγρος, champ; στεμμα, couronne; c.-à-d. couronne des champs).

A. GITHAGO L.— *A. NIELLE.* (*Lychnis* Lamk.— *Githago segetum* Desf.) (*Coquelourde, Nielle des blés, Terrine, Alène*). Ann. Eté. Moissons. AC. Indigène.

G. Lychnis *L.* — Lychnide.

(λυχνος, lampe ; allusion à la forme de la capsule, imitant une lampe antique).

L. CORONARIA Lamk. — *L. COQUELOURDE.* (*Coronaria tomentosa* Braun. — *Agrostemma Coronaria* L.) (*Lychnide des jardins, Passe-fleur, Coquelourde, Œillet de Dieu*). Ann. Eté. Italie. 1596. Ornement.

L. FLOS-JOVIS DC. — *L. FLEUR DE JUPITER.* (*Agrostemma* L. — *Coronaria* Braun.) Viv. Eté. Suisse, Allemagne. 1726. Ornement.

L. FLOS-CUCULI L. — *L. FLEUR DE COUCOU.* (*Coronaria* Braun. — *Lychnis laciniata* Lamk.) (*Œil de perdrix, Véronique des jardins, Amourette, Lamprette, Œillet des prés, Centaurée des prés, Robinet déchiré, Pain de coucou*). Viv. Print. Prés, bords des eaux. C. Indigène.

L. CHALCEDONICA L. — *L. DE CHALCÉDOINE.* (*Croix de Malte, de Jérusalem*). Viv. Eté. Asie. 1596. Pl. dépurative, savonneuse. Ornement.

L. PYRENAICA Berg. — *L. DES PYRÉNÉES.* (*L. Nummularia* Lapey.) Viv. Eté. Pyrénées occidentales. 1819.

L. VISCARIA L. — *L. VISQUEUSE.* (*Viscaria purpurea* Wimm.) (*Bourbonnaise, Attrape-mouches, Œillet de Janséniste*). Ann. Print. Bois. Est, Centre.

L. CŒLI-ROSA Desv. — *L. ROSE DU CIEL.* (*Agrostemma* L.) Ann. Eté. Levant, Midi. 1713. Ornement.

L. VESPERTINA Sibth. — *L. DU SOIR.* (*L. dioica* Var. — *alba* L. — *L. alba* Mill. — *L. pratensis* Spreng. — *arvensis* Schranck. — *Silene pratensis* Gr. et Godr. — *Melandrium pratense* Rohl.) (*Compagnon blanc, Jacée, Robinet, Floquet, Ivrogne, Œillet de Dieu, Passe-fleur sauvage, Saponaire blanche, Sublet*). Viv. Eté. Moissons, champs cultiv. C. Indigène.

L. DIURNA Sibth. — *L. DU JOUR.* (*L. dioica* Var. a. — *rubra* L. — *L. sylvestris* DC. — *Silene diurna* Gr. et Godr. — *Melandrium sylvestre* Rohl.) (*Compagnon rouge, Lychnis des bois*). Viv. Print.-été. Lieux ombragés, haies. C. Indigène.

G. Silene *L.* — Silène.

(De *Silenus ;* allusion au calice, renflé comme le dieu Silène ; ou de σειλιζειν, saliver, baver ; à cause du suc visqueux des tiges.

S. INFLATA Sm. — *S. ENFLÉ.* (*Cucubalus Behen* L. — *Behen vulgaris* Mœnch.) Viv. Eté. Champs. C. Indigène.

S. MARITIMA With. — *S. MARITIME*. (*S. amœna* Gerv. Cat. — *uniflora* Delach. — *Cucubalus littoralis* Pers.) Viv. Eté. Coteaux, rochers maritimes. AR. Indigène.

S. CONICA L. — *S. CONIQUE*. Ann. Eté. Mielles, bords de la mer. TR. Indigène.

S. GALLICA L. — *S. DE FRANCE*. Ann. Eté. Champs cultivés, lieux sablonneux. AC. Indigène.

S. NUTANS L. — *S. PENCHÉ*. (*S. infracta* Waldst et Kit. — *latifolia* Horn.) Viv. Eté. Rochers et coteaux maritimes. R. Indigène.

S. PENDULA L. — *S. A FRUITS PENDANTS*. (*S. scabriflora* V. Broter.) Ann. Eté. Sicile. 1731. Ornement.

S. CATHOLICA Otth. — *S. CATHOLIQUE*. (*S. Mussini* Horn. — *Cucubalus catholicus* L. — *glutinosus* Retz.) Viv. Eté. Italie. 1711. Ornement.

S. VIRGINICA L. — *S. DE VIRGINIE*. (*S. cheiranthoides* Poir. — *coccinea*, Mœnch.) Viv. Eté. Amériq. boréale. 1783. Ornement.

S. MUSCIPULA L. — *S. ATTRAPE-MOUCHES*. (*Gobe-mouches*). Ann. Eté. Espagne. 1596. Ornement.

S. PICTA Pers. — *S. PEINT*. (*S. reticula* Desf. — *grata* Henck. — *Reynwartii* Roth. — *anastomosans* Lag.) Ann. Eté. Syrie. 1822. Ornement.

S. ARMERIA L. — *S. FASCICULÉE*. (*Silène Arméria*). Ann. Eté. Angleterre, France. Midi. Ornement.

G. **Cucubalus** *Gærtn.* — **Cucubale.**

(κακος, mauvais ; βολη, jet ; nuisible au sol).

C. BACCIFER Gærtn. — *C. BACCIFÈRE*. (*Coulichon à baie*). Viv. Eté. Haies, buissons. R. France. Calvados.

G. **Drypis** *Mich.* — **Drypis.**

(δρυπτειν, égratigner ; allusion à ses feuilles épineuses).

D. SPINOSA L. — *D. ÉPINEUSE*. Bisann. Eté. Italie, Barbarie. 1775. Ornement.

G. **Sagina** *L.* — **Sagine.**

(*Sagina*, engrais ; plante engraissante).

S. PROCUMBENS L. — *S. COUCHÉE*. (*Alsine procumbens* Crantz.) Viv. Print.-été. Murs, pelouses. TC. Indigène.

G. **Alsine** *Wahl.* — **Alsine.**

(ἄλσος, bois sombre ; c.-à-d. pl. qui aime les bois ombragés).

A. TENUIFOLIA Crantz. — *A. A FEUILLES MENUES.* (*Arenaria* L.) Ann. Eté. Champs sablonn., murs. AR. Indigène.

G. **Adenarium** *Raff.* — **Halianthe.**

(ἀδὴν, glande ; allus. au disque glanduleux de la plante).

A. PEPLOIDES Raff.— *H. POURPIER.* (*Halianthus* Fries. — *Arenaria* L. — *Honkeneja* Erh.) Viv. Eté. Sables maritim. AR. Indigène.

G. **Arenaria** *L.* — **Sabline.**

(*Arena*, sable ; plante croissant dans les sables).

A. SERPYLLIFOLIA L.— *S. A FEUIL. DE SERPOLET.* (*Stellaria* Scop.) Ann. Eté. Lieux secs, murs. AC. Indigène.

A. TRINERVIA L. — *A. A TROIS NERVURES.* (*Mœhringia* Clairv.) Ann. Print. Lieux ombragés, décombres. TC. Indigène.

G. **Stellaria** *L.* — **Stellaire.**

(*Stella*, étoile ; allusion à la disposition de la fleur).

S. HOLOSTEA L. — *S. HOLOSTÉE.* (*Gramen fleuri, Manchettes de la vierge, Langue d'oiseau*). Viv. Print. Haies, taillis, buissons. TC. Indigène.

S. GRAMINEA L. — *S. GRAMINÉE.* Viv. Eté. Buissons, haies. C. Indigène.

S. MEDIA Vill. — *S. MOYENNE.* (*Alsine* L.) (*Morgeline, Mouron blanc, Menuchon, Mouron des oiseaux*). Viv. Toute l'année. Partout. TC. Indigène.

G. **Mœnchia** *Ehrh.* — **Mœnchie.**

(Dédié à Mœnch, botaniste allemand).

M. ERECTA Ehrh. — *M. DROITE.* (*M. glauca* Pers. — *Sagina erecta* L. — *Cerastium glaucum* Var. — *quaternellum* Gr. et Godr.) Ann. Print. Pelouses sèches, murs, coteaux. AR. Indigène.

G. **Cerastium** *L.* — **Céraiste.**

(κέρας, corne ; allusion à la forme des capsules).

C. TRIVIALE Link. — *C. COMMUN.* (*C. vulgatum* L. — *viscosum* Sm. — *barbulatum* Valh. — *rotundifolium* Sternb.)

(*Mouron d'alouette*). Bisann. Print.-Eté. Murs, lieux incultes. TC. Indigène.

C. TOMENTOSUM L. — *C. TOMENTEUX. (C. Columnæ* Tén.) (*Argentine, Oreille de souris, Myosotis des jardins*). Viv. Eté. Europe mérid. 1648. Ornement.

C. AQUATICUM L. — *C. AQUATIQUE.* (*Stellaria* Scop. — *Malachium* Fries. — *Larbrea* A. St-Hil.) Viv. Eté. Lieux humides. R. Indigène.

G. **Spergula** *L.* — **Spargoute.**

(*Spargere*, répandre ; allusion à l'abondance des graines).

S. ARVENSIS L. — *S. DES CHAMPS.* (*S. geniculata* Pers. — *Stellaria arvensis* Scop.) (*Spergute, Spergute, Sporée, Espargoule, Fourrage de disette*). Ann. Eté. Moissons. AC. Iudigèn. Bon fourrage.

G. **Spergularia** *Pers.* — **Spergulaire.**

S. RUBRA Pers. — *S. ROUGE.* (*A. rubra* L. — *Alsine rubra* Walhenb. — *Lepigonum* Fries.) Ann. Eté. Chemins secs, coteaux sablonneux. C. Indigène.

Fam. **PARONYCHIÉES.** — *PARONYCHIÆ* A. St-Hil.

(Du genre *Paronychia*).

Pentandrie et décandrie *L.* — **Portulacées et Amaranthacées** *Juss.* **Staminées** *Tourn.*

G. **Corrigiola** *L.* — **Corrigiole.**

(Diminutif de *Corrigia*, courroie ; allusion aux feuilles).

C. LITTORALIS L. — *C. DES RIVAGES.* Ann. Eté. Sables du littoral. TR. Indigène.

G. **Herniaria** *Tourn.* — **Herniaire.**

(De *Hernia*, hernie ; allusion à de prétendues propriétés médicales).

H. GLABRA L. — *H. GLABRE.* (*H. alpestris* Aubry. — *fruticosa* Gouan., non L.) (*Turquette, Herniole, Herbe au cancer, au Turc*). Viv. Eté. Terrains sablonneux. Pl. diurétique, sans valeur. Indigène.

H. HIRSUTA L. — *H. VELUE. (Turquette velue).* Viv. Eté. Lieux sablonneux. Midi, Est. Sous-spontanée.

G. **Illecebrum** *L.* — **Illécèbre.**

(*Illecebra*, attrait; allus. à l'élégance de cette petite plante).

I. VERTICILLATUM L. — *I. VERTICILLÉ.* (*Paronychia* DC.) Viv. Eté. Bords des étangs. TR. Indigène.

G. **Polycarpon** *L.* — **Polycarpe.**

(πολυς, beaucoup; καρπος, fruit; allus. à la fécondité de la pl.)

P. TETRAPHYLLUM L. — *P. A QUATRE FEUILLES.* (*Mollugo* L.) Ann. Eté. Pelouses du littoral. TR. Indigène.

G. **Schleranthus** *L.* — **Gnavelle.**

(σκληρος, dur; ανθος, fleur; allusion au calice endurci qui recouvre le fruit).

S. ANNUUS L. — *G. ANNUELLE.* Ann. Eté. Murs, lieux sablonneux. TR. Indigène.

Fam. **PORTULACÉES.** — *PORTULACEÆ* Juss.

(Du genre *Portulaca*).

Dodécandrie *L.* — **Rosacées** *Tourn.*

G. **Montia** *Micheli.* — **Montie.**

(Dédié à Monti, botaniste de Bologne).

M. RIVULARIS Gm.— *M. DES RUISSEAUX.* (*M. fontana* Part. L.) Viv. Eté. Sources, ruisseaux, fontaines. AC. Indig. Aliment. comme salade.

La présence de cette plante est l'indice presque certain d'une source à peu de profondeur.

G. **Claytonia** *L.* — **Claytone.**

(Dédié à Clayton, botaniste voyageur anglais).

C. PERFOLIATA Donn. — *C. PERFOLIÉE.* (*C. Cubensis* Bompl. — *Limnia perfoliata* Haw.) Ann. Print. Cuba. 1794. Plante aliment. en salade ou comme épinards.

G. **Portulaca** *Tourn.* — **Pourpier.**

(De *Portula*, petite porte; allusion à la capsule, s'ouvrant en deux valves; ou de πορτις, génisse; et λαχ, lait; plante excitant au lait).

P. OLERACEA L.— *P. POTAGER.* (*Pourpier des jardins*). Ann. Eté. Europe. 1582. Pl. aliment., rafraîchissante.

P. GRANDIFLORA Lindl. — *P. GRANDIFLORE*. Ann. Eté. Brésil. 1828. Ornement.

G. **Tetragonia** *L.* — **Tetragonie.**

(τετρα, quatre ; γονυ, angle, genou ; allus. à la forme du fruit).

T. EXPANSA Ait. — *T. ÉTALÉE*. (*T. cornuta* Gærtn. — *Japonica* Thunb.) Ann. Eté. Nouvelle-Zélande, Japon. 1772. Plante aliment., émolliente, antiscorbutiq.

10e SOUS-CLASSE.

Dicotylédones apétales cyclospermées.

(Fleurs à périanthe simple. Graines à plantule plus ou moins courbée autour de l'albumen farineux).

Fam. **CHÉNOPODÉES**. — *CHENOPODEÆ* Vent.

(Nom tiré du genre *Chenopodium*).

Triandrie, tétrandrie, pentandrie et diœcie *L.* — **Fleurs à étamines** *Tourn.* — **Arroches** *Juss.*

G. **Beta** *Tourn.* — **Bette.**

B. MARITIMA L. — *B. MARITIME*. Viv. Eté. Sables et bords des champs du littoral. AC. Indigène. Pl. alimentaire, excellente.

B. CYCLA L. — *B. POIRÉE*. (*Carde*, *Bette*, *Betterave sauvage*, *Racine-disette*, *d'abondance*, *réparée*, *Blette*, *Navet de Bourgogne*, *Poirée*, *Betterave champêtre*). Bisann. Viv. Eté. Cultivée. Plante potagère.

B. RAPA Dumort. — *B. RAVE*. (*Betterave*). Bisann. Eté. Cultivée.

Ces diverses espèces sont considérées par quelques auteurs comme n'étant que des variétés du *B. vulgaris* Moq. Tand. Elles sont toutes alimentaires, soit que l'on mange les feuilles des deux premières, ou, mieux encore, les racines sucrées de la dernière.

G. **Chenopodium** *Moq. Tand.* — **Ansérine.**

(χην, oie ; πους, pied ; allus. à la feuille de plusieurs espèces).

C. POLYSPERMUM L. — *A. POLYSPERME*. (*Blète sauvage*). Ann. Eté. Décombres, fumiers, terres remuées. C. Indig. Pl. aliment. comme l'épinard.

C. LEIOSPERMUM DC. — *A. A FRUITS BLANCS.* (*C. album* Moq. Tand.) Ann. Eté. Terres remuées, fumiers. C. Indigène. Aliment.

C. AMBROSIOIDES L. — *A. FAUSSE AMBROISIE.* (*C. variegatum* Gouan. — *suffruticosum* Willd. — *Ambrina ambrosioides* Spach.) (*Herbe Sainte-Marie*, *Ambroisine*, *Thé du Mexique*, *des jésuites*). Ann. Eté. Europe mérid. 1640. Plante antihistériq., stomachiq.

C. QUINOA Willd. — *A. QUINOA.* Ann. Eté. Chili. 1822. Pl. médic., considér. comme toniq., succédanée du quinquina.

C. VULVARIA L. — *A. FÉTIDE.* (*C. fœtidum* Lamk., non Schrad.) Ann. Eté. Lieux incultes, pied des murs. TR. Indigène. Emménagogue?

C. BOTRYS L. — *A. BOTRYDE.* (*Botrydium aromaticum* Spach.) (*Piment*, *Herbe à printemps*, *Ansérine aromatique*, *Botrys*). Ann. Eté. Lieux sablonneux. Midi. Plante médicale, incisive, stomachique, etc.

G. **Blitum** *Tourn.* — **Blite.**

(Du celtiq. *Blith*, insipide; allus. à la saveur fade de ces pl.)

B. RUBRUM Rchb. — *B. ROUGE.* (*B. polymorphum* Mey. — *Chenopodium rubrum* L. — *C. Astracanicum* Lebed.) Ann. Eté. Lieux humides sablonneux du littoral.

B. BONUS HENRICUS Rchb. — *B. BON HENRI.* (*Chenopodium Bonus Henricus* L. — *C. sagittatum* Lamk.) (*Toute-bonne*, *Epinard sauvage*, *Herbe du Bon Henri*). Ann. Eté. Lieux sablonneux du littoral. TR. Indigène. Pl. alimentaire.

B. VIRGATUM L. — *B. EFFILÉE.* (*Epinard-Fraise*). Ann. Eté. Pied des murs, lieux cultiv. R. Indig. Haute-Normandie.

G. **Atriplex** *Gærtn.* — **Arroche.**

(Altération latine de ατραφαξις, non alimentaire).

A. HORTENSIS L. — *A. DES JARDINS.* (*Arroche-Epinard*, *Follette*, *Bonne-dame*). Ann. Eté. Décombres. AC. Sous-spontanée. Sibérie, Tartarie. 1548. Pl. aliment.

A. HASTATA L. — *A. HASTÉE.* (*A. polymorpha* — *V. hastata* Coss. et Germ. — *patula* Sm. — *latifolia* Valhenb.) Ann. Eté. Lieux incultes, décombres. C. Indigène.

A. HALIMUS L. — *A. HALIME.* (*Pourpier de mer*). Lign. Eté. Bords du littoral. R. Indigène? Midi.

A. PORTULACOIDES L. — *A. POURPIER.* (*Obione* Moq. Tand. — *Halimus* Koch.) Lign. Eté. Vases et marais salés du littoral. R. Indigène.

A. PEDUNCULATA L. — *A. PÉDONCULÉE.* (*Obione* Moq. Tand.) Ann. Eté. Mares salées du littoral. RRR. Indig.

G. **Spinacia** *Tourn.* — **Epinard.**
(De *Spina*, épine ; allusion au fruit épineux).

S. OLERACEA Hortul.—*E. POTAGER.* (*S. inermis* Mœnch. — *glabra* Mill.) (*Epinard de Hollande, Epinard glabre, rond, de Flandre, d'Esquermes* ou *à feuilles de laitue*). Ann. Print.-été. Cultivé. Asie. 1568. Aliment.

S. SPINOSA Mœnch.— *E. ÉPINEUX.* (*S. oleracea* Mœnch.) (*Epinard d'hiver*). Ann. Eté. Asie. 1568.

G. **Kochia** *Schrad.* — **Kochia.**
(Dédié à Koch, célèbre botaniste allemand).

K. SCOPARIA Schrad.—*K. A BALAIS.* (*K. virgata* Fisch. —*Chenopodium scoparia* L.) (*Belvédère, Ansérine à balai*). Ann. Eté. Midi.

K. PROSTRATA Schrad. — *K. COUCHÉ.* (*Salsola* L.) Lign. Eté. Midi.

G. **Salicornia** *Tourn.* — **Salicorne.**
(De *Sal*, sel ; et *Cornu*, corne ; allusion aux plages salées où elle croît et à la forme du fruit).

S. HERBACEA L. — *S. HERBACÉE.* (*Criste-marine, Salicot, Salicor, Passe-pierre*). Ann. Eté. Plages marines. C. Indigène. Pl. aliment. et condiment.

G. **Suæda** *Moq. Tand.* — **Suéda.**
(Nom arabe de la pl.)

S. FRUTICOSA Forsk. — *S. LIGNEUX.* (*Salsola fruticosa* L.— *annularis* Poir.) Lign. Eté. Rivages maritim. TR. Indig.

G. **Basella** *Reed.* — **Baselle.**
(De *Basell*, nom de l'espèce principale au Malabar).

B. RUBRA L. — *B. ROUGE.* (*Brède d'Angole, Gandole*). Ann. Eté. Indes orientales. 1731. Aliment.

B. ALBA L.— *B. BLANCHE.* (*Epinard blanc du Malabar*). Ann. Eté. Japon, Chine. 1688. Aliment.

Fam. **AMARANTHACÉES.** — *AMARANTACEÆ* R. Br.
(Du genre *Amarantus*).
Monœcie, triandrie *L.* — **Rosacées** *Tourn.* — **Chenopodées** *DC.*

G. **Amarantus** *Tourn.* — **Amarante.**

(αμαραινειν, ne pas se flétrir; allus. à la consistance scarieuse des fleurs).

A. CAUDATUS L.— *A. A QUEUE.* (*Queue de renard*, *Discipline de religieuse*). Ann. Eté. Indes oriental. 1596. Ornem.

A. BLITUM L. — *A. BLETTE.* (*A. viridis* All. — *angustifolius* Lamk. — *ascendens* Lois.) Ann. Eté. Pied des murs, décombres. RRR. Indigène.

G. **Celosia** *L.* — **Célosie.**

(De κελις, difformité; allus. à la déformat. de l'espèce *cristata*).

C. CRISTATA Moq. Tand. — *C. A CRÊTE.* (*Crête de coq*, *Passe-velours*). Ann. Eté. Indes orientales. 1750. Ornement.

G. **Gomphrena** *L.* — **Gomphrène.**

(de *Gomphrena*, nom donné par Pline à une amarante).

G. GLOBOSA L.— *G. GLOBULEUSE.* (*G. rubra* Hortul.) (*Amaranthine globuleuse*, *Immortelle violette*). Ann. Eté. Indes orientales. 1714. Ornement.

Fam. **PHYTOLACCÉES.** — *PHYTOLACCEÆ* R. Br.

(Du genre *Phytolacca*).

Décandrie *L.* — **Rosacées** *Tourn.* — **Arroches** *Juss.* — **Chénopodées** *DC.*

G. **Phytolacca** *Tourn.* — **Phytolaque.**

(De Φυτον, plante; λακκα, laque; plante à fruit rouge).

P. DECANDRA L. — *P. A DIX ÉTAMINES.* (*Laque*, *Raisin d'Amérique*). Viv. Eté. Virginie. 1615. Ornem. Comestibl.

Fam. **NYCTAGINÉES.** — *NYCTAGINEÆ* Juss.

(Nom tiré du genre *Nyctago*).

Pentandrie monogynie *L.* — **Infundibuliformes** *Tourn.*

G. **Nyctago** *Juss.* — **Nyctage.**

(De νυξ, nuit; fleurs qui parfument la nuit).

N. JALAPA DC. — *N. JALAP.* (*Mirabilis* L. — *Nyctago hortensis* Curt.) Ann. Eté. Pérou. Ornemént.

N. LONGIFLORA Hortul. — *N. A LONGUES FLEURS.* (*Mirabilis* L.) Ann. Eté. Pérou. Ornement.

Fam. **POLYGONÉES.** — *POLYGONEÆ* Juss.

(Du genre *Polygonum*).

Hexandrie et Octandrie *L.* — **Fleurs à étamines** *Tourn.*

G. **Rheum** *L.* — **Rhubarbe.**

(De Ρα, nom grec du Volga, près duquel on récoltait autrefois le *Rapontic* ; ou de ρεω, je coule).

R. RIBES L. — *R. GROSEILLE.* Viv. Eté. Perse, Syrie, Asie mineure. 1724. Pl. condiment. Pétioles acidules.

R. RHAPONTICUM L. — *R. RHAPONTIC.* (*Rhubarbe pontique, anglaise*). Viv. Eté. Turquie, Monts Ourals. 1573. Pl. médic., tonique, purgative.

G. **Polygonum** *L.* — **Renouée.**

(πολυς, γονυ, beaucoup de genou ; allusion à la tige noueuse de ce genre).

P. BISTORTA L. — *R. BISTORTE.* (*Bistorte, Serpentaire femelle, mâle, Feuillotte*). Viv. Print.-été. Prés humides, lieux ombragés. RRR. Indigène. Rac. astringente.

P. HYDROPIPER L. — *R. POIVRE D'EAU.* (*P. acre* Lamk.) (*Curage, Persicaire âcre, brûlante, Piment aquatique, Pilingre*). Ann. Eté. Lieux humides. C. Indigène. Pl. âcre, rubéfiante.

P. AMPHIBIUM L. — *R. AMPHIBIE.* Viv. Eté. Mares, fossés, étangs, rivières lentes. AR. Indigène.

P. LAPATHIFOLIUM L.— *R. A FEUIL. DE PATIENCE.* Ann. Eté. Champs humides, lieux exondés. C. Indigène.

P. ORIENTALE L.— *R. D'ORIENT.* (*Persicaire du Levant, grande Renouée, Bâton de Saint-Jean, Monte-au-ciel, Cordon de cardinal*). Ann. Eté. Levant. Indes orientales. Vers 1710 à 1715. Ornement.

P. TINCTORIUM Loureiro. — *R. TINCTORIALE.* Ann. Eté. Chine. 1776. Pl. indigofère.

P. FAGOPYRUM L. — *R. SARRASIN.* (*Fagopyrum esculentum* Mœnch. — *vulgare* Nées.) (*Blé noir, Sarrasin de Barbarie, Carabin, Bucail*). Ann. Eté-Automne. Asie tempérée, Chine, Népaul. Aliment.

P. TATARICUM L. — *R. DE TARTARIE.* (*Fagopyrum Tataricum* Gærtn. — *dentatum* Mœnch.) (*Sibéril*). Ann. Tartarie. Cult. aliment.

P. CYMOSUM Trévir.—*R. EN CYME.* (*Fagopyrum* Meisn.) Viv. Eté. Népaul. 1837. Ornement.

P. DIVARICATUM L. — *R. DIVARIQUÉE.* Viv. Eté. Sibérie. Ornement.

G. **Rumex** *L.* — **Rumex**.

(De *Rumex*, pique ; allus. à la forme des feuill. de plus. espèc.)

R. ACETOSELLA L.— *R. PETITE OSEILLE.* (*Lapathum arvense* Lamk.) (*Oseille de brebis, de Pâques, Oseillette, petite Oseille, petite Vinette, Surelle, Surette, Sarcillette, Vinette sauvage*). Viv. Print.-Eté. Prés, talus des fossés. C. Indigène. Plante acidule, condiment.

R. ACETOSA L.—*R. OSEILLE.*(*Lapathum pratense* Lamk.) (*Grande Oseille, Oseille des prés, Oseille longue, Aigrette, Surette, Vinette*). Viv. Print.-été. Prairies, haies, bois humides. C. Indigène. Feuilles acides, condiment.

R. CRISPUS L. — *R. CRÉPU.* (*Lapathum* Lamk.) (*Doche, Parelle sauvage, Parène, Patience sauvage, Réguette*). Viv. Print.-Eté. Bords des chemins, prés, talus des fossés. TC. Indigèn. Racine sudorifique.

R. SANGUINEUS L. — *R. SANGUIN.* (*R. viridis* Sibth.— *R. nemorosus* Schrad.) (*Patience rouge, Sang-dragon*). Viv. Eté. Vieux murs, lieux humides. AR. Indigène.

R. ALPINUS L. — *R. DES ALPES.* (*Patience des Alpes, faux Rhapontic, Rhubarbe des moines, de montagne, des Alpes, Rhapontic des moines*). Viv. Eté. Prairies, hautes montagnes. Auvergne, Alpes, etc. Rac. astringente.

R. HYDROLAPATHUM Huds.—*R. DES EAUX.* (*R. aquaticus* DC., non L.) Viv. Eté. Bords des eaux, rivières. AC. Indigène.

R. SCUTATUS L. — *R. A ÉCUSSON.* (*Oseille ronde, petite Oseille*). Viv. Eté. Vieux murs. TR. Indigène. Suisse.

G. **Atraphaxis** *L.* — **Atraphaxis**.

(α, τρεφω, je ne nourris pas ; plante non alimentaire).

A. SPINOSA L.—*A. ÉPINEUX.* Lign. Eté. Orient. Ornem.

11e SOUS-CLASSE.

Dicotylédones apétales orthosporées

(Fleur à périanthe simple. Graine à plantule droite).

Fam. **LAURINÉES**. — *LAURINEÆ* DC.
(Du genre *Laurus*).
Ennéandrie *L.* — **Arbres monopétalés** *Tourn.* — **Lauriers** *Juss.*

G. **Laurus** *Tourn.* — **Laurier**.
(Nom latin du laurier d'Apollon ; ou en celtique *Blaur*, toujours vert).

L. NOBILIS L. — *L. D'APOLLON*. (*L. vulgaris* Duh.) (*Laurier commun*, *Laurier sauce*, *Laurier franc*). Viv. Print. Midi. Italie. Cultiv. Feuilles et baies aromatiques., condiment.

L. SASSAFRAS L. — *L. SASSAFRAS*. (*Sassafras officinale* Nées. — *Persea Sassafras* Spreng.) (*Laurier de Virginie*). Lign. Eté. Virginie. Rac. aromatiq., sudorifiq., tr.-agréable en infusion théiforme.

Fam. **THYMÉLÉES**. — *THYMELEÆ* Juss.
(Du genre *Thymelea*).
Octandrie *L.* — **Arbres monopétalés** *Tourn.*

G. **Daphne** *L.* — **Daphné**.
(Nom de la nymphe Daphné).

D. LAUREOLA L. — *D. LAURÉOLE*. (*Laurette*). Lign. Hiver. Bois. TR. Indigène. Ecorce âcre, vésicante.

D. MEZEREUM L. — *D. MÉZÉRÉON*. (*Joli Bois*, *Bois gentil*, *Bois joli*). Lign. Hiver. Bois montueux. TR. Indigèn. Haute-Normandie. Ecorce âcre, vésicante.

D. ALPINA L. — *D. DES ALPES*. Lign. Print.-été. Cévennes, Alpes, Pyrénées. Ornement. Ecorce âcre, vésicante.

D. ALTAICA Pall. — *D. DE L'ALTAI*. Lign. Print. Monts Altaï. 1796. Ecorce âcre, vésicante.

Fam. **ELÉAGNÉES**. — *ELÆAGNEÆ* R. Br.
(Nom tiré du genre *Elæagnus*).
Diœcie et tétrandrie *L.* — **Arbres apétales** *Tourn.* — **Chalefs** *Juss.*

G. **Elæagnus** *L.* — **Chalef**.
(ελαια, olivier ; αγνος, gattilier ; c.-à-d. arbre ressemblant à l'olivier par les feuilles et au gattilier par le fruit).

E. ANGUSTIFOLIA L. — *C. A FEUILLES ÉTROITES*. (*Olivier de Bohême*). Lign. Eté. Midi. Europe mérid. Ornem.

G. **Hippophæ** *L.* — **Argousier.**

(ιππος, cheval ; φαω, je tue ; allusion à ses graines, prétendues vénéneuses).

H. RHAMNOIDES L. — *A. FAUX NERPRUN. (Griset).* Lign. Eté. Lieux sablonneux maritimes. R. Haute-Normandie.

H. ARGENTEA Pursh.— *A. ARGENTÉ. (Sepherdia* Nutt.) Lign. Eté. Amériq. septent. 1818. Ornem.

H. CANADENSIS L.— *A. DU CANADA. (Sepherdia* Nutt.) Lign. Eté. Canada. 1759. Ornement.

Fam. **ARISTOLOCHIÉES.** — *ARISTOLOCHIEÆ* Juss.

(Nom tiré du genre *Aristolochia*).

Gynandrie *L.* — **Personées** *Tourn.*

G. **Aristolochia** *Tourn.* — **Aristoloche**.

(αριςτος, très-bon ; λοχεια, lochies ; propre aux accouchements).

A. CLEMATITIS L. — *A. CLÉMATITE. (Sarrasine).* Viv. Print. Bois, haies. Haute-Normandie. TR. Pl. emménagogue.

A. SIPHO Lhér. — *A. SIPHON.* (*A. arborescens* Auct. — *macrophylla* Lamk. — *Siphisia glabra* Rafin.) (*Pipe de tabac*). Viv. Print. Amériq. boréale. 1763. Ornement.

G. **Azarum** *Tourn.* — **Azaret.**

(Ασαρον, nom grec de la plante ; de ασηρος, rebuté ; parce que les Grecs rejetaient cette pl. de leurs couronnes de fleurs).

A. EUROPÆUM L. — *A. D'EUROPE.* (*Cabaret Rondelle, Oreille d'homme*, *Nard sauvage*). Viv. Print. TR. Bois. Haute-Normandie.

Fam. **CUCURBITACÉES.** — *CUCURBITACEÆ* Juss.

(Nom tiré du genre *Cucurbita*).

Monœcie *L.* — **Campanulacées** *Tourn.*

G. **Bryona** *L.* — **Bryone.**

(De Βρυειν, pousser ; allusion à la végétation vigoureuse de la plante).

B. DIOICA Jacq. — *B. DIOIQUE.* (*Bryonia alba* L.) (*Couleuvrée*, *Raisins du diable*, *Vigne blanche*, *Herbe des femmes battues*). Viv. Eté. Haies, buissons, bois. AR. Indigène. Rac. drastique. Pl. âcre.

G. **Citrullus** *Neck.* — **Citrouille.**

(Latinisation du mot français citrouille).

C. VULGARIS Sch.—*C. CULTIVÉE.* (*Cucurbita Citrullus* L. — *Cucumis Citrullus* Sér. — *Cucurbita Anguria* Duch.) (*Melon d'eau, Pastèque, Sakamanka des Indiens*). Ann. Eté. Orient. Afrique. 1597. Aliment.

C. COLOCINTHIS Schrad. — *C. COLOQUINTE.* (*Cucumis* L.) Ann. Eté. Orient, Japon. 1551. Fruit à chair drastique très-amère. Autrefois la *Coloquinte* portait le nom de *Chicotin*, d'où : Amer comme chicotin.

G. **Ecbalium** *L.-C. Rich.* — **Ecbalium.**

(εκϐαλλειν, lancer en dehors; allusion à l'élasticité du fruit).

E. AGRESTE Rchb. — *E. DES CHAMPS.* (*Momordica Elaterium* L.) (*Concombre sauvage, d'âne, Giclef, Momordique*). Ann. Eté. Décombres. Midi. Europe mérid. 1548. Pl. fortem. purgative.

G. **Benincasa** *Savi.* — **Benincasa.**

(Dédié au comte de Benincasa, noble italien).

B. CERIFERA Savi. — *B. CÉRIFÈRE.* (*B. cylindrica* Hortul. — *Cucurbita Cerifera* Fisch.) Ann. Eté. Inde. 1827. Plante à odeur musquée. Ornement.

G. **Lagenaria** *Sér.* — **calebasse.**

(De *Lagena*, bouteille ; allusion à la forme du fruit).

L. VULGARIS Sér.—*C. COMMUNE.* (*Cucurbita Lagenaria* L. — *C. leucantha* Duch.) (*Gourde de paladin, Courge*). Ann. Eté. Inde. 1597. Ornement.

G. **Cucumis** *L.* — **Concombre.**

(Nom latin de vases faits avec l'écorce du fruit vidé).

C. MELO L.—*C. MELON.* Ann. Eté. Asie. 1570. Aliment. Ce type a donné, par la culture, les diverses variétés maraichères.

C. SATIVUS L. — *C. CULTIVÉ.* (*Cornichon, Ketimou des Indiens*). Ann. Eté. Indes orientales. 1597. Plante potagère, alimentaire, médicale.

G. **Cucurbita** *L.* — **Courge.**

(Nom latin de la Courge, qui dérive du celtique *Cucc*, signifiant vase creux).

C. MAXIMA Duch. — *C. POTIRON.* (*C. potiro* Pers.) (*Citrouille, Potiron, Courge*). Ann. Eté. Indes, Levant. 1570. Fruit potager.

C. MELOPEPO L. — *C. BONNET D'ÉLECTEUR.* (*Melopepo polymorpha* Duch.) Ann. Eté. Indes. 1597. Fr. comest.

C. AURANTIA Willd. — *C. ORANGE.* (*Orangine, Coloquinelle*). Ann. Eté. Indes. 1658. Ornement.

C. OVIGERA L. — *C. OVIFÈRE.* (*C. polymorpha pyxidaris* Duch.) (*Coucourdette*). Ann. Eté. Indes, Astrakan. Ornem.

G. **Cyclanthera** *Schrad.* — **Cyclanthère.**

(De κυκλος, cercle; et de ανθος, fleur; allus. à la disposition des anthèr. autour du disq. que forme la réunion des étamines).

C. PEDATA Sch. — *C. PÉDIAIRE.* (*Momordica* L.) Ann. Eté. Pérou. Fr. alimentaire.

G. **Trichosanthes** *L.* — **Tricosanthe.**

θριξ, soie ; ανθος, fleur ; allus. aux divisions soyeuses de la corolle).

T. ANGUINA L. — *T. ANGUINE.* (*Cucumis anguinus* L.) (*Herbe aux serpents*). Ann. Eté. Chine. 1755. Ornement.

Fam. **BÉGONIACÉES.** — *BEGONIACEÆ* R. Br.

(Nom tiré du genre *Begonia*).

Monœcie polyandrie *L.* — **Appendix** *Tourn.* — **Incerta sedis** *Juss.*

G. **Begonia** *L.* — **Bégonia.**

(Dédié à Michel Bégon).

B. DISCOLOR R. Br. — *B. DISCOLORE.* (*B. Evansiana* Andrew.) Viv. Eté. Chine. 1804. Ornement.

Fam. **EUPHORBIACÉES.** — *EUPHORBIACEÆ* R. Br.

(Nom tiré du genre *Euphorbia*).

Dodécandrie *L.* — **Campanulacées** *Tourn.* — **Euphorbes** *Juss.*

G. **Buxus** *Tourn.* — **Buis.**

(De Βυξος, nom grec du buis).

B. SEMPERVIRENS L. — *B. TOUJOURS VERT.* (*Gue-*

zette). Lign. Print. Haies. Coteaux boisés. C. Indigène. Ornement.

B. BALEARICA Lamk. — *B. DES BALÉARES.* (*Buis de Mahon*). Lign. Eté. Italie, Grèce. 1770. Ornement.

G. **Ricinus** *Tourn.* — **Ricin.**

(Nom faisant allusion à la ressemblance des graines avec les Tiques ou Ricins, insectes parasites).

R. COMMUNIS L. — *R. COMMUN.* (*Palma Christi*). Viv. (Ann. en France). Eté. Asie, Afrique. 1548. Ornem. Semences huileuses, purgatives.

G. **Crozophora** *Neck.* — **Crosophora.**

(χρόζος, teinture; φέρειν, porter; allus. à la matière tinctoriale contenue dans la plante).

C. TINCTORIA Neck. — *C. DES TEINTURIERS.* (*Croton* L.) (*Maurelle, Tournesol des teinturiers*). Ann. Eté. Europe mérid. Languedoc. Pl. industrielle qui fournit le tournesol.

G. **Euphorbia** *L.* — **Euphorbe.**

(Dédié à Euphorbus, médecin de Juba, qui le premier l'employa).

E. AMYGDALOIDES L. — *E. AMANDIER.* (*E. sylvatica* Jacq.) (*Herbe aux verrues, à la biche*). Viv. Print. Bois, bords des chemins. TC. Indigène. Pl. âcre, vésicante, drastique.

E. LATHYRIS L. — *E. EPURGE.* (*Epurge, Catapuce, grande Esule*). Ann. Eté. Lieux cultivés, jardins. AR. Indig. Graines huileuses qui donnent une huile vésicante, drastiq.

E. ESULA L. — *E. ESULE.* Viv. Eté. Bords des chemins du littoral de Vains, Genêts, etc. TR. Indig. Acre, vésicante.

E. CYPARISSIAS L. — *E. PETIT CYPRÈS.* (*Petite Esule, Rhubarbe des pauvres*). Viv. Print. Littoral de Dragey. RRR. Indigène.

E. PORTLANDICA L. — *E. DE PORTLAND.* Bisann. Eté. Falaises, coteaux maritimes. R. Indigène.

E. PARALIAS L. — *E. MARITIME.* (*Tithymalus maritimus* Lamk.) (*Tithymale*). Viv. Eté. Sables martim. R. Indig.

G. **Mercurialis** *Tourn.* — **Mercuriale.**

(Dédié à Mercure, qui en découvrit les propriétés purgatives).

M. ANNUA L. — *M. ANNUELLE.* (*Foirolle, Voireuse, Vi-*

gnette, Cagarelle, Caquenlit, Foirande, Leuzette, Luzotte, Marquois, Mercoret, Ortie bâtarde, Rambuge, Samberge, Vignoble). Ann. Eté. Lieux cultiv. TC. Indigène. Plante laxative.

M. PERENNIS L. — *M. VIVACE.* (*Chou de chien, Mercuriale de montagne, des bois, sauvage*). Viv. Print. Bois et lieux humides. AR. Indigène. Vénéneuse pour les moutons.

Fam. **CERATOPHYLLÉES**. — *CERATOPHYLLEÆ* Gay.

(Nom tiré du genre *Ceratophyllum*).

Monœcie *L.* — **Naïades** *Juss.*

G. **Ceratophyllum** *L.* — **Cornifle.**

(κερας, corne; φυλλον, feuilles; pl. à feuill. en corne de cerf).

C. SUBMERSUM L. — *C. SUBMERGÉ.* (*C. muticum* Cham.) Viv. Eté-automne. Etangs, mares. R. Indigène.

Fam. **URTICÉES**. — *URTICEÆ* DC.

(Nom tiré du genre *Urtica*).

Monœcie, diœcie, polygamie *L.* — **Fleurs à étamines** *Tourn.* **Orties** *Juss.*

G. **Urtica** *Tourn.* — **Ortie.**

(De *Urere*, brûler; allusion aux poils brûlants de la plante).

U. UTILIS Blum. — *O. UTILE.* (*U. tenacissima* Roxb.) (*Ramie*). Viv. Automne. Indes orientales. Chine. Pl. textile, à fibres satinées.

U. URENS L. — *O. BRULANTE.* (*Ortie grièche, petite Ortie, Ortuge folle*). Ann. Eté. Lieux incultes, pied des murs. AC. Indigène.

U. DIOICA L. — *O. DIOIQUE.* (*Grande Ortie, Ortuge*). Viv. Eté. Lieux incultes, décombres. TC. Indig. Pl. textile.

U. PILULIFERA L. — *O. PILULIFÈRE.* (*Ortie romaine*). Viv. Eté. Midi.

G. **Bœhmeria** *Jacq.* — **Bœhméria.**

(Dédié à Rodolphe Bœmer, botaniste allemand).

B. NIVEA Dne. — *B. COTONNEUSE.* (*Urtica* L.) (*Apoo des Chinois, China Grass*). Viv. Automne. Chine. 1739. Plante éminemment textile.

G. **Parietaria** *Tourn.* — **Pariétaire**.

(De *Paries*, murailles ; à cause de la station de cette plante).

P. OFFICINALIS L.— *P. OFFICINALE.* (*P. diffusa* Mert. et Koch. — *P. Judaica* DC., non L.) Viv. Eté. Vieux murs. AC. Indigène. Plante nitrée, diurétique.

G. **Cannabis** *Tourn.* — **Chanvre**.

(De Κανναβις, nom grec du chanvre; ou du celtiq. *Canab*, chanvre).

C. SATIVA L. — *C. CULTIVÉ.* Ann. Eté. Orient. Plante textil. Graine huileuse ; suc narcotiq. constituant le *Haschich*.

G. **Humulus** *L.* — **Houblon**.

(De *Humus*, terre ; allusion à ses tiges rampantes).

H. LUPULUS L. — *H. GRIMPANT.* (*Vigne du Nord, Salsepareille nationale*). Viv. Eté. Haies, bords des eaux. AC. Indigène. Plante amère, tonique.

Fam. **ULMACÉES**. — *ULMACEÆ* Mirb.

(Nom tiré du genre *Ulmus*, orme).

Pentandrie et polygamie *L.*— **Arb. rosacés** *Tourn.*— **Amentacées** *Juss.*

G. **Ulmus** *L.* — **Orme**.

(De *Elm*, orme en langue celtique).

U. CAMPESTRIS Auct. — *O. COMMUN.* (*Ormeau, Orme blanc, Orme pyramidal, umeau*). Lign. Print. Haies, plantations. TC. Indigène.

G. **Planera** *Gm.* — **Planéra**.

(Dédié à Planer, professeur de botanique à Erfurth).

P. CRENATA Desf. — *P. CRÉNELÉ.* (*P. Richardi* Mich — *Zelkova crenata* Spach.) (*Orme de Sibérie, Zetkoua*). Lign Print. Caucase. Introduit vers le milieu du XVIIIe siècle. Boi très-dur. (Dans la plantation du bas.)

Fam. **CELTIDÉES**. — *CELTIDEÆ* Endl.

(Du genre *Celtis*).

Polygamie *L.* — **Arb. rosacés** *Tourn.* — **Amentacées** *Juss.*

G. **Celtis** *Tourn.* — **Micocoulier.**

(Nom donné par les Anciens au *Lotos*, à cause de ses rapports avec le fruit du *Lotos*).

C. OCCIDENTALIS L. — *M. D'OCCIDENT.* (*M. de Virginie*). Lign. Print. Amér. septent. 1656. Ornement. (Dans la plantation du bas.)

Fam. **MORÉES.** — *MOREÆ* Endlich.

(Du genre *Morus*).

Monœcie polygamie *L.* — **Amentacées** *Tourn.* — **Orties** *Juss.*

G. **Morus** *Tourn.* — **Mûrier.**

(De Μορεα, mûrier ; ou du celtique *Mor*, noir).

M. ALBA L. — *M. BLANC.* Lign. Print. Chine. 1130. Feuilles employées pour nourrir le vers à soie.

M. NIGRA L. — *M. NOIR.* Lign. Print. Europe mérid., Sicile. 1548. Fruit comestible.

M. PAPYRIFERA L. — *M. A PAPIER.* (*Broussonetia* Willd.) Lign. Print.-été. Chine, Japon. 1751. Ornement.

G. **Ficus** *Tourn.* — **Figuer.**

(Altération de Συκη, figuier).

F. CARICA L. — *F. COMMUN.* (*Figuier femelle, Figue fleur, Gourraous*). Lign. Eté. Cultivé. Midi. Indig. en France? Fruit alimentaire, sucré, adoucissant.

Fam. **PLATANÉES.** — *PLATANEÆ* Lestiboud.

(Du genre *Platanus*).

Monœcie *L.* — **Amentacées** *Tourn.* — **Amentacées** *Juss.*

G. **Platanus** *L.* — **Platane.**

(De Πλατανος, nom grec de cet arbre ; ou de *Platus*, plat ; à cause de la largeur des feuilles).

P. VULGARIS Spach. — *P. COMMUN.* (*P. Orientalis et Occidentalis* L. — *palmata* Mœnch.) Lign. Print. Orient. Ornem.

Fam. **SALICINÉES.** — *SALICINEÆ* L.-C. Rich.

(Du genre *Salix*).

Diœcie *L.* — **Amentacées** *Tourn. et Juss.*

G. **Salix** *Tourn.* — **Saule.**

(Peut-être des mots celtiques *Sal-lis*, près de l'eau; allusion à la station de ces plantes).

S. ALBA L. — *S. BLANC.* (*Osier blanc, Plomb blanc*). Lign. Print. Bords des eaux. TC. Indigène. Ecorce amère, tonique.

S. VITELLINA L. — *S. JAUNE.* (*Osier jaune, Osier franc, Amarinier).* Lign. Print. Bords des fossés. Indigène. Utilisé dans l'horticulture.

S. BABYLONICA L. — *S. DE BABYLONE.* (*Saule pleureur).* Lign. Print. Levant. 1692. Ornement.

S. VIMINALIS L. — *S. DES VANNIERS.* (*Osier vert*). Lign. Print. Bords des eaux. R. Indigène. Sert à faire des paniers.

S. REPENS L. — *S. RAMPANT.* Viv. Print. Tourbières, marécages. AC. Indigène.

G. **Populus** *Tourn.* — **Peuplier.**

(De ποππαίλλειν, agiter; à cause de l'oscillation de ses feuilles

P. ALBA L. — *P. BLANC.* (*P. nivea* Willd.) (*Blanc d Hollande, Abèle, Obéau, Abel, Ypréau*). Lign. Print. Bord des eaux, haies. C. Indigène.

P. TREMULA L. — *P. TEMBLE. (Tremble).* Lign. Print Bois humides, haies. AR. Indigène. Ornement.

P. PYRAMIDALIS Ros. — *P. PYRAMIDAL. (P. Italic.* Duroi. — *dilatata* Ait.) (*Peuplier d'Italie, de Lombardie, Peuplier turc, Peuplier-cyprès*). Lign. Print. Haies. AR. Lombardie? Perse. 1805. Ornement.

P. BALSAMIFERA L. — *P. BAUMIER.* (*P. tacamahaca* Mill.— *Canadensis* Foug.— *candicans* Hortul., non Ait.) (*Baumier, Tacamahaca).* Lign. Print. Amér. boréale. 1692.

Fam. **JUGLANDÉES.** — *JUGLANDEÆ* DC.

(Du genre *Juglans*, noyer).

Monœcie *L.* — **Amentacées** *Tourn.* — **Térébinthacées** *Juss.*

G. **Juglans** *Nutt.* — **Noyer.**

(De *Jovis*, *glans*; gland de Jupiter).

J. REGIA L. — *N. ROYAL. (Noyer commun).* Lign. Print. Cult. Perse. Fr. huil., comestible. Brou astringent, employé en teinture.

Fam. **CUPULIFÈRES**. — *CUPULIFERÆ* A. Rich.

(De *Cupula*, cupule; *fero*, je porte; c.-à-d. arbres à fruits entourés d'une cupule).

Monœcie *L.* — **Amentacées** *Tourn. et Juss.*

G. **Castanea** *Tourn.* — **Châtaignier**.

(Nom latin de l'espèce principale; ou de Καστονεα, contrée de Thessalie d'où l'on croit le châtaignier originaire).

C. VULGARIS Lamk. — *C. COMMUN.* (*Fagus Castanea* L. — *Castanea sativa* Mill.) (*Marronnier*). Lign. Eté. Bois, bords des champs. Asie Mineure. Fruit comestible, féculent.

G. **Fagus** *Tourn.* — **Hêtre**.

(De φαγω, je mange; allus. à ses amandes oléagineuses, comestibles?)

F. SYLVATICA L. — *H. DES FORÊTS.* (*F. sylvestris* Gærtn. — *Castanea Fagus* Scop.) (*Fau*, *Foyard*, *Fayard*, *Fouteau*, *Fan*, *Favillier*, *Fayeau*, *Hètre blanc*). Lign. Print. Forêts, bords des champs. Indigène. TC. L'amande, connue sous le nom de faine, est comestib. et tr.-huileuse. On dit le tourteau de faine nuisible aux animaux.

G. **Quercus** *L.* — **Chêne**.

(? Des mots celtiques *Kaer*, *quez*, bel arbre).

Q. PEDUNCULATA Willd. — *C. PÉDONCULÉ.* (*Q. racemosa* Lamk. — *fœminea* Mill. — *fructipendula* Schranck. — *longœva* Salisb. — *navalis* Bournot. — *Robur* V. a. L.) (*Chêne commun à grappe*, *Gravelin*, *Roure*, *Chêne rouge*, *Durelin*, *Garie*, *Roble*, *Robre*). Lign. Print. Forêts. TC. Indigène. Fruit très-féculent, excellent pour les animaux, surtout pour les porcs.

Q. SESSILIFOLIA Sm. — *C. A FLEURS SESSILES.* (*Q. robur* Var. B. L. — *sessilis* Erhrt. — *platiphylla* Daléch. — *regalis* Bournot. — *mas* Bauh.) (*Durlin*, *Rouvre*, *Chêne à crochets*). Lign. Print. Bois. R. Indigène. Mêmes propriétés que le précédent.

Q. ILEX L. — *C. YEUZE.* (*Q. Gramuntia* L. — *Alzina* Lapeyr.) (*Chêne vert*, *Eousé*). Lign. Print. Languedoc, Midi. R. Cultivé. Ornement.

G. **Corylus** *Tourn.* — **Coudrier**.

(De κορυς, casque; allusion à la cupule qui coiffe le fruit).

C. AVELLANA L. — *C. AVELINE.* (*Noisettier*, *Coudre*,

Coudrier). Lign. Hiver. Bois, bords des champs. TC. Indigèn. Amande comestible, très-huileuse.

G. **Carpinus** *Tourn.* — **Charme.**

(Des mots celtiques *Car*, bois; *Pen*, tête; c.-à-d. bois propre à faire des jones pour les bœufs).

C. BETULUS L. — *C. COMMUN.* (*Charme blanc*, *Charmille*, *Charpe*, *Charpenne*). Lign. Print. Bois montueux. R. Indigène. Ornement.

Fam. **BÉTULINÉES.** — *BETULINEÆ* L.-C. Rich.

(Du genre *Betula*).

Monœcie *L.* — **Amentacées** *Tourn. et Juss.*

G. **Betula** *Tourn.* — **Bouleau.**

(De *Betu* , nom celtique de cet arbre).

B. ALBA L. — *B. BLANC.* (*Boulard*, *Bouillard*, *Blies*, *Bois à balais*). Lign. Print. Bois. C. Indigène.

G. **Alnus** *Tourn.* — **Aulne.**

(D'origine latine inconnue; ou de *al*, lan en langue celtique; voisin des rivières).

A. GLUTINOSA Gærtn. — *A. GLUTINEUX.* (*Betula albus* Var. a. L. — *Betula glutinosa* Hoffm. — *Alnus vulgaris* Rich. — *communis* Loisel). (*Aulne*, *Anée*, *Verne*, *Vergne*, *Bergue*). Lign. Print. Bords des eaux. C. Indigène.

Fam. **MYRICÉES.** — *MYRICEÆ* L.-C. Rich.

(Du genre *Myrica*).

Diœcie *L.* — **Amentacées** *Tourn. et Juss.*

G. **Myrica** *L.* — **Myrica.**

(Μυρικη, de μυρον, parfum; nom grec d'un arbrisseau odorant).

M. GALE L. — *M. GALÉ.* (*M. palustris* Lamk. — *Gale uliginosa* Spach.) (*Faux Saule*, *Voussol*, *Piment royal*, *aquatiq.*) Lign. Print. Marécages. TR. Indigène.

Fam. **CONIFÈRES.** — *CONIFEREÆ* Juss.

(De *Conus*, coin ; fruit conique).

Monœcie et diœcie *L.* — **Amentacées** *Tourn. et Juss.*

G. **Salisburia** *Sm.*— **Ginkgo.**

(Dédié à Ant. Salisbury, botaniste anglais).

S. ADIANTIFOLIA Sm.—*G. A FEUIL. DE CAPILLAIRE.* (*Ginkgo biloba* L.) (*Noyer du Japon, Arbre aux quarante écus*). Lign. Print. Chine. 1754. Ornement.

G. **Taxus** *Tourn.* — **If.**

(De Ταξος, nom grec de l'if).

T. BACCATA L. — *I. COMMUN.* Lign. Print. Cimetières, jardins paysagers, montagnes. Europe. Ornem. Feuilles vénéneuses, stupéfiantes.

G. **Cephalotaxus** *Siéb. et Zucc.* — **Céphalotaxus.**

(De *Taxus*, if; et Κεφαλη; à cause des fleurs qui sont en capitules).

C. FORTUNEI Hook. — *C. DE FORTUNÉ.* Lign. Print. Chine. 1848. Ornement.

G. **Cryptomeria** *Don.* — **Cryptomère.**

(κρυπτος, caché; μερος, article; c.-à-d. entre-nœuds cachés par les feuilles).

C. JAPONICA Don. — *C. DU JAPON.* (*Cupressus* Thumb. — *Taxodium* Brogn.) Lign. Print. Japon et Chine. Ornem.

G. **Thuya** *Tourn.* — **Thuya.**

(De θυος, encens; et θυια, nom grec d'un arbre odoriférant employé dans les sacrifices).

T. ORIENTALIS L.—*T. D'ORIENT.* (*Thuya*). Lign. Print. Chine. Ornement.

T. OCCIDENTALIS L. — *T. D'OCCIDENT.* (*Tuya obtusa* Mœnch.) (*Arbre de vie, Thuya thériacal*). Lign. Print. Amér. boréale. Ornement.

G. **Juniperus** *L.* — **Genévrier.**

(Du mot celtique *Jeneprus*, âpre; allus. à la forme rude de ces arbres).

J. COMMUNIS L. — *G. COMMUN.* (*Cad, Cade, Cadé, Genèvre, Genièvre, Pétron, Petrot, Petrillot*). TR. Indigèn. Bois, collines. Baies aromatiques, médicinales.

J. SABINA L.—*G. SABINE.* (*Sabine*). Lign. Print. Alpes. Plante vénéneuse.

J. VIRGINIANA L. — *G. DE VIRGINIE.* (*J. fœtida Virginiana* Spach.) (*Cèdre de Virginie, Cèdre rouge*). Lign. Print. Amériq. septent. 1664. Ornement.

G. **Cupressus** *Tourn.* — **Cyprès.**

(De Κυπαρισσος, *Cyparyssus*, jeune garçon transformé en cyprès).

C. SEMPERVIRENS L. — *C. TOUJOURS VERT.* (*C. horizontalis* Mill. — *expansa* Hortul.) (*Cyprès*). Lign. Print. Orient, Asie. Ornement.

C. FUNEBRIS Endl.— *C. FUNÈBRE.* (*C. pendula* Staunton). Lign. Print. Inde, Chine. 1846. Ornement.

G. **Taxodium** *L.-C. Rich.* — **Taxodie.**

(De Ταξος, if, ressemblant à l'if).

T. DISTICHUM Rich. — *T. DISTIQUE.* (*Cupressus* L. — *Schubertia* Mirb.) (*Cyprès chauve d'Amérique*, *Cyprès de la Louisiane*). Lign. Print. Amér. boréale. 1640. Ornement.

G. **Abies** *Tourn.* — **Sapin.**

(α βιος, qui vit longtemps ; ou de Αβιν, nom grec du sapin).

A. PINSAPO Boiss.—*S. PINSAPO.* (*Picea Pinsapo* Loud.) Lign. Print. Andalousie. 1839. Ornement.

A. PECTINATA DC.— *S. PECTINÉ.* (*Pinus Abies* Dur. — *P. Picea* L. — *Abies taxifolia* Desf. — *A. picea* Lindl. — *A. excelsa* Link.— *Pinus pectinata* Lamb.— *Picea pectinata* Lond.) (*Sapin, Avet, Sapin argenté, de Normandie, Sapin blanc, Sapin à feuilles d'if*). Lign. Print. Bois, parcs. Europe. Ornement.

A. EXCELSA DC. — *S. ÉLEVÉ.* (*Pinus Abies* L. — *P. excelsa* L. — *P. picea* Duroi. — *excelsa* Lamk. — *Abies picea* Mill.) (*Epicea, faux Sapin, Pesse, Pinesse, Pin aquatique, Sapin à poix, de Norwége, gentil, Sérente*). Lign. Print. Europe. Ornement.

G. **Pinus** *Tourn.* — **Pin.**

(Πινος, pin ; ou *pen*, tête en celtique ; allus. à la form. des pins).

P. STROBUS L. — *P. STROBUS.* (*P. Virginiana* Plukn. — *P. Canadensis quinquefolia* Duham.) (*Pin du Lord, Pin de Weimouth*). Lign. Print. Amériq. boréale. 1705. Ornement.

G. **Larix** *Tourn.* — **Mélèze.**

(Du celtique *Lar*, gras ; allusion à sa qualité résineuse).

L. EUROPÆA DC. — *M. D'EUROPE.* (*Pinus Laryx* L. —

Laryx decidua Mill. — *excelsa* Link.) Lign. Print. Alpes. Ornement.

G. **Araucaria** *Juss.* — **Araucaria**.

(De *Araucanos*, nom de l'arbre au Chili ou d'un peuple du Chili, dont il est originaire).

A. IMBRICATA Pav. — *A. IMBRIQUÉ*. (*A. Chilensis* Mirb. — *Dombeya Chilensis* Lamk. — *Abies Araucana* Poir. — *A. Columberia* Desf. — *Colymbea quadrifaria* Salisb.) Lign. Print. Chili. 1796. Ornement.

A. BRASILIENSIS Ach. Rich. — *A. DU BRÉSIL*. (*A. Brasiliana* Lamk. — *A. Ridolfiana* Savi.) Lign. Print. Brésil. 1816. Ornement.

A. CUNNINGHAMI Ait. — *A. DE CUNNINGHAM*. (*Altingia* Don. — *Eutacta* Link. et Spach.) Lign. Print. Australie, Moreton-Bey. 1827. Ornement.

G. **Wellingtonia** *Lind.* — **Wellingtonia**.

(Genre dédié au général Wellington).

W. GIGANTEA Endl. — *S. GIGANTESQUE*. (*Sequoia* Endl.) Lign. Print. Californie. 1853.

2e CLASSE.

PHANÉROGAMES MONOCOTYLÉDONÉES.

(Plantule à un seul cotylédon. Tige à faisceaux fibro-vasculaires épars dans le tissu cellulaire, ne formant pas cercle régulier. Tiges vivaces ne s'accroissant pas par des zônes concentriques distinctes de bois et d'écorce.

1re SOUS-CLASSE.

Monopérianthées inférovariées.

(Périanthe pétaloide, ordinairement biserié. Ovaire infère).

Fam. **ORCHIDÉES**. — *ORCHIDEÆ* Juss.

(Du genre *Orchis*).

Gynandrie *L.* — **Anomales** *Tourn.*

G. **Orchis** *Sw.*— **Orchis.**

(De Ορχις, testicule ; à cause de la disposition de la racine d'une espèce).

O. LAXIFLORA Lamk. — *O. A FLEURS LACHES. (O. palustris* Jacq.) Viv. Print. Prés humides. TC. Indigène.

O. MASCULA L. — *O. MALE. (Pain de couleuvre).* Viv. Print. Haies, talus des fossés. AC. Indigène.

O. PYRAMIDALIS L. — *O. PYRAMIDAL.* (*Anacamptis* Rich. — *Aceras* Rchb.) Viv. Print.-été. Prés maritimes, talus des fossés. AR. Indigène.

O. CORIOPHORA L. — *O. PUNAISE.* Viv. Print. Prés humides. TR. Indigène.

O. CONOPSEA L. — *O. A LONG ÉPERON.* (*Gymnadenia* R. Br.) Viv. Print. Prés humides. TR. Indigène.

O. DIVARICATA Rich.– *O. DIVARIQUÉ.* (*O. incarnata* L. — *O. angustifolia* Winn. et Grab.) Viv. Eté. Prairies. TR. Indigène.

O. MACULATA L. — *O. MACULÉ. (Herbe à la couleuvre).* Viv. Print. Prés, landes, bruyères. TC. Indigène.

O. LATIFOLIA L. — *O. A LARGES FEUILLES.* (*Orchis palmé*). Viv. Print. Prairies humides. AC. Indigène.

O. VIRIDIS All. — *O. VERT.* (*Satyrium* L. — *Gymnadenia* Rich.) Viv. Print. Pelouses, lieux ombragés. TR. Indigène.

O. BIFOLIA L. — *O. A DEUX FEUILLES.* (*Platanthera* Rich.) Viv. Eté. Bruyères, landes. TR. Indigène.

O. HIRCINA L. — *O. BARBE DE BOUC. (Satyrium* L.— *Loroglossum* A. Rich.) Viv. Eté. Prairies humid. RRR. Indig.

G. **Ophrys** *Sw.* — **Ophrys.**

(De οφρυς, sourcil ; allus. à la forme des segments inférieurs du périanthe).

O. APIFERA Huds. — *O. ABEILLE.* Viv. Print. Pâturag., coteaux. TR. Indigène.

O. MYODES Jacq.— *O. MOUCHE.* Viv. Print. Pâturages, pelouses sèches. RRR. Indigène.

G. **Neottia** *Rich., non Sw.* — **Neottia**.

(Νεοττεια, nid d'oiseau ; allus. à l'entrelacement des racines).

N. OVATA A. Rich. — *N. OVALE.* (*Ophrys* L. — *Listera* R. Br. — *Epipactis* All. — *Neottia latifolia* L.-C. Rich.) (*Double-feuille*). Viv. Eté. Bois, lieux couverts. TR. Indigène.

N. NIDUS AVIS L.-C. Rich. — *N. NID D'OISEAU*. (*Ophrys* L. — *Epipactis* Sw.) Viv. Eté. Bois touffus calcaires. RRR. Indigène.

G. **Epipactis** *Sw.* — **Epipactis**.

(De επιπακτις, nom grec d'une plante).

E. LATIFOLIA Sw. — *E. A LARGES FEUILLES.* (*Serapias* L.) Viv. Eté. Lieux ombragés, bois. RRR. Indigène.

G. **Spiranthes** *Rich.* — **Spiranthe**.

(σπειρα, spirale ; ανθος, fleur ; fleur en spirale).

S. AUTUMNALIS Rich. — *S. D'AUTOMNE.* (*Ophrys* L.) Viv. Eté. Pelouses sèches. R. Indigène.

Fam. **CANNÉES**. — *CANNEÆ* R. Br.

(Du genre *Canna*).

Monandrie monogynie *L.* — **Liliacées** *Tourn.* — **Balisiers** *Juss.*

G. **Canna** *L.* — **Balisier**.

(De Καννα, nom grec d'une sorte de roseau).

C. INDICA L. — *B. DES INDES.* (*Canne d'Inde*). Viv. Eté. Indes. 1570. Ornement.

Fam. **AMARYLLIDÉES**. — *AMARYLLIDEÆ* R. Br.

(Du genre *Amaryllis*).

Hexandrie *L.* — **Liliacées** *Tourn.* — **Narcisses** *Juss.*

G. **Galanthus** *L.* — **Galanthine**.

(γαλα, lait ; ανθος, fleur ; allus. à la blancheur du périanthe).

G. NIVALIS L. — *G. PERCE-NEIGE.* (*Clochette d'hiver, Nivéole, Galant d'hiver, Perce-neige, Baguenaudier de printemps, d'hiver, Campane blanche, Pucelle, Violette de février, de la Chandeleur, Violier bulbeux, d'hiver*). Viv. Hiver. Haies, lieux couverts, prairies un peu ombragées. RR. Indigène.

G. **Leucoium** *L.* — **Nivéole.**

(Λευκοιον, violette blanche, de λευκος, blanc).

L. VERNUM L. — *N. PRINTANIÈRE.* (*Nivaria* Mœnch. — *Erinosma vernum* Herb.) (*Grelot blanc*). Viv. Print. Bois. Est, Nord. R. Ornement.

L. ÆSTIVUM L. — *N. D'ÉTÉ.* (*Nivaria æstivalis* Mœnch.) Viv. Print. Bois, prairies. Est. Ornement.

G. **Amaryllis** *L.*— **Amaryllis.**

(αμαρυσσειν, briller, et du nom de nymphes chantées par les poètes).

A. LUTEA L. — *A. JAUNE.* (*Sternbergia* Gawl.) Viv. Automne. Prairies. Midi, Provence. Ornement.

A. FORMOSISSIMA L. — A. *MAGNIFIQUE.* (*Sprekelia formosissima* Herb. amat. —*S. Heisteri* Trew.)(*Lis St-Jacques, Croix de St-Jacques*).Viv. Print. Amér. mérid., Sainte-Hélène. 1688. Ornement.

A. BELLADONNA L. — *A. BELLE-DAME.* (*Coburgia Belladonna* Herb. — *Callicore rosea* Link. — *Belladonna purpurascens* Sweet.) (*Belladone*). Viv. Eté. Cap. 1712. Ornem.

A. SARNIENSIS L. — *A. DE GUERNESEY.* (*Nerine Venusta* ou *Sarniensis* Herb. amat.) (*Guernesienne*). Viv. Automn. Japon. 1659. Ornement.

G. **Pancratium** *L.* — **Pancratier.**

(παν, κρατος, toute puissance ; allus. à de prétendues propriétés médicales).

P. MARITIMUM L.— *P. MARITIME.* (*Lis Mathiole*). Viv. Eté. Sables maritimes. Méditerranée. Ornement.

P. YLLYRICUM L.— *P. D'ILLYRIE.* Viv. Print. Région méditerrann., Sicile, Espagne, Corse. 1615. Ornement.

G. **Narcissus** *L.* — **Narcisse.**

(Nom mythologique du jeune grec Narcisse ; ou de ναρκη, engourdissement ; allus. à de prétendues vertus narcotiques).

N. PSEUDO-NARCISSUS L. — *N. FAUX NARCISSE.* (*Ajax* Haw.) (*Faux Narcisse, Narc sauvage, Aiault, Porion, Porillon, Fleur de coucou, Chaudon, Chaudron, Godet, Bonhomme, Clochette des bois, Coquelourde, Jeannette, Marteau, Narcisse jaune, Narcisse des prés, Narcisse sauvage*). Viv. Print. Bois, prés. AR. Indigène. Vénéneuse.

N. POETICUS L.—*N. DES POÈTES.* (*N. patellaris* Salisb. — *uniflorus* Hall.) (*Jeannette, Claudinette, Porillon, Genette,*

Cou de chameau, Herbe à la Vierge, Narcisse des jardins). Viv. Print. Prairies. Centre, Midi. Ornement.

N. IMCOMPARABILIS Mill. — *N. INCOMPARABLE.* (*N. odorus* Gouan. — *amplus* Salisb. — *Queltia incomparabilis* Haw. — *fœtida incomparabilis* Herb.) Viv. Print. Prés, coteaux. TR. Indigène.

N. BIFLORUS Curt. — *N. BIFLORE.* (*N. cothurnalis* Salisb.) Viv. Print. Coteaux, prés marécageux. TR. Indig. Ornem.

N. ODORUS L. — *N. ODORANT.* (*N. Calathinus* Bot. Mag. — *conspicuus* Salisb. — *Philogyne odora* Haw. — *Queltia odora v. Calathina* Herb.) (*Grande Jonquille, grosse Jonquille*). Viv. Print. Prés. Midi. Pyrénées. Ornement.

N. JONQUILLA L. — *N. JONQUILLE.* (*Hermione* Haw. — *Queltia* Herb.) (*Jonquille*). Viv. Print. Prés. Midi, Espagne. Ornement.

N. AUREUS Loisel. — *N. DORÉ.* (*N. multiflorus* Spach. — *Hermione multiflora* Haw. — *N. Orientalis* Bot. Mag.) (*Soleil d'or*). Viv. Print. Midi. Cultivé. Ornement.

N. TAZETTA L. — *N. A BOUQUET.* (*N. multiflorus* Lamk. *Hermione Tazetta* Haw.) Viv. Print. Bois. Midi. Ornement.

G. **Alstrœmeria** *L.* — **Alstrémère.**

(Dédié à Cl. Alstrœmer, botaniste suédois).

A. PELEGRINA L. — *A. PÉLÉGRINE.* (*Lis des Incas*). Viv. Eté. Pérou, Chili. 1753. Ornement.

A. PULCHIA Sims. — *A. JOLIE.* (*A. tricolor* Hook.) Viv. Eté. Chili. 1826. Ornement.

A. HOEMANTHA Ruiz. et Pav. — *A. COULEUR DE SANG.* (*A. Barkleyana* Hortul.) Viv. Eté. Chili. 1829.

G. **Agave** *L.* — **Agave.**

(De *Agave*, mère de Prenthée, qui déchira son fils; allusion à ses feuilles piquantes).

A. AMERICANA L. — *A. D'AMÉRIQUE.* (*A. racemosa* Mœnch.) (Improprement *Aloès*). Viv. Amérique tropicale. XVIe siècle. Ornement. Plante très-importante en Amérique, où elle donne une boisson abondante, des filasses dites *Pitte* ou *Pitre* et le tissu spongieux une espèce d'amadou. Le Parenchyme constitue le bois d'aloès, qui sert à repasser les rasoirs sous le nom de bois d'aloès.

Fam. **IRIDÉES**. — *IRIDEÆ* Juss.

(Du genre *Iris*).

Triandrie *L.* — **Liliacées** *Tourn.*

G. **Crocus** *Tourn.* — **Safran.**

(Κροκος, nom du safran ; ou de κροκη, filament; allusion aux stygmates que l'on récolte).

C. VERNUS All., non Curt. — *S. PRINTANIER.* (*C. Neapolitanus* Herb. amat. — *C. sativus* Var. — *vernus* L.) (*Safran des fleuristes*). Viv. Print. Midi. Alpes, Apennins. Ornement.

C. SATIVUS All. — *S. MÉDICINAL.* (*C. officinalis* Pers. — *autumnalis* Smith.) (*Safran du Gâtinais, d'automne*). Viv. Automne. Orient. Cultivé dans le Midi. Pl. médicinale très-importante.

G. **Ixia** *L.* — **Ixia.**

(De ἰξια, glu ; allusion à la viscosité des bulbes).

I. BULBOCODIUM L. — *I. BULBOCODE.* (*Romulea* Seb. et Maur. — *Trichonema columnæ* Rchb.) Viv. Print. Coteaux maritimes. TR. Indigène.

I. MACULATA L.—*I. MACULÉ.*(*I. capitata* Var. Andréz.) Viv. Print. Cap. 1780. Ornement.

I. GRANDIFLORA Curt. — *I. A GRANDES FLEURS.* (*I. aristata* Thumb. — *Sparaxis* Ait.) Viv. Print. Cap. 1758. Ornement.

G. **Gladiolus** *Tourn.* — **Glayeul.**

(Diminutif de *Gladius*, glaive; allus. à la forme des feuilles).

G. COMMUNIS L. — *G. COMMUN.* (*Victoriale ronde*, *Glayeul*). Viv. Print. Midi. Ornement.

G. PSITACCINUS Hook. — *G. PERROQUET.* (*G. natalensis* Rein. et Sweet.) Viv. Eté. Afrique austr. 1830. Ornem.

G. BLANDUS Ait.—*G. CHARMANT.* Viv. Eté. Cap. 1774.

G. **Iris** *L.* — **Iris.**

(De ιρις, arc-en-ciel ; allus. aux vives couleurs du périanthe).

I. GERMANICA L. — *I. D'ALLEMAGNE.* (*Flambe*). Viv. Print. Toits. Naturalisé. Midi. Allemagne. R. Ornement.

I. FLORENTINA L. — *I. DE FLORENCE.* Viv. Print. Italie. 1596. Ornement. Racine âcre, très-odorante, drastique.

I. PUMILA L.— *I. NAIN.* (*Petite flambe*). Viv. Print. Midi de l'Europe. Ornement.

I. SQUALENS L. — *I. JAUNE SALE.* (*I. sambucina* Red., non L.) Viv. Eté. Midi de l'Europe. 1758.

I. PSEUDO-ACORUS L. — *I. FAUX-ACORE.* (*Iris jaune, Iris des marais, fausse Flambe, Flambe d'eau, Flambe bâtarde, Ganche, Glayeul des marais, Glageux, Liaverd, Pave*). Viv. Print.-été. Marais, lieux humides, fossés. TC. Indigène. Rac. vomit. et purgat.

I. SIBIRICA L. — *I. DE SIBÉRIE.* (*I. pratensis* Lamk.) Viv. Print. Sibérie, Autriche. 1596.

I. FŒTIDISSIMA L. — *I. TRÈS-PUANT.* (*Iris Gigot, Flaque*). Viv. Eté. Coteaux, haies, chemins du littoral. AR. Indig. Rac. drastique.

I. GRAMINEA L.— *I. A FEUILLES DE GRAMEN.* Viv. Print. Europe mérid. 1597. Ornement.

I. XYPHIUM L. — *I. XIPHION.* (*Xyphium vulgare* Mill.) (*Iris bulbeux, du Portugal, d'Espagne, d'Angleterre*). Viv. Print. Espagne. 1596. Ornement.

I. FIMBRIATA Vent. — *I. FRANGÉ.* (*Morœa* Hortul. — *Iris Chinensis* Bot. Mag.) Viv. Print. Chine. 1792. Ornem.

G. **Sisyrinchium** *L.* — **Bermudienne.**

(συς, porc; ρυγχος, bec, grouin; c.-à-d. plante recherchée par les porcs).

S. STRIATUM Sm. — *B. STRIÉE.* (*S. reticulatum* Auct. — *Marica striata* Bot. Mag.) Viv. Eté. Mexique. 1789. Ornem.

S. BERMUDIANUM L. — *B. DES BERMUDES.* (*S. iridoides* Bot. Magell.) Viv. Print. Eté. Bermudes. 1732. Ornem.

G. **Tigridia** *Juss.* — **Tigridie.**

(De *Tigris*, tigre; allusion aux taches du périanthe).

T. PAVONIA Red. — *T. QUEUE DE PAON.* (*Ferraria Pavonia* Cavan. — *F. Tigridia* Bot. Mag.) Viv. Eté. Mexique. 1796. Ornement.

Fam. **DIOSCORÉES.** — *DIOSCOREÆ* R. Br.

(Du genre *Dioscorea*).

Diœcie *L.* — **Campaniformes** *Tourn.* — **Asparaginées** *Juss.*

G. **Tamus** *L.* — **Tamier.**

(Nom latin d'une plante sarmenteuse donnant une baie analogue au raisin).

T. COMMUNIS L. — *T. COMMUN.* (*Sceau de Notre-Dame, Racine vierge, Raisin du diable*). Viv. Print.-été. Haies, buissons. AC. Indigène. Rac. féculente, âcre, purgative.

G. **Dioscorea** *L.* — **Igname.**

(Dédié à Dioscoride, médecin grec, l'auteur de botanique le plus ancien).

D. JAPONICA Thunb.—*J. DU JAPON.* (*Igname de Chine*). Viv. Eté. Japon. 1855. Racine alimentaire, exquise ; à cultiver par la maraîcherie.

2e SOUS-CLASSE.

Monocotylédones périanthées supérovariées.

(Périante bisérié, ordinairement pétaloide. Ovaire supère).

Fam. **COLCHICACÉES.** — *COLCHICACEÆ* Juss.

(Du genre *Colchicum*).

Hexandrie trigynie *L.* — **Liliacées** *Tourn.*

G. **Colchicum** *Tourn.* — **Colchique.**

(De *Colchos* ou *Colchide*, où croît abondamment l'espèce principale).

C. AUTUMNALE L. — *C. D'AUTOMNE.* (*Safran des prés, Safran bâtard, Veilleuse, Veillotte, Safran sauvage, Mort aux chiens, Tue-chien, Chenarde, Cul-tout-nu, Dame nue, Lis vert*). Viv. Automne. Prairies calcaires. TR. Indigène. Bulbes et semences âcres, purgatives et antigoutteuses.

C. VERNUM Gawl. — *C. PRINTANIER.* (*Bulbocodium vernum* L.) Viv. Print. Suisse, Hongrie. XVIIe siècle. Ornem.

G. **Veratrum** *Tourn.* — **Verâtre.**

(*Vere, atrum*, tout-à-fait noir ; allus. à la coulr de la racine).

V. ALBUM L. — *V. BLANC.* (*Varaize, Vraize, Ellébore blanc*). Viv. Eté. Montagnes. Caucase, Altaï. Ornement.

V. NIGRUM L. — *V. NOIR.* (*Melanthium nigrum* Thunb.) Viv. Eté. Sibérie. Montagnes. Ornement.

Fam. LILIACÉES. — *LILIACEÆ* Juss.

(Du genre *Lilium*, lis).

Hexandrie *L.* — **Liliacées** *Tourn.*

G. **Tulipa** *Tourn.* — **Tulipe.**

(De *Thouliban*, nom persan de la plante).

T. GESNERIANA L. — *T. DE GESNER.* (*Tulipe des fleuristes*). Viv. Print. Orient, Italie. XVIe siècle. Ornement.

T. OCULUS SOLIS St-Am. — *T. ŒIL DE SOLEIL.* Viv. Print. Midi. Ornement.

T. SYLVESTRIS L.— *T. SAUVAGE.* (*Avant-Pâques*). Viv. Print. Bois, prairies calcaires. Haute-Normandie. TR.

T. SUAVEOLENS Roth.—*T. ODORANTE.* (*Duc de Thol*). Viv. Print. Midi. Ornement.

G. **Erythronium** *L.* — **Erythrone.**

(ερυθρος, rouge ; allus. à la couleur des feuilles et des fleurs).

E. DENS CANIS L. — *E. DENT DE CHIEN.* (*E. maculatum* Lamk.) Viv. Print. Sibérie. Ornement.

G. **Fritillaria** *L.* — **Fritillaire.**

(De *Fritillus*, cornet à jouer aux dés; allusion à la forme du périanthe).

F. IMPERIALIS L.—*F. IMPÉRIALE.* (*Imperialis Comosa* Mœnch. — *Petillium imperiale* St-Hil.) (*Couronne impériale, Herbe aux sonnettes*). Viv. Print. Orient. XVIe siècle. Ornem.

F. PERSICA L. — *F. DE PERSE.* Viv. Print. Perse. XVIe siècle. Ornement.

F. MELEAGRIS L. — *F. PINTADE.* (*Fritillaire-Damier, Gogane, Coccigrole, Cocane, Damier, Clochette, Gorgone, Pique, Tulipe des prés).* Viv. Print. Pâturages humides des montagn., bords des eaux. Midi. Ornement.

G. **Lilium** *L.* — **Lis.**

(Du celtique *Li*, blanc ; ou de Λειριον, nom grec du lis).

L. MARTAGON L. — *L. MARTAGON.* (*Turban*). Viv. Eté. Bois. Centre, Midi. Ornement.

L. BULBIFERUM L.— *L. BULBIFÈRE.* (*L. humile* Mill.) Viv. Print.-été. Montagnes. Alpes, Dauphiné.

L. CROCEUM Chaix. — *L. ORANGÉ.* (*L. bulbiferum* Var. Pers.) Viv. Eté. Italie? Autriche. Ornement.

L. CANDIDUM L. — *L. BLANC.* (*Lis commun*). Viv. Eté. Syrie, Perse. Ornement.

G. **Yucca** *L.* — **Yucca.**

(Nom caraïbe de la plante).

Y. GLORIOSA L. — *Y. SUPERBE.* Lign. Eté. Virginie, Caroline. 1596. Ornement.

Y. FILAMENTOSA L. — *Y. FILAMENTEUX.* Viv. Eté. Virginie, Caroline. 1675. Ornement.

G. **Phormium** *Forst.* — **Phormium.**

(φορμος, natte, tissu ; allusion aux fibres textiles de la plante).

P. TENAX Forst. — *P. TENACE.* (*Lin de la Nouvelle-Zélande*). Viv. Eté. Nouvelle-Zélande. Ornement. Pl. textile. Mauvaise filasse. Feuilles utiles pour attacher les plantes.

P. COOKIANUM Le Jol. — *P. DE COOK.* Viv. Eté. Nouvelle-Zélande. Ornement.

G. **Funkia** *Spreng.* — **Funkie.**

(Dédié à Funch , botaniste allemand).

F. SUBCORDATA Spreng. — *F. PRESQUE EN CŒUR.* (*Hemerocallis Japonica* Thunb. — *alba* Andréz.) (*Hémérocalle du Japon*). Viv. Eté. Japon, Chine. 1795. Ornement.

F. OVATA Spreng. — *F. OVALE.* (*Hemerocallis Japonica* Var. B. Willd. — *cœrulea* Andréz.) (*Hémérocalle bleue*). Viv. Eté. Japon. 1793. Ornement.

G. **Agapanthus** *Lhér.* — **Agapanthe.**

(αγαπητεος, aimable ; ανθος, allus. à la beauté de cette fleur).

A. UMBELLATUS Lhér. — *A. EN OMBELLE.* (*Crinum Africanum*). (*Tubéreuse bleue*). Viv. Eté. Cap. 1692. Ornem.

G. **Hemerocallis** *L.* — **Hémérocalle.**

(ημερα, jour ; καλλος, beau ; allus. à la beauté de la fleur).

H. FLAVA L. — *H. JAUNE.* (*Lis jaune*, *Lis Asphodèle*). Viv. Eté. Hongrie. Yllyrie. Midi. Ornement.

H. FULVA L. — *H. FAUVE.* Viv. Eté. Midi. Ornement.

H. GRAMINEA Andréz.—*H. GRAMINÉE.* (*H. plantaginea* Hort.?) Viv. Eté. Sibérie. Ornement.

G. **Tritoma** *Ker.* — **Tritoma.**

(τρις, trois ; τεμνειν, couper ; allusion aux feuilles anguleuses et épineuses).

T. UVARIA Gaw. — *T. FAUX ALOÈS.* (*Kniphophia Aloides* Mœnch. — *Veltheimia Uvaria* Willd. — *Aletris Uvaria* L. — *Aloe Uvaria* L. — *longifolia* Lamk.) Viv. Eté. Cap. 1707. Ornem.

G. **Aloe** *Tourn.* — **Aloès.**

(De *Allæh*, nom arabe de l'espèce principale).

A. VARIEGATA L. — *A. PANACHÉ.* (*Aloès bec de perroquet*). Viv. Eté. Cap. 1720. Ornement. Suc drastique.

G. **Asphodelus** *L.* — **Asphodèle.**

(σφοδελος, fer de pique ; allusion à la forme des feuilles).

A. ALBUS Mill. et Willd. — *A. BLANC.* (*A. ramosus* Murr., non L. Var B. Lamk. — *A. verus albus* Blackw.) Viv. Print. Eté. Prairies des montagn. Midi de la France et de l'Europe. Ornement.

A. LUTEUS L. — *A. JAUNE.* (*Asphodeline lutea* Rchb.) (*Verge de Jacob, Bâton de Jacob*). Viv. Eté. Alpes, Suisse. 1596. Ornement.

G. **Anthericum** *L.* — **Antheric.**

(ανθεριχος, nom grec de l'asphodèle ; ou de ανθερος, fleuri).

A. RAMOSUM L. — *A. RAMEUX.* (*Phalangium* Lamk.) (*Herbe à l'araignée*). Viv. Eté. Pelouses, coteaux calcaires. Haute-Normandie.

A. LILIAGO L. — *A. A FLEURS DE LIS.* (*Phalangium* Schrèb.) Viv. Eté. Bois montueux. Haute-Normandie.

A. PLANIFOLIUM L. — *A. A FEUILLES PLANES.* (*Phalangium bicolor* DC. — *Simethis bicolor* Kunth. — *Anthericum bicolor* Desf.) Viv. Print. Bois, coteaux. TR. Indigène. Roc de Granville.

A. OSSIFRAGUM L. — *A. BRISE OS.* (*Narthecium* Huds. — *Abama* DC.) (*Narthecie, Abama* et *Antheric des marais*). Viv. Eté. Prés marécageux. TR. Indigène.

G. **Allium** *L.* — **Ail.**

(Du celtique *All*, chaud ; brûlant).

A. URSINUM L. — *A. DES OURS.* (*Ail des bois*). Viv. Print. Bois, bords des eaux, lieux frais. R. Indigène.

A. MOLY L. — *A. MOLY.* (*Allium aureum* Lamk.) (*Ail doré.*) Viv. Eté. Midi de l'Europe. Ornement.

A. SCHOENOPRASUM L. — *A. CIVETTE.* (*Appetit, fausse Echalotte, Ciboulette*). Viv. Eté. Hautes montagn. Midi, Alpes, Pyrénées. Plante potagère.

A. CEPA L.—*A. OIGNON.* (*Porrum Cepa* Rchb.) (*Oignon*). Bisann. Eté. Patrie inconnue. Culture potagère.

A. VINEALE L.—*A. DES VIGNES.* (*A. arenarium* Fries.) Viv. Eté. Vieux murs, falaises. TR. Indigène.

A. SPHOEROCEPHALUM L. — *A. A TÊTE RONDE.* Viv. Eté. Champs et coteaux du littoral. RR.-Indigène.

A. MOSCHATUM L. — *A. MUSQUÉ.* Viv. Eté. Midi.

A. PORRUM L. — *A. POIREAU.* (*Porrum sativum* Mill. — *commune* Rchb.) Ann. Eté. Midi de l'Europe. Méditerranée. Culture potagère.

A. ASCALONICUM L. — *A. ECHALOTE.* (*Echalote, Ciboule*). Viv. Eté. Syrie, Asie Mineure. Plante potagère.

A. SATIVUM L. — *A. CULTIVÉ.* (*Porrum sativum* Rchb.) Viv. Eté. Midi de l'Europe. Sicile, Provence? Pl. médicinale, condimentaire.

A. SCORODOPRASUM L.— *A. ROCAMBOLE.* (*A. ophioscorodon* Don. — *A. sativum* Var. B. Trévir. — *Porrum ophioscorodon* Rchb.) (*Ail d'Espagne, Ail rouge des Génois, Rocambole*). Viv. Eté. Grèce et région méditerrann. Pl. potagère.

G. **Ornithogalum** *L.* — **Ornithogale.**

(ορνιθογαλον, nom grec d'une plante bulbeuse à fleur blanche; ou de ορνις, oiseau; γαλα, lait; lait des poules; allusion à une chose rare merveilleuse).

O. UMBELLATUM L. — *O. EN OMBELLE.* (*Dame d'onze heures*). Viv. Print. Prés, vergers. TR. Indigène.

O. PYRAMIDALE L. — *O. PYRAMIDAL.* (*Epi de lait, Epi de la vierge*). Viv. Eté. Midi de l'Europe. 1739. Ornem.

O. SULFUREUM Rœm. et Sch. — *O. SOUFRÉ.* Viv. Eté. Haies, bois découverts, terrains calcaires. Haute-Normandie. Orne.

G. **Scilla** *L.* — **Scille.**

(De σκυλλειν, égratigner, nuire; à cause des propriétés incisiv. et vénéneuses; ou de σκιλλα, nom grec d'une espèce).

S. PERUVIANA L.— *S. DU PÉROU.* (*Jacinthe du Pérou*). Viv. Print. Pérou. Ornement.

S. ITALICA L. — *S. D'ITALIE*. Viv. Print. Suisse, Calabres. 1629. Ornement.

S. VERNA Huds. — *S. PRINTANIÈRE*. (*S. umbellata* Ramond.) Viv. Print. Coteaux maritimes. RRR. Indigène?

S. AUTUMNALIS L. — *S. D'AUTOMNE*. Viv. Eté. Automne. Coteaux maritimes. R. Indigène.

S. AMŒNA L. — *S. AGRÉABLE*. Viv. Print. Midi de l'Europe. 1596. Ornement.

S. LILIO-HYANCINTHUS L. — *S. LIS-JACINTHE*. Viv. Print.-été. Pyrénées, Centre. Ornement.

S. NUTANS Sm. — *S. PENCHÉE*. (*Agraphis* Link. — *Endymion* Don. — *Hyacinthus* non *Scriptus* L. — *pratensis* Lamk. — *Scilla* non *Scripta* Hoffm.) (*Jacinthe des bois*, *Scindés*, *Muguet bleu*). Viv. Print. Bois. AC. Indigène.

S. MARITIMA L. — *S. MARITIME*. (*Urginea Scilla* Steinh. — *Ornithogalum maritimum* Lam. — *O. Squilla* Bot. Mag.) (*Scille officinale*, *Squille*, *Squille marine ou rouge*, *Scipoule*). Viv. Eté. Syrie. Méditerranée. Canaries. Plante médicinale, incisive, diurétique.

G. **Hyacinthus** *L. Tourn.* — **Hyacinthe.**

(Nom mythologique du jeune Hyacinthe, favori d'Apollon).

H. ORIENTALIS L. — *H. D'ORIENT*. Viv. Print. Levant. Europe méridionale. 1596. Ornement.

G. **Muscari** *Tourn.* — **Muscari.**

(De Μοςχος, musc ; allusion à l'odeur d'une espèce).

M. RACEMOSUM Mill. — *M. EN GRAPPE*. (*Hyacinthus* L. — *Botryanthus odorus* Kunth.) Viv. Print. Champs, vignes. Centre. Midi. Ornement.

M. MOSCHATUM Desf. — *M. MUSQUÉ*. (*M. ambrosiacum* Mœnch. — *Hyacinthus Muscari* L.) Viv. Print. Levant. 1596. Ornement.

M. MONSTROSUM Mill. — *M. MONSTRUEUX*. (*M. comosum* Var.) (*Lilas terrestre*, *Jacinthe de Sienne*). Viv. Print. champs, vignes. Centre, Midi. Ornement.

M. COMOSUM Mill. — *M. A TOUPET*. (*Hyacinthus* L. — *Bellevalia* Kunth.) Viv. Print. Champs, vignes. Centre, Midi. Ornement.

Fam. **ASPARAGINÉES**. — *ASPARAGINEÆ* Juss.

(Du genre *Asparagus*, asperge).

Diœcie *L.* — **Liliacées** *Tourn.*

G. **Asparagus** *L.* — **Asperge.**

(ασπαραγος, asperge; ou de σπαρασσειν, déchirer; allusion à certaines espèces qui sont armées d'épines).

A. OFFICINALIS L.—*A. OFFICINALE.* (*A. sativa* Bauh.) Viv. Eté. Bords des champs sablonneux du littoral. RRR. Indigène. Pl. alimentaire, médicinale, calmante, diurétique.

A. DECLINATUS L. — *A. PENCHÉE.* Viv. Eté. Afrique.

G. **Paris** *L.* — **Parisette.**

(De *Par*, égal; allusion au nombre quaternaire des diverses parties de la plante; ou d'un nom mythologique).

P. QUADRIFOLIA L. — *P. A QUATRE FEUILLES.* (*Herbe de Paris, Raisin de Renard, Morelle à quatre feuilles, Etrangle-loup*). Viv. Print. Bois. TR. Ornement.

G. **Convallaria** *L.* — **Muguet.**

(*Convallis*, vallée ; λειριον, lis; c'est-à-dire lis des vallées).

C. MULTIFLORA L. — *M. MULTIFLORE.* (*Polygonatum* Desf.) (*Sceau de Salomon, Genouillet, Herbe de la rupture*). Viv. Print. Bois. AR. Indigène. Ornement.

C. POLYGONATUM L. — *M. ANGULEUX.* (*Polygonatum vulgare* Desf. — *anceps* Mœnch.) (*Signet*). Viv. Print. Bois des terrains calcaires. AR. Indigène. Ornement.

C. MAIALIS L. — *M. DE MAI.* (*Muguet, Lis de mai, Lis des vallées*). Viv. Print. Bois. TR. Indigène. Ornement.

G. **Ruscus** *L.* — **Fragon.**

(De *Ruscus* ou *Bruscus*, du celtique-breton *Beus*, buis ; *Kelenn*, houx ; c'est-à-dire buis-houx ; allusion à son port et aux piquants de ses feuilles).

R. ACULEATUS L. — *F. PIQUANT.* (*Petit Houx, Houx fragon, Houx frelon, Buis piquant, Buis épineux, Myrte épineux*). Lign. Print. Talus des fossés, bois, coteaux. AC. Indigène.

R. HYPOPHYLLUM L. — *F. HYPOPHYLLE.* (*Laurier Alexandrin*). Lign. Print. Italie. 1683. Ornement.

R. RACEMOSUS L.— *F. A GRAPPES.* (*Danæ* Mœnch. — *Danaida* Link.) Lign. Print. Région méditerrann., Caucase, Archipel. Ornement.

G. **Smilax** *Tourn.* — **Smilax.**

(De σμίλαξ, grattoir; allusion à l'âpreté de la tige).

S. ASPERA L. — *S. RUDE.* (*Salsepareille d'Europe, Liseron épineux, Liset piquant, Gramon de montagne*). Lign. Automn. Europe mérid. Midi. 1656.

S. EXCELSA L. — *S. ÉLEVÉE.* Lign. Automn. Syrie.

Fam. **JONCÉES.** — *JUNCEÆ* DC.

(Du genre *Juncus*, jonc).

Hexandrie *L.* — **Liliacées** *Tourn.* — **Joncs** *Juss.*

G. **Juncus** *DC.* — **Jonc.**

(De *Jungere*, joindre; allusion aux usages des tiges).

J. GLAUCUS Ehrht. — *J. GLAUQUE.* (*J. inflexus* Lécrs. — *tenax* Poir.) (*Jonc des jardiniers*). Viv. Eté. Fossés, lieux humides. C. Indigène.

J. ACUTUS Lamk. — *J. AIGU.* (*J. acutus* V. a L.) Viv. Eté. Mielles, dunes, falaises. AC. Indigène.

J. EFFUSUS L. — *J. LACHE.* (*J. communis* Var. B. Mey.) Viv. Eté. Lieux marécageux. C. Indigène.

J. GERARDI Loisel. — *J. DE GÉRARD.* (*J. cœnosus* Bab.) Viv. Eté. Marécages maritimes. R. Indigène.

J. LAMPROCARPUS Ehrht. — *J. A FRUITS LUISANTS.* (*J. articulatus* L. Part.) Viv. Eté. Lieux humides. TC. Indig.

J. ACUTIFLORUS Ehrht. — *J. A FLEURS AIGUES.* (*J. sylvestris* Rchb. — *articulatus* L. Part.) Viv. Eté. Bois, bruyères très-humides. C. Indigène.

G. **Luzula** *DC.* — **Luzule.**

(De l'italien *Luzuola*, nom d'une sorte de gramen).

L. MAXIMA L. — *L. A LARGES FEUILLES.* (*Juncus pilosus* P. L.) Viv. Print. Bois, rochers humides. AR. Indig.

L. CAMPESTRIS DC. — *L. DES CHAMPS.* (*Juncus* L.) Viv. Print. Pelouses, pâturages stériles. TC. Indigène.

L. FORSTERI DC. — *L. DE FORSTER.* (*Juncus* Sm.) Lign. Print. Bois, fossés un peu couverts. AR. Indigène.

L. VERNALIS DC. — *L. PRINTANIÈRE.* (*L. pilosa* Willd. — *Juncus pilosus* L. Var.) Viv. Print. Bois, talus des fossés couverts. AR. Indigène.

L. MULTIFLORA Lej. — *L. MULTIFLORE.* (*J. multiflorus* Ehrht.) Viv. Print. Bois. AC. Indigène.

Fam. **COMMELINÉES.** — *COMMELINEÆ* R. Br.

(Du genre *Commelina*).

Triandrie et Hexandrie monogynie *L.* — **Liliacées** *Tourn.*

G. **Commelina** *Dill.* — **Commeline.**

(Dédié aux deux frères Commelynus, botanistes allemands).

C. TUBEROSA L.— *C. TUBÉREUSE.* Viv. Eté. Mexique. 1732. Ornement.

C. VULGARIS Schmied. — *C. ORDINAIRE.* (*C. communis* L.) Viv. Eté. Amérique boréale. 1732. Ornement.

G. **Tradescantia** *L.* — **Ephémérine.**

(Dédié à Tradescant , botaniste anglais).

T. VIRGINICA L. — *E. DE VIRGINIE.* (*Ephémère*). Viv. Eté. Amér. septent., Virginie. 1629. Ornement.

T. CRASSULA Link. et Otto. — *E. UN PEU CHARNUE.* Viv. Eté. Brésil.

3e SOUS-CLASSE.

Monocotylédonées glumacées.

(Périanthe ordinairement nul, remplacé par des bractées écailleuses).

Fam. **CYPÉRACÉES.** — *CYPERACEÆ* DC.

(Du genre *Cyperus*).

Triandrie *L.* — **Fleurs à étamines** *Tourn.* — **Souchets** *Juss.*

G. **Carex** *L.* — **Laîche.**

(Nom donné par les Romains à diverses plantes à feuil. aiguës).

C. PANICULATA L. — *L. PANICULÉE.* Viv. Print. Bords des eaux, fossés, marais. TC. Indigène.

C. MURICATA L. — *L. RUDE.* (*C. canescens* Léers.) Viv. Print. Talus des fossés humides et couverts. R. Indigène.

C. DIVULSA Good. — *L. ÉCARTÉE.* Viv. Print. Lieux ombragés, haies. R. Indigène.

C. ACUTA Fries. — *L. AIGUE.* (*C. gracilis* Curt. — *virens* Thuill.) Viv. Print. R. Indigène. Cette espèce très-flexible, désignée sous le nom de *Hanette*, sert à faire des colliers pour les chevaux.

C. LEPORINA L. — *L. DES LIÈVRES.* (*C. ovalis* Good.) Viv. Prés, chemins humides, bois marécageux. PC. Indigèn.

C. EXTENSA Good. — *L. ÉTIRÉE.* (*C. nervosa* Guss.) Viv. Print. Bords des plages du littoral. Marécageux. TR. Indigène.

C. ŒDERI Ehrht. — *L. D'ŒDER.* (*C. flava* V. b. DC.) Viv. Print. Prés humides, landes. C. Indigène.

C. GOODENOVII Gay. — *L. DE GOODENOUGH.* (*C. cæspitosa* L. — *vulgaris* Fries.) Viv. Print. Marécages, fossés tourbeux. TR. Indigène.

C. HIRTA L. — *L. HÉRISSÉE.* Viv. Print. Prés humides. AR. Indigène.

C. DISTANS L. — *L. DISTANTE.* Viv. Print. Prairies humides. AC. Indigène.

C. LÆVIGATA Sm. — *L. LISSE.* (*C. biligularis* DC.) Viv. Print. Bois, prés humides. AR. Indigène.

C. SYLVATICA Huds. — *L. DES BOIS.* (*C. patula* Scop. — *drymeia* Ehrht.) Viv. Print. Bois. C. Indigène.

C. PSEUDO-CYPERUS L. — *L. FAUX SOUCHET.* Viv. Print. Bords des eaux, fossés humides. TR. Indigèn. Ornem.

C. MAXIMA Scop. — *L. ÉLEVÉE.* (*C. pendula* Huds.) Viv. Print. Lieux couverts. RRR. Indigène. Ornement.

C. VESICARIA L. — *L. VÉSICULEUSE.* Viv. Prés humides. TR. Indigène.

C. AMPULLACEA Good. — *L. RENFLÉE.* (*C. vesicaria* Var. B. L. — *obtusangula* Ehrht.) Viv. Print. Prés humides. RRR. Indigène.

C. RIPARIA Curt. — *L. DES RIVAGES.* (*C. crassa* Ehrht.) Viv. Print. Bords des ruisseaux. R. Indigène.

C. PALUDOSA Good. — *L. DES MARAIS.* (*C. acuta* Curt., non Fries. — *acutiformis* Ehrht. — *rigens* Thuill.) Viv. Print. Bords des eaux. R. Indigène.

Toutes ces laîches sont nuisibles et bonnes à détruire.

G. **Schœnus** *L.* — **Choin.**

(De Σχοῖνος, nom grec de divers joncs de marécages).

S. NIGRICANS L. — *C. NOIRATRE.* (*Chætophora* Kunth.) Viv. Eté. Marécages des mielles. TR. Indigène.

S. COMPRESSUS L. — *C. COMPRIMÉ.* (*Scirpus* Pers.) Viv. Print.-été. Marécages maritimes. RRR. Indigène.

S. MARISCUS L. — *C. MARISQUE.* (*Cladium* R. Br. — *C. Germanicum* Schr.) Viv. Eté. Marais. TR. Indigène.

G. **Scirpus** *L.* — **Scirpe.**

(Nom latin de divers joncs, ou de *Cirs*, en celtique jonc).

S. ROTHII Hopp. — *S. DE ROTH.* (*S. pungens* Vahl. — *tenuifolius* DC.) Viv. Eté. Marécages maritimes. RRR. Indig.

S. MARITIMUS L. — *S. MARITIME.* (*S. macrostachys* Lamk.) Viv. Eté. Marais maritimes. TC. Indigène.

S. SYLVATICUS L. — *S. DES BOIS.* Viv. Eté. Bords des eaux, marécages. TR. Indigène. Ornement.

S. LACUSTRIS L. — *S. DES ÉTANGS.* Viv. Eté. Etangs, grandes mares du littoral. R. Indigène. Ornement.

S. TABERNÆMONTANI Gm.— *S. DE TABERNÆMONTANUS.* (*S. glaucus* Sm.) Viv. Eté. Mares maritimes. AC. Indigène.

S. MULTICAULIS Sm. — *S. MULTICAULE.* (*Eleocharis* Diét.) Viv. Eté. Landes marécageuses, prés tourbeux. AC. Indigène.

G. **Eriophorum** *L.* — **Linaigrette.**

(εριον, laine ; φερειν, porter ; allusion aux houppes soyeuses des fleurs à la maturité).

E. ANGUSTIFOLIUM Roth.— *L. A FEUIL. ÉTROITES.* (*E. polystachium* V. a. L. — *Vaillantii* Poit. et Turp. — *congestum* Mert. et Koch.) (*Herbe à coton, Lin des marais, Chenuelle, Chevelu des pauvres*). Viv. Print. Prés tourbeux. TR. Indigène.

G. **Cyperus** *L.* — **Souchet.**

(De Κυπειρος, nom grec du Souchet comestible).

C. LONGUS L. — *S. LONG.* (*C. badius* Desf.) (*Han*). Viv. Eté. Lieux marécageux, prés très-humides. AR. Indigène. — Connu sous le nom de *Han*, il sert à faire des liens.

C. ESCULENTUS L.— *S. COMESTIBLE.* (*C. Sieberianus* Link. — *aureus* Ténore. — *Tenorianus* Schultz.) (*Souchet sultan, Amande de terre, Trasi*). Viv. Eté. Levant, Afrique. 1797. Tubercule alimentaire.

Fam. **GRAMINÉES.** — *GRAMINEÆ* Juss.

(De *Gramen*, gazon).

Triandrie *L.* — **Plantes à étamines** *Tourn.*

G. **Zea** *L.* — **Maïs.**

(De Ζεα, sorte de blé ; ou de Ζαειν, vivre).

Z. MAIS L. — *M. CULTIVÉ.* (*Zea vulgaris* Mill. — *Mays Zea* Gærtn.) (*Blé d'Inde, de Turquie, d'Espagne*). Ann. Eté. Amérique. Cult. fourragère à encourager pour consommer en vert. Semences aliment. Ornement.

G. **Coïx** *L.* — **Larmille.**

(Nom donné par Théophraste à une graminée).

C. LACRYMA L. — *L. LARME DE JOB.* (*C. arundinacea* Lamk. — *Litagrostis Lacryma Jobi* Gærtn.) Ann. Eté. Indes, Orient. 1596. Ornement.

G. **Tripsacum** *L.* — **Tripsacum.**

(De τριβω, broyer ; ακος, remède ; c.-à-d. remède contre les contusions et plaies).

T. DACTYLOIDES L. — *T. DACTYLOIDE.* Viv. Eté. Marais. Amérique boréale. Ornement. Plante très-dure ; à détruire.

G. **Leersia** *Sol.* — **Léersie.**

(Dédié à Léers, botaniste allemand).

L. ORYZOIDES Sw. — *L. FAUX RIS.* (*Phalaris* L. — *Asprella* Lamk.) Viv. Eté. Bords des eaux. TR. Indigène.

G. **Anthoxanthum** *L.* — **Flouve.**

(ανθος, fleur ; ξανθος, jaune ; allus. à la couleur de l'épi).

A. ODORATUM L. — *F. ODORANTE.* (*Avena diantha* Hall.) (*Foin dur*). Viv. Print. Prairies, coteaux, bois. TC. Indig. C'est elle qui parfume nos foins et que l'on ne saurait trop multiplier.

G. **Phalaris** *L.* — **Alpiste.**

(De Φαλαρις, nom grec d'une plante argentée ; de φαλλος, brillant).

P. CANARIENSIS L. — *A. DES CANARIES.* (*Blé des Canaries, Millet long, Alpiste, Escayol, Graine d'oiseau, Cunère, Lime, Graine des Canaries, d'Aspic*). Ann. Print. Iles Canaries. Cultiv. Naturalisé en France.

P. PARADOXA L. — *A. RONGÉ.* Ann. Print.-Eté. Lieux herbeux. Midi, Corse.

P. MINOR Retz. — *A. MINEUR.* (*P. aquatica* Nutt.) Ann. Print.-été. Lieux herbeux. Midi, Corse.

P. ARUNDINACEA L. — *A. ROSEAU.* (*Calamagrostis colorata* Sibth. — *Baldingera arundinacea* Kunth. — *Digraphis arundinacea* Trin.— *Typhoides arundinacea* Mœnch.— *Arundo colorata* Willd.) (*Roseau, Herbier, Fromenteau, Rubanier, Ruban d'eau*). Viv. Eté. Bords des eaux. AR. Indigène.

La variété panachée *Ph. picta* ou *variegata* porte le nom de *Ruban de Bergère*. Ornement.

G. **Panicum** *L.* — **Panic.**

(De *Panis*, pain; allus. à la propriété alibile du millet).

P. SANGUINALE L. — *P. SANGUIN.* (*Digitaria* Kœl. — *Paspalum* Lamk.—*Dactylum* Vill.—*Phalaris velutina* Forsk.— *Syntherisma vulgare* Schr.) (*Panis, Manne, Sanguinelle, Panis sanguin, pourpré*). Ann. Eté. Champs, lieux incultes. R. Indig.

P. MILIACEUM L.—*P. MILLET.* (*P. esculentum* Mœnch.) (*Mil, Millet, Millet commun, à panicules*). Ann. Eté. Indes. Cult. alimentaire.

P. ITALICUM L.— *P. D'ITALIE.* (*Setaria* Pal. B.— *Pennisetum* R. Br. — *Panicum glomeratum* Mœnch. — *P. Germanicum* Roth.) (*Millet des oiseaux, d'Italie, à chandelles, petit Mil, Penille, Penouille, Panouque, Moha de Hongrie, Couscou*). Ann. Eté. Orient. Cultiv. Gr. aliment.

P. VIRIDE L.— *P. VERT.* (*Setaria*. Pal. B. — *Pennisetum* R. Br. — *Panicum bicolor* Mœnch. — *P. cynosuroides* Scop. — *P. lævigatum* Lamk.) (*Mierge, Panis lisse, Panis sauvage, Penessie*). Ann. Eté. Lieux cultivés. TR. Indigène. Mauvais fourrage.

P. ASPERUM Lamk. — *P. RUDE.* (*P. verticillatum* L. — *Setaria verticillata* P. B. — *Pennisetum verticillatum* R. Br.) Ann. Eté. Lieux cultivés. France. TR. Mauvais fourrage.

P. CRUS-GALLI L. — *P. PIED DE COQ.* (*P. Crus-Corvi* L. — *Echinochloa* Pal. B. — *Milium* Mœnch. — *Oplismenus* Kunth.) (*Pied de coq, Crète de coq, Ergot de coq, Patte de poule, Millard, Panis des Marais*). Ann. Eté. Champs humides. R. Indigène.

G. **Saccharum** *L.* — **Canne.**

(De σαχχαρ, qui vient de *Soukar*, sucre; allusion au produit de la plante).

S. RAVENNÆ L. — *S. DE RAVENNE.* (*Erianthus* Pal. B.) Viv. Aut. Sables humides. Midi. Ornement.

S. CYLINDRICUM L. — *S. CYLINDRIQUE.* (*Imperata arundinacea* Cyrill. — *cylindrica* P. B. — *Lagurus cylindricus* L.) Viv. Eté. Sables. Midi. Ornement.

G. **Andropogon** *L.* — **Barbon**.

(ανηρ, πωγων, barbe d'homme ; allusion aux arêtes des fleurs).

A. ISCHOEMUM L. — *B. PIED DE POULE.* (*Chiendent à balais*, *Brossière*). Viv. Eté. Lieux stériles et secs. Midi.

A. HALEPENSIS Sibth. — *B. D'ALEP.* (*Sorghum* Pers. — *Holcus* L. — *Blumenblachia* Kœl.) Viv. Eté. Syrie, Midi.

A. SACCHARATUS Roxb. — *B. SUCRÉ.* (*Holcus* L. — *Sorghum* Pers.) Ann. Eté. Indes, Arabie. Pl. à sucre. Graines tinctoriales.

A. NIGER Kunt. — *B. NOIR.* (*Sorghum* Rœm. et Schultz.) Ann. Eté. Patrie inconnue.

A. SORGHUM Brot. — *B. SORGHO.* (*Holcus* L. — *Sorghum vulgare* Pers.) (*Doura*, *Douro*, *grand Millet*, *d'Inde*, *Balajos*). Ann. Eté. Cultiv. Graines aliment.

G. **Crypsis** *Ait.* — **Crypsis**.

(χρυπτειν, cacher ; allus. aux fleurs involucrées par les feuill.

C. ACULEATA Lamk. — *C. AIGUILLONNÉ.* (*Schœnus* L. — *Heleochloa diandra* Hort.) Ann. Eté. Lieux humides. Midi, Ouest.

G. **Alopecurus** *L.* — **Vulpin**.

(De Αλοπηξ, renard ; ουρα, queue ; allus. à la forme de l'épi).

A. AGRESTIS L. — *V. AGRESTE.* Ann. Print.-été. Champs. AC. Indigène. Bon fourrage, précoce.

A. GENICULATUS L. — *V. GÉNICULÉ.* Viv. Print.-été. Prés, lieux marécageux. C. Indigène. Bon fourrage.

G. **Phleum** *L.* — **Phléole**.

(De Φλεως, nom grec du *Typha* et donné par Linnée à cause de la forme de l'épi).

P. PRATENSE L. — *P. DES PRÉS.* (*Thimothy*, *Thimothée*, *Marsette*, *Manette*, *grosse Marsette*). Viv. Print.-été. Prés. AC. Indigène. Bon fourrage.

P. ARENARIUM L. — *P. DES SABLES.* (*Phalaris* Huds. — *Chilochloa* P. B. Ann. Eté. Bords du littoral. TC. Indig.

G. **Lagurus** *L.* — **Lagure.**

(De λαγος, lièvre ; ουρα, queue ; allusion à la forme de l'épi).

L. OVATUS L. — *L. OVOIDE.* (*Queue de lapin*). Ann. Print.-été. Pelouses maritimes, sables, mielles. RR. Indigèn.

G. **Agrostis** *L.* — **Agrostis.**

(αγροστις, nom grec de plusieurs graminées ; de αγρος, champ).

A. VULGARIS With.— *A. COMMUN.* Viv. Eté. Pâturag., lieux secs. TC. Indigène. Bon fourrage.

A. STOLONIFERA L. — *A. STOLONIFÈRE.* (*A. alba* L. — *Vilfa alba* P. B.) (*Cernue, Eternue, Drigonnée, Foin rampant, Tremme, Trainasse*). Viv. Eté. Bois, lieux ombragés. TC. Indigène.

A. SPICA-VENTI L.— *A. JOUET DU VENT.* (*Apera* P. B. — *Anemagrostis* Trin.) Ann. Eté. Moissons. R. Indigène.

G. **Gastridium** *P. B.* — **Gastridie.**

(De γαστηρ, ventre ; allusion aux glumes ventrues).

G. LENDIGERUM Gaud. — *G. VENTRUE.* (*Milium* L. — *Gastridium australe* P. B. — *Agrostis ventricosa* Gouan). Ann. Print.-Eté. Moissons. RR. Indigène. Mauvais fourrage.

G. **Polypogon** *Desf.* — **Polypogon.**

(De πολυς, beaucoup, πωγων, barbe ; allusion aux arêtes des glumes et glumelles).

P. MONSPELIENSIS Desf. — *P. DE MONTPELLIER.* (*Alopecurus Monspeliensis* L. — *A. paniceus* Lamk.) Ann. Eté. Sables du littoral. RRR. Indigène.

G. **Calamagrostis** *Roth.* — **Calamagrostis.**

(καλαμος, roseau ; αγροστις, agrostis ; c.-à-d. herbe entre le roseau et l'agrostis).

C. ARENARIA Roth. — *C. DES SABLES.* (*Arundo* L. — *Psamma* Rœm. et Sch. — *Ammophila* Link. — *Psamma littoralis* P. B.— *Ammophila arundinacea* Hort.) (*Millegreux*). Viv. Eté. Sables maritimes, dunes. TC. Indigène. Sert à faire des chapeaux de marin.

C. ARGENTEA DC. — *C. ARGENTÉE.* (*Agrostis Calamagrostis* L.— *A. stipata* Kœl.— *Calamagrostis speciosa* Host.— *Arundo speciosa* Schr. — *Stipa Calamagrostis* Valhenb. — *Achnaterum argenteum* P. B.— *Lasiagrostis Calamagrostis* Link.) Viv. Eté. Alpes, Provence. Lieux secs. Ornement.

G. **Milium** *L.* — **Millet.**

(De *Mille*, mille ; allusion au grand nombre de graines).

M. EFFUSUM L. — *M. ÉTALÉ.* (*Agrostis* DC.) Viv. Print. Bois. AR. Indigène.

M. CŒRULESCENS Desf. — *M. BLEUATRE.* (*Agrostis* DC. — *Piptatherum* P. B.) Viv. Print. Midi.

G. **Stipa** *Valh.* — **Stipa.**

(De στυπη, filasse ; allusion aux barbes des fleurs).

S. PENNATA L. — *S. PLUMEUSE.* Viv. Print. Bois, lieux secs. Centre, Est, Midi. Ornement.

S. CAPILLATA L. — *S. CAPILLAIRE.* Viv. Eté. Lieux secs. Midi. Ornement.

S. TORTILIS Desf. — *S. CONTOURNÉE.* Ann. Print. Lieux incultes. Midi.

G. **Cynodon** *Rich.* — **Chiendent.**

(κυων, chien ; οδους, dent ; plante mangée par les chiens).

C. DACTYLON Pers. — *C. DIGITÉ.* (*Paspalum* DC. — *Panicum* L. — *Digitaria Dactylon* Scop. — *stolonifera* Schrad. — *Dactylum officinale* Vill. — *Fibichia umbellata* Kœl. — *Paspalum præcox* Vahl.) (*Gros Chiendent*, *Chiendent pied de poule*). Viv. Eté. Mielles, sables maritimes. AR. Indigène. C'est la racine de cette plante que l'on expédie dans la droguerie sous le nom de chiendent. Rac. diurétique, adoucissante, sucrée.

G. **Aira** *L.* — **Canche.**

(De αιρα, nom grec de l'ivraie).

A. CANESCENS L. — *C. BLANCHATRE.* (*Corynephorus* P. B.) Viv. Eté. Lieux secs.

A. CŒSPITOSA L. — *C. GAZONNANTE.* (*Deschampsia* P. B.) (*Canche élevée, des gazons*). Viv. Eté. Lieux humides, bords des eaux. R. Indigène.

A. LEGEI Bor. — *C. DE LÉGÉ.* (*A. flexuosa* Var. — *montana* L. ?) Viv. Eté. Bois. AR. Indigène.

A. CARYOPHYLLEA L. — *C. CARIOPHYLLÉE.* (*Avena* Koch. — *Airopsis* Fries.) Ann. Eté. Coteaux, pelouses. C. Indigène.

G. **Holcus** *L.* — **Houque.**

(Nom donné par Pline à une plante ayant une propriété imaginaire de tirer les épines du corps en se liant les bras et la tête avec ses tiges).

H. LANATUS L. — *H. LAINEUSE.* (*Avena* Kœl.) (*Houlque aristée, Blanchard velouté*). Viv. Eté. Bois, prairies. C. Indigèn.

H. MOLLIS L. — *H. MOLLE.* (*Avena* Kœl.) Viv. Eté. Bois, haies, bords des eaux. AC. Indigène. Plantes molles, fourrages médiocres.

G. **Danthonia** *DC.* — **Danthonie.**

(Dédié à Danthoine, botaniste français).

D. DECUMBENS DC. — *D. INCLINÉE.* (*Triodia* P. B. — *Festuca* L. — *Poa* With.) Viv. Eté. Landes et bruyères. AR. Indigène.

G. **Avena** *L.* — **Avoine.**

(De *avere, aveo,* désirer ; c'est-à-dire plante recherchée par les animaux).

A. FLAVESCENS L. — *A. JAUNATRE.* (*Trisetum flavescens* P. B. — *T. pratense* Pers.) (*Avoine blonde, Avenette, petit Fromental*). Viv. Eté. Prés, haies. R. Indigène.

A. SATIVA L. — *A. COMMUNE.* (*Avoine*). Ann. Eté. Cultivée. Plante alimentaire. Excellent fourrage.

A. STRIGOSA Schrab. — *A. RUDE.* (*A. nervosa* Lamk. — *Danthonia strigosa* P. B.) Ann. Eté. Moissons. RR. Indigène.

A. FATUA L. — *A. FOLLE.* (*Avron, Folle-Avoine, Boufe, Pied de mouche, Coquiole*). Ann. Eté. Moissons. C. Indigène.

A. ORIENTALIS Sch. — *A. DU LEVANT.* (*A. racemosa* Thuil.) (*Avoine unilatérale, à grappes, Avoine de Hongrie, de Russie*). Ann. Eté. Cultiv. Aliment.

A. NUDA L. — *A. NUE.* (*Avoine de Tartarie*). Ann. Eté. Cultiv. Aliment.

A. PRATENSIS L. — *A. DES PRÉS.* (*Avenette*). Viv. Eté. Pâturages secs. Littoral. RRR. Indigène.

A. ELATIOR L. — *A. ÉLEVÉE.* (*Arrhenatherum elatius* Gaud. — *A. avenaceum* P. B. — *Holcus avenaceus* Scop. — *Hordeum avenaceum* Wigg.) (*Fromental, faux Froment, faux seigle, Avenat, Fenasse, Pain-Vin, Ray-grass de France*). Viv. Eté. Pâturages. AR. Indigène. Bon fourrage.

A. BULBOSA Willd. — *A. BULBEUSE.* (*Avena precatoria* Thuill. — *Arrhenatherum bulbosum* Presl. — *precatorium*

Diét. — *avenaceum precatorium* Jacques). Confondue sous les mêmes noms vulgaires et de plus *Chiendent à chapelets*. Viv. Pâturages. AC. Indigène. Plante envahissante, à détruire.

A. FRAGILIS L. — *A. FRAGILE*. (*Gaudinia* Pal. B.) Ann. Eté. Coteaux, pâturages secs. RRR. Indigène.

G. **Kœleria** *Pers.* — **Kœlérie.**

(Dédié à Kœler, professeur d'histoire naturelle à Mayence).

K. ALBESCENS DC. — *K. BLANCHATRE*. (*K. cristata* Pers. — *Poa cristata* With. — *Aira cristata* L. — *Festuca cristata* Vill.) Viv. Eté. Coteaux ou pelouses du littoral. TR. Indigène.

G. **Arundo** *L.* — **Roseau.**

(Du celtique *Aru*, eau ; plante aquatique).

A. DONAX L. — *R. A QUENOUILLE*. (*A. sativa* Lamk. — *Donax arundinaceus* P. B.) (*Canne de Provence, grand Roseau*). Viv. Automne. Marais. Midi. Ornement. Racine antilaiteuse, sucrée.

A. PHRAGMITES L. — *R. A BALAIS*. (*Arundo vulgaris* Lamk.— *Phragmites communis* Trin.) (*Rôs*). Viv. Eté. Marais, fossés. AC. Indigène.

G. **Gycnerium** *Humb. et Bonpl.* — **Gynévri.**

(γυνη, pistil ; εριον, laine ; plante à pistil laineux).

G. ARGENTEUM Nées. — *G. ARGENTÉ*. (*Arundo dioica* Spreng. — *Selloana* Schultz.) (*Herbe des Pampas*). Viv. Eté. Amér. mérid. Ornement.

G. **Cynosurus** *L.* — **Cynosure.**

(De χυων, ουρα, queue de chien ; allusion à la forme de l'épi).

C. CRISTATUS L. — *C. A CRÈTES*. (*Queue de chien, Cretelle, Cretelle huppée, des prés*). Viv. Eté. Prés secs, chemins herbeux. AC. Indigène. Fourrage dur.

C. ECHINATUS L. — *C. HÉRISSÉ*. (*Chrysurus* P. B.) Ann. Print. Falaises, chemins des coteaux. RRR. Indigène.

C. AUREUS L. — *C. DORÉ*. (*Lamarkia* Mœnch.) Viv. Print. Midi, Corse. Ornement.

G. **Sesleria** *Ard.* — **Seslérie.**

(Dédié à Sesler, botaniste du XVIIIe siècle).

S. CŒRULESCENS Ard.— *S. BLEUATRE.* (*Cynosurus* L.) Viv. Print. Lieux secs, pelouses calcaires. Haute-Normandie. RR.

S. ARGENTEA Gm.— *S. ARGENTÉE.* (*S. cylindrica* DC.) Viv. Eté. Provence.

G. **Melica** *L.* — **Mélique.**

(De *Melica*, nom italien d'un millet à moëlle d'un goût de miel).

M. CILIATA L. — *M. CILIÉE.* Viv. Print. Lieux secs. Midi. Ornement.

M. UNIFLORA L. — *M. UNIFLORE.* (*M. nutans* Lamk., non L. — *Lobelii* Vill.) Viv. Print. Bois, chemins couverts. AR. Indigène.

M. ALTISSIMA L. — *M. TRÈS-ÉLEVÉE.* (*M. Sibirica* Lamk.) Viv. Eté. Sibérie, Caucase. Ornement.

M. BAUHINI All. — *M. DE BAUHIN.* Viv. Print. Lieux secs. Midi. Ornement.

G. **Molinia** *Mœnch.* — **Molinie.**

(Dédié à J.-Ignace Molina, botaniste espagnol. 1782).

M. CŒRULEA Mœnch. — *M. BLEUE.* (*Melica* L. — *Festuca* DC. — *Aira* Spreng. — *Enodium* Gaud. — *Poa* Mér. — *Molinia varia* Schr. — *Aira atrovirens* Thuill.) (*Jonchée, Canche bleue, Guinche, Ganne*). Viv. Eté. Landes, coteaux, bois. AC. Indigène.

G. **Catabrosa** *Pal.* — **Catabrose.**

(De χαταβρομα, nourriture; allus. à ses propriétés nutritives).

C. AQUATICA P. B. — *C. AQUATIQUE.* (*Aira* L. — *Glyceria airoides* Rchb. — *Poa airoides* Kœl.) Viv. Print.-été. Fossés, mares, chemins très-humides. TR. Indigène. Propre à semer dans les sols tourbeux.

G. **Glyceria** *R. Br.* — **Glycérie.**

(γλυκερος, doux; allus. aux propriétés aliment. de la plante).

G. FLUITANS R. Br. — *G. FLOTTANTE.* (*Poa* Scop. — *Festuca* L. — *Hydrochloa* Hartm.) (*Manne de Pologne, Herbe à la manne, Manne de Prusse, de Hongrie, Chiendent à la manne, aquatique, flottant, Manne aquatique, Fétuque penchée, Paturin flottant, Brouille).* Viv. Eté. Mares, étangs, rivières lentes. AC. Indigène. Excellent fourrage à propager dans les endroits inondés et tourbeux.

G. SPECTABILIS Mert. et Koch. — *G. REMARQUABLE.* (*G. aquatica* Sm. — *Poa aquatica* L.) Viv. Eté. Fossés, marais, étangs. R. Indigène.

G. **Briza** *L.* — **Brize**.

(De Βριθειν, s'incliner; allusion aux épillets inclinés qui se balancent au moindre vent).

B. MAXIMA L. — *B. A GROS ÉPILLETS.* Ann. Eté. Lieux incultes. Midi. Ornement.

B. MEDIA L. — *B. MOYENNE.* (*B. pendula* DC.) (*Amourette, Tremblette, Grolette, Crolette, Tamisaille, Pain d'oiseau, Gramen tremblant*). Viv. Print. Coteaux, pelouses. AC. Indigène. Ornement.

B. MINOR L. — *B. MINEURE.* (*B. virens* DC.) Ann. Eté. Moissons. AC. Indigène.

G. **Poa** *L.* — **Paturin**.

(De Ποα, gazon, herbage).

P. TRIVIALIS L. — *P. COMMUN.* (*Poa scabra* Ehrht. — *P. dubia* Léers.) Viv. Print-été. Prairies. TC. Indigène. Excellent fourrage.

P. NEMORALIS L. — *P. DES BOIS.* Viv. Eté. Lieux couverts, bois. TR. Indigène.

P. COMPRESSA L. — *P. COMPRIMÉ.* (*P. muralis* Wib.) Viv. Eté. Lieux secs, murailles. TR. Indigène.

P. PROLIFERA Schm. — *P. PROLIFÈRE.* (*P. bulbosa* v. *vivipara* L. — *P. crispa* Thuill.) (*Paturin échalotte*). Viv. Print. Murs, pelouses sablonneuses, mielles. TR. Indigène.

P. ANNUA L. — *P. ANNUEL.* Ann. Print.-automne. Lieux incultes. TC. Indigène.

G. **Dactylis** *L.* — **Dactyle.**

(De δακτυλος, doigt; allus. grossière à la forme de la panicule).

D. GLOMERATA L. — *D. PELOTONNÉ.* (*Festuca* All.) Viv. Eté. Prés, champs, lieux incultes. TC. Indigène. Fourrage médiocre.

G. **Bromus** *L.* — **Brôme.**

(De Βρωμος, nourriture; c.-à-d. pl. donnant un bon pâturage).

B. ASPER Murr. — *B. RUDE.* (*B. nemoralis* Huds. — *dumetorum* Lam. — *nemorosus* Vill. — *ramosus* Murr. — *montanus* Poll. — *hirsutus* Curt. — *Festuca aspera* Mert. et Koch.) Viv. Eté. Fourrés, haies ombragées. AR. Indigène.

B. GIGANTEUS L. — *B. ÉLANCÉ.* (*Festuca gigantea* Vill.) Viv. Eté. Lieux couverts.

B. ERECTUS Huds. — *B. DRESSÉ.* (*B. pratensis* Kœl., non DC — *perennis* Vill. — *agrestis* All.) Viv. Print. Prairies sèches. TR. Indigène. Excellent fourrage à préférer à l'espèce suivante.

B. SCHRADERI Kunth. — *B. DE SCHRADER.* (*Ceratochloa pendula* Schrad.) (*Rescue grasse, Herbe de secours*). Viv. Eté. Amérique boréale. Caroline. 1835 ou 36. Bon fourrage en vert.

B. PURGANS L. — *B. PURGATIF.* Viv. Eté. Canada.

B. STERILIS L. — *B. STÉRILE.* (*B. jubatus* Tén.) Ann. Eté. Lieux incult., toits, murs. C. Indig. Fourrage médiocre.

B. MOLLIS L. — *B. MOLLET.* (*Serrafalcus* Parlat.) Ann. Print. Prairies, champs, murs. C. Indig. Fourrage médiocre.

B. ARENARIUS Thom. — *B. DES SABLES.* (*B. hordeaceus* L. — *Serrafalcus hordeaceus* Gr. et Godr.) Ann. Print. Pelouses maritimes. AC. Indigène.

B. RACEMOSUS Koch. — *B. EN GRAPPE.* (*Serrafalcus racemosus* Parlat.) Bisann. Print. Prés. C. Indigène.

B. COMMUTATUS Schrad. — *B. CONTROVERSÉ.* (*Serrafalcus commutatus* Bab.) Bisann. Eté. Champs, prés.

G. **Festuca** *L.* — **Fétuque.**

(Du latin *Festuca,* foin, paille; ou du celtique *Fest*, pâture).

F. PSEUDO-MYUROS Soy.Villem.—*F. FAUSSE QUEUE DE RAT.* (*F. myurus* Bab. — *muralis* Kunth. — *Myuros* Poll. — *Vulpia pseudo-myuros* Gr. et Godr.) Ann. Eté. Murs, lieux pierreux. C. Indigène.

F. RUBRA L. — *F. ROUGE.* Viv. Eté. Coteaux, pâturages, bords des chemins. C. Indigène.

F. TENUIFOLIA Sibth. — *F. A. FEUILLES MENUES.* (*F. capillata* Lamk. — *ovina* Auct., non L. — *Poa capillata* Mér.) (*Coquiole, petit Foin, Poil de loup*). Viv. Eté. Landes, bruyères. C. Indigène.

F. DURIUSCULA L. — *F. DURIUSCULE.* (*F. stricta* Host. — *F. glauca* Lamk.) Viv. Eté. Coteaux et pelouses maritimes. AC.

F. HETEROPHYLLA Lamk. — *F. HÉTÉROPHYLLE.* (*F. nemorum* Hoffm.) (*Durette*, *Fougerolle*). Viv. Eté. Bois secs. R. Indigène.

F. ARUNDINACEA Schrèb. — *F. ROSEAU.* (*F. elatior* Sm., non Lamk.— *Bromus arundinaceus* Roth. — *Schenodorus elatior* P. B.) Viv. Eté. Bords des eaux. RR. Indigène.

F. PRATENSIS Huds.— *F. DES PRÉS.* (*F. elatior* Lamk. — *Bromus elatior* Kœl. — *Schenodorus pratensis* P. B. — *Festuca loliacea* DC.) Viv. Eté. Prairies. AC. Indigène. Excellent fourrage.

F. RIGIDA Kunth. — *F. ROIDE.* (*Poa* L. — *Scleropoa* Griseb, — *Sclerochloa* Link.) Ann. Eté. Murs, coteaux secs. AC. Indigène.

F. SYLVATICA Huds. — *F. DES BOIS.* (*Festuca calamaria* Sm.— *Brachypodium sylvaticum* R. et Sch.— *gracile* P. B. — *Bromus sylvaticus* Poll. — *pinnatus* fl. Don., non L. — *Triticum sylvaticum* Mœnch.) Viv. Eté. Haies, lieux ombragés, bois. C. Indigène.

F. PINNATA Kœl. — *F. PINNÉE.* (*Triticum* Mœnch. — *Bromus* L. — *Brachypodium* P. B.) Viv. Eté. Coteaux secs. haies. R. Indigène.

G. **Lolium** *L.* — **Ivraie.**

(De *Loloa*, nom celtique des ivraies).

L. PERENNE L. — *I. VIVACE.* (*Fromental d'Angleterre*, *fausse Ivraie*, *Bonne-Herbe*, *Gazon anglais*, *Leu*, *Lolie*, *Jaucou*, *Ivraie de rat*, *Margau*, *Pâtisse*, *Pain-Vin*, *Pimouche*, *Ray-grass d'Angleterre).* Viv. Eté. Prés, pelouses. TC. Indig. Bon fourrage.

L. ITALICUM A. Braun. — *I. D'ITALIE.* (*L. Boucheanum* Kunth.— *perenne* Var. — *aristatum* Coss. et Gesm.) (*Ray-grass d'Italie*). Viv. Eté. Prés, bords des chemins. C. Indigène. Excellent fourrage.

L. TEMULENTUM Gaud. — *I. ENIVRANTE.* (*L. temulentum* L. Var. a. — *macrochœton* A. Br. — *Bromus tumulentus* Bernh. — *Crepalia temulenta* Schranck. — *Lolium annuum* Lamk.) Ann. Eté. Moissons. R. Indigène. Pl. suspecte.

L. MULTIFLORUM Lamk. — *I. MULTIFLORE.* Ann. Print.-été. Moissons. R. Indigène.

G. **Hordeum** *L.* — **Orge.**

(De *Hordus*, pesant; allus. au pain lourd qu'elle donne; ou de *Horridus*, hérissé; allus. aux barbes de l'épi).

H. MURINUM L. — *O. QUEUE DE SOURIS.* (*Zeocriton murinum* Pal. B.) Ann. Eté. Lieux incultes, pied des murs. C. Indigène.

H. MARITIMUM With. — *O. MARITIME* Ann. Eté. Sables et champs du littoral. TR. Indigène.

H. SECALINUM Schréb. — *O. FAUX SEIGLE.* (*H. pratense* Huds. — *nodosum* L.) Viv. Eté. Prairies. R. Indigène.

H. VULGARE L. — *O. COMMUNE.* Ann. Eté. Patrie inconnue. Cult. aliment.

H. DISTICHON L. — *O. A DEUX RANGS.* (*Zeocriton* P. B.) *(Paumelle, Pamelle, Pamoule, Baillerage, Orge de mars).* Ann. Eté. Caucase, Asie Mineure. Cult. aliment.

H. HEXASTICHON L. — *O. A SIX RANGS.* *(Escourgeon, Orge d'hiver, Orge carrée, anguleuse, d'Achille, Orge prime, Sucrion, Soucrion).* Ann. Eté. Patrie inconnue. Cult. aliment.

H. BULBOSUM L. — *O. BULBEUSE.* Viv. Eté. Italie, Provence.

R. ZEOCRITON L. — *O. ÉVENTAIL.* (*Zeocriton commune* P. B.) (*Orge à large épi, pyramidale, rustique, Riz d'Allemagne, faux Riz*). Ann. Eté. Midi.

G. **Elymus** *L.* — **Elyme.**

(De Ελυμος, nom grec d'un panic).

E. ARENARIUS L. — *E. DES SABLES.* Viv. Eté. Sables maritimes. RRR. Indigène. Ornement.

E. EUROPÆUS L. — *E. D'EUROPE.* (*Hordeum sylvaticum* Vill.) Viv. Eté. Bois, bords des chemins. Midi.

G. **Secale** *L.* — **Seigle.**

(De *Segal*, nom celtique du seigle).

S. CEREALE L. — *S. CULTIVÉ.* Ann. Print. Région méditerrann. Cult. aliment.

G. **Triticum** *L.* — **Froment.**

(De *Tritus*, broyé; allus. à sa transformation par la mouture).

T. CANINUM Schréb. — *F. DES CHIENS.* (*Agropyrum* Rœm. et Schultz. — *Elymus* L. — *Triticum sepium* Lamk.) Viv. Eté. Bois, haies. R. Indigène.

T. REPENS L. — *F. RAMPANT.* (*Agropyrum* P. B.) (*Chiendent*). Viv. Eté. Haies, champs cultivés. C. Indigène. Racine sucrée, adoucissante.

T. ACUTUM DC. — *F. AIGU.* (*Agropyrum* Rœm. et Sch.) Viv. Eté. Sables maritimes. PC. Indigène.

T. JUNCEUM L. — *F. A FEUILLES DE JONC.* (*Agropyrum* P. B.) Viv. Eté. Sables maritimes. AC. Indigène.

T. VULGARE Vill. — *F. COMMUN.* (*T. sativum* Lamk. — *hybernum et æstivum* L.) (*Blé-Froment*). Ann. Print. Perse. Cult. aliment. Il présente une immense quantité de variétés.

T. TURGIDUM L. — *F. RENFLÉ.* (*Poulard*, *Pétanielle*, *gros Blé*, *Blé barbu*, *de miracle*, *d'abondance*, *Blé turc*). Ann. Print. Origine inconnue. Cult. aliment.

T. POLONICUM L. — *F. DE POLOGNE.* (*Blé de Mogador*, *Seigle de Pologne*, *de Russie*). Ann. Eté. Origine inconnue. Cult. en Valachie et dans l'Ukraine. Aliment.

T. SPELTA L. — *F. ÉPEAUTRE.* (*Epeautre commune*, *blanche*, *blonde*, *rousse et noire*). Ann. Eté. Est. Suisse. Cult. aliment.

T. MONOCOCCUM L. — *F. ENGRAIN.* (*Locular*, *Dinkel*, *petit Epeautre*). Ann. Eté. Caucase, Crimée. Cult. aliment.

G. **Ægylops** *L.* — **Egylops.**

(αἰγιλοψ, œil de chèvre ; à cause de ses propriétés contre les ulcères des paupières des chèvres).

Æ. OVATA L. — *E. OVALE.* (*Triticum* Gr. et Godr. — *Phleum Ægylops* Scop.) Ann. Print. Lieux humides. Midi.

Æ. SQUARROSA L. — *E. RUDE.* (*Triticum* Gr. et Godr.) Ann. Eté. Midi.

G. **Nardus** *L.* — **Nard.**

(De Ναρδος, nom grec de plusieurs plantes odorantes).

N. STRICTA L. — *N. ROIDE.* Viv. Print. Landes, bruyères. TR. Indigène.

N. ARISTATA L. — *N. ARISTÉ.* (*Psilurus nardoides* Trin.) Ann. Eté. Midi.

G. **Lepturus** *R. Br.* — **Lepture.**

(λεπτος, mince; ουρα, queue ; c'est-à-dire épi menu).

L. INCURVATUS Trin. — *L. COURBÉE.* (*Rottbœllia* L. — *Ophiurus* P. B.) Ann. Eté. Sables maritimes, vases salées. R. Indigène.

G. **Arundinaria** *L. c. R.* — **Arundinaire.**

(De *Arundo*, roseau; allus. à la tige).

A. FALCATA Nées. — *A. A FEUILLES EN FAUX.* Lign. Népaul. Ornement.

G. **Bambusa** *Schréb.* — **Bambou.**

B. METAKE Hortul. — *B. MÉTAKÉ.* Lign. Japon. Ornement.

4e SOUS-CLASSE.

Monocotylédones spadiciflores.

(Fleurs généralement insérées sur un spadice muni d'une spathe).

Fam. **TYPHACÉES.** — *TYPHACEÆ* DC.

(Du genre *Typha*).

Monœcie *L.* — **Fleurs à étamines** *Tourn.* — **Massettes** *Juss.*

G. **Typha** *L.* — **Massette.**

(De Τιφος, marais; allusion à la station de ces plantes).

T. ANGUSTIFOLIA L. — *M. A FEUILLES ÉTROITES.* (*T. minor* Curt.) Viv. Eté. Etangs, marais du littoral. R. Indigène. Rac. féculente.

T. LATIFOLIA L. — *M. A. LARGES FEUILLES.* Viv. Eté. Marais, étangs. AR. Indigène. Racine féculente.

Ces deux plantes sont connues sous les noms de *Quenouille, Roseau des étangs, Vimple.*

G. **Sparganium** *L.* — **Rubanier.**

(De σπαργανον, bandelette; allus. à la forme des feuilles).

S. RAMOSUM Huds.— *R. RAMEUX.* (*S. erectum* V. a. L.) Viv. Eté. Fossés, étangs, bords des eaux. C. Indigène.

S. SIMPLEX Nuds. — *R. SIMPLE.* (*S. erectum* Var. b. L.) Viv. Eté. Fossés, étangs, bords des eaux. AR. Indigène.

S. NATANS L. — *R. NAGEANT.* (*S. simplex* B. Huds.) Viv. Marais, eaux lentes. TR. Indigène.

Ces plantes sont désignées sous le nom vulgaire de *Ruban d'eau.*

Fam. **AROIDÉES**. — *AROIDEÆ* Juss.

(Du genre *Arum*).

Hexandrie *L.* — **Monopétalées anomales** *Tourn.*

G. **Acorus** *Tourn.* — **Acore**.

(De Ακορον, nom grec de la plante ; de Κορε, prunelle ; à cause de prétendues propriétés anti-ophthalmiques).

A. CALAMUS L. — *A. ODORANT.* (*Acore vrai*, *Roseau odorant*, *aromatique*, *Galanga des marais*). Viv. Eté. Fossés, bords des eaux, montagnes du Centre. Midi. Plante aromatiq., médicinale.

G. **Colocasia** *Ray.* — **Colocasia**.

(De Κολοκασια, nom grec de l'espèce principale).

C. MACRORHIZA Schott. — *C. A GROSSE RACINE.* (*Arum macrorhizum* L. — *mucronatum* Lamk.) (*Chou Madère*). Viv. Eté. Indes orientales. Rac. tr.-nutritives, tr.-féculentes. Feuill. aliment.

G. **Arum** *Schott.* — **Arum**.

(De Αρον, nom grec du Gouet ou Pied de veau).

A. MACULATUM L. — *A. MACULÉ.* (*A. vulgare* Lamk.) (*Gouet*, *Pied de veau*, *Chou poivre*). Viv. Print. Lieux couverts, prés. AC. Indigène.

A. ITALICUM Mill. — *A. D'ITALIE.* Viv. Print. Mêmes stations. AR. Indigène.

Ces deux plantes sont désignées sous le nom de *Pilettes*, à cause de la forme de leur spadice.

A. BICOLOR Ait.— *A. BICOLORE.* (*Caladium* Vent.) Viv. Eté. Brésil. Ornement.

A. DRACUNCULUS L. — *A. SERPENTAIRE.* (*Dracunculus vulgaris* Schott. — *polyphyllus* Blum.) Viv. Print. Canaries. Europe mérid. Ornement.

G. **Calla** *L.* — **Calla**.

(De καλλαιον, caroncule du bec des coqs ; allusion à la forme de la spathe).

C. ÆTHIOPICA L. — *C. D'ETHIOPIE.* (*Richardia Africana* Kunth. — *Zantedeschia Æthiopica* Spreng. — *Colocasia Æthiopica* Spreng.) (*Arum d'Ethiopie*). Viv. Eté. Cap de Bonne-Espérance. 1731. Ornement.

C. PALUSTRIS L. — *C. DES MARAIS.* Viv. Eté. Marais du midi et du nord-est de la France. Rac. comest.

G. **Orontium** *L.* — **Oronte.**

(De οροντιον, nom grec d'une plante).

O. JAPONICUM L. — *O. DU JAPON.* Viv. Eté. Japon. Ornement.

G. **Arisarum** *Tourn.* — **Arisarum.**

(αρις, rape ; Αρον, *arum ;* allusion à la spathe et aux nervures saillantes de la plante).

A. VULGARE Tozz. — *A. COMMUN.* (*A. australe* L. c. Rich. — *Arum Arisarum* L.) Viv. Eté. Lieux ombragés pierreux. Midi, Afrique. 1596.

Fam. **LEMNACÉES.** — *LEMNACEÆ* Dub.

(Du genre *Lemna*).

Monœcie *L.* — **Fleurs apétales** *Tourn.* — **Naïades** *Juss.*

G. **Lemna** *L.* — **Lenticule.**

(Altération de *Lemma*, écaille ; à cause de la forme de ces plantes).

L. MINOR L. — *L. PETITE.* Ann. Eté. Mares, fossés. TC. Indigène.

L. POLYRHIZA L. — *L. A PLUSIEURS RACINES.* (*Spirodela* Schleid.) Ann. Eté. Mares du littoral. R. Indigène.

L. TRISULCA L. — *L. PROLIFÈRE.* Ann. Print. Eaux stagnantes. AR. Indigène.

L. GIBBA L. — *L. GONFLÉE.* (*Telmatophace* Schleid.) Ann. Eté. Mares. R. Indigène.

5e SOUS-CLASSE.

Monocotylédones exalbuminées.

(Végétaux aquatiques. Graines dépourvues d'albumen).

Fam. **HYDROCHARIDÉES.**— *HYDROCHARIDEÆ* DC.

(Nom tiré du genre *Hydrocharis*, Morrène).

Diœcie ennéandrie *L.* — **Rosacées** *Tourn.* — **Morrènes** *Juss.*

G. **Hydrocharis** *L.* — **Morrène.**

(De ὑδωρ, χαρις, ornement d'eau ; allusion à l'élégance de la plante).

H. MORSUS-RANÆ L. — *M. GRENOUILLETTE.* (*Morrène aquatique*). Viv. Eté. Fossés, mares du littoral. R. Indig.

Fam. **BUTOMÉES.** — *BUTOMEÆ* Rich.

(Du genre *Butomus*).

Ennéandrie *L.* — **Rosacées** *Tourn.* — **Joncs** *Juss.*

G. **Butomus** *Tourn.* — **Butome.**

(Βους, bœuf ; τεμνειν ; allus. à la feuille coupante de cette pl.)

B. UMBELLATUS L. — *B. EN OMBELLE.* (*B. floridus* Gærtn.) (*Jonc fleuri*). Viv. Eté. Bords des eaux, marais du littoral. R. Indigène. Ornement.

Fam. **ALISMACÉES.** — *ALISMACEÆ* R. Br.

(Du genre *Alisma*).

Monœcie et Hexandrie *L.* — **Rosacées** *Tourn.* — **Joncs** *Juss.*

G. **Triglochin** *L.* — **Troscart.**

(τρεις, trois ; γλωχις, angle tranchant ; allusion à la capsule).

T. PALUSTRE L. — *T. DES MARAIS.* (*Joncago, faux Jonc*). Viv. Eté. Bords des marais, marécages. AR. Indigène. Bon fourrage.

T. MARITIMUM L. — *T. MARITIME.* (*Herbe salting*). Viv. Eté. Marécages maritimes. AC. Indigène. Bon fourrage.

G. **Alisma** *L.* — **Fluteau.**

(Du celtique *Alis*, eau ; allusion aux stations qu'il habite).

A. PLANTAGO L. — *F. PLANTAIN D'EAU.* (*Plantain d'eau, aquatique, Pain de grenouille, de crapaud*). Viv. Eté. Bords des eaux, marécages. TC. Indigène. Ornement.

A. RANUNCULOIDES L. — *F. RENONCULE.* Viv. Eté. Etangs, lieux inondés. TR. Indigène.

A. NATANS L. — *F. NAGEANT.* Viv. Eté. Flaques d'eau, rivières lentes, étangs. R. Indigène. Ornement.

G. **Sagittaria** *L.* — **Sagittaire.**

(De *Sagitta*, flèche ; allusion à la forme des feuilles).

S. SAGITTŒFOLIA L. — *S. FLÈCHE D'EAU.* (*S. sagittata* Lecoq). (*Fléchière*, *Sagette*, *Queue d'Arondelle*). Viv. Été. Marais du littoral, rivières. AR. Indigène. Ornement.

Fam. **NAIADÉES.** — *NAJADEÆ* Rich.

(Du genre *Najas*, naïade).

Tétrandrie *L.* — **Cruciformes** *Tourn.* — **Naïades** *Juss.*

G. **Potamogeton** *L.* — **Potamot.**

(ποταμος, rivière; γειτων, voisin; plante des rivières).

P. NATANS L. — *P. NAGEANT.* Viv. Été. Rivières, eaux stagnantes, mares. TC. Indigène.

P. CRISPUS L. — *P. CRÉPU.* Viv. Été. Mêmes stations. TC. Indigène.

P. DENSUS L. — *P. SERRÉ.* Viv. Été. Fossés, étangs. C. Indigène.

G. **Aponogeton** *L.* — **Aponogeton.**

(Anagramme de *Potamogeton*).

A. DISTACHION L.— *A. A DOUBLE ÉPI.* Viv. Automne. Mares, cours d'eau lents. Cap. Ornement. Naturalisé.

2e EMBRANCHEMENT

PLANTES CRYPTOGAMES OU ACOTYDONES

Végétaux sans étamines, pistil et ovules. Reproduction par des spores simples homogènes, formées ordinairement par une seule vésicule et n'adhérant par aucun placentaire aux parois de la cavité (sporange) qui les renferme. Sporanges accompagnés d'*Anthéridies*, organes regardés comme analogues aux anthères, contenant des corpuscules doués de mouvements actifs et nommés *Anthérozoïdes*.

3e CLASSE.

ACOTYLÉDONES VASCULAIRES

(Végétaux munis de cellules et de vaisseaux).

Fam. **FOUGÈRES.** — *FILICES* L.

(De *Filix*, altération de *Folium ;* c'est-à-dire plantes à expansions foliacées).

G. **Ceterach** *C. Bauh.* — **Cétérach.**

C. OFFICINARUM C. Bauh. — *C. DES OFFICINES.* (*Asplenium Ceterach* L. — *Grammitis Ceterach* Sw. — *Gymnogramma Ceterach* Spreng.) Viv. Eté. Vieux murs, rochers. R. Indigène. Ornement. Plante béchique.

G. **Polypodium** *L.* — **Polypode.**

(πολυς, beaucoup; πους, pied; allus. à la disposit. du rhizome).

P. VULGARE L. — *P. COMMUN.* (*Polypode de chêne*). Viv. Toute l'année. Vieux murs, troncs des arbres, haies. TC. Racine laxative, émolliente.

P. SENSIBILE L. — *P. SENSIBLE.* (*Onoclea* Tourn.) Viv. Eté. Etats-Unis. Ornement.

G. **Pteris** *L.* — **Ptéris.**

(De Πτερις, nom grec des fougères en général; de Πτερον, aile).

P. AQUILINA L. — *P. AIGLE IMPÉRIAL.* (*Grande Fougère, Fougère commune*). Viv. Eté. Coteaux, bruyères. TC. Indigène. Plante à détruire. Excellente litière.

G. **Blechnum** *L.* — **Blechne.**

(De Βληχνον, nom grec d'une fougère).

B. SPICANT With. — *B. EN ÉPI.* (*B. boreale* Sw. — *Osmunda Spicant* L. — *Lomaria Spicant* Desv.) (*Fougerole*). Viv. Eté. Bois, landes, chemins couverts. C. Indigèn. Ornem.

G. **Asplenium** *L.* — **Doradille.**

(ασπλην, sans rate ; à cause de ses propriétés médicales).

A. ADIANTHUM NIGRUM L. — *D. CAPILLAIRE NOIR.*

Viv. Eté. Murs, haies, lieux ombragés. TC. Indigène. Plante béchique.

A. LANCEOLATUM Sm. — *D. LANCÉOLÉE.* Viv. Eté. Rochers, vieux murs du littoral.

A. MARINUM L. — *D. MARINE.* Viv. Eté. Fentes des rochers ou grottes maritimes. TR. Indigène.

A. RUTA-MURARIA L. — *D. RUE DES MURAILLES.* Viv. Eté. Vieux murs, vieilles églises. AR. Indigène.

A. TRICHOMANES L. — *D. POLYTRIC. (Petit Capillaire).* Viv. Eté. Murs, rochers, haies, C. Indigène. Pl. Béchique.

G. **Scolopendrium** *Sm.* — **Scolopendre.**

(σκολοπενδρα, mille pieds; allusion à ses sores transversales, qui imitent les pattes de cet insecte).

S. OFFICINALE L. — *S. OFFICINALE.* (*S. vulgare* Bab. — *Asplenium Scolopendrium* L.) (*Langue de bœuf, de cerf, Herbe à la rate*). Viv. Eté. Vieux murs humides, puits, bois, rochers. C. Indigène.

Il existe des variétés à feuilles crispées et ondulées, cultivées comme ornement.

G. **Polystichum** *Roth.* — **Polystic.**

(πολυς, στιχος; rangées nombreuses; allusion aux séries des sores).

P. FILIX-MAS Roth. — *P. FOUGÈRE MALE.* (*Aspidium* Sw. — *Nephrodium* Stremp. — *Polypodium* L. — *Lastrea* Presl.) Viv. Eté. Bois, haies, chemins couverts. C. Indigène. Rac. vermifuge.

P. OREOPTERIS DC. — *P. ORÉOPTÈRE.* (*Aspidium* Sw. — *Lastrea* Presl., *Polypodium* Engl. Bot.) Viv. Eté. Bois, lieux couverts. R. Indigène.

P. THELYPTERIS Roth. — *P. THÉLYPTÈRE.* (*Aspidium* Sw. — *Achrostichum* L. — *Lastrea* Presl.) Viv. Eté. Prés marécageux du littoral. RRR. Indigène.

P. DILATATUM DC. — *P. DILATÉ.* (*Lastrea* Presl.) Viv. Eté. Bois, coteaux, chemins couverts. C. Indigène. Ornement.

P. TANACETIFOLIUM DC. — *P. A FEUILLES DE TANAISIE.* (*P. spinulosum* V. b. DC. — *Aspidium dilatatum* Var. Sw. — *Polypodium tanacetifolium* Roth.) Viv. Eté. Bois. RR. Indigène. Ornement.

G. **Aspidium** *R. Br.* — **Aspidion.**

(De ασπις, bouclier ; allusion à la forme des indusies).

A. ANGULARE Kit. — *A. ANGULAIRE.* (*A. fuscatum* Willd.— *Polystichum angulare* Newm.— *P. stipitatum* Chauv. — *Aspidium aculeatum* Var. Doll.) Viv. Eté. Haies, chemins couverts. AC. Indigène.

G. **Athyrium** *DC.* — **Athyrium.**

(De αθυρας, sans porte ; allusion aux indusies peu développées qui laissent supposer que les sores ne sont pas clos).

A. FILIX-FŒMINA Roth. — *A. FOUGÈRE FEMELLE.* (*Aspidium* Sw. — *Asplenium* Bernh. — *Cystopteris* Coss. et Germ. — *Polypodium* L.) (*Fougère femelle*). Viv. Eté. Bords des ruisseaux, bois, lieux frais et ombragés. TC. Indigène. Ornement.

G. **Nephrodium** *L. c. R.* — **Néphrodium.**

(De νεφρος, rein ; allusion à la forme des indusies).

N. MOLLE Schott.— *N. MOU.* (*Aspidium* Sw.— *Athyrium* Roth.) Viv. Eté. Lieux couverts et humides. AR. Indigène.

G. **Cystopteris** *Bernh.* — **Cystopteris.**

(κυστις, vessie ; Πτερις, fougère ; allusion au renflement de la nervure qui porte les fructifications, ou plutôt à l'indusie membraneuse et transparente).

C. FRAGILIS Bernh. — *C. FRAGILE.* (*Cyathea* Sm. — *Aspidium* Sw.— *Polypodium* L.) Viv. Eté. Bois, lieux couverts humides. TR. Indigène.

G. **Osmunda** *L.* — **Osmonde.**

(De *Osmunder*, l'un des noms de Thor, dieu celtique).

O. REGALIS L. — *O. ROYALE.* — (*Fougère fleurie*). Viv. Eté. Bords des eaux, marécages. TR. Indigène. Propriétés médicales émollientes.

G. **Hymenophyllum** *Sm.* — **Hyménophylle.**

(υμην, membrane ; φυλλον, feuille ; allusion à la consistance des frondes).

H. TUNBRIDGENSE Sm. — *H. DE TOMBRIDGE.* (*Trichomanes* L.) Viv. Eté. Automne. Rochers humides. RR. Indigène.

G. **Ophioglossum** *L.* — **Ophioglosse.**

(οφις, serpent; γλοσσα, langue; allus. à la forme de la fronde).

O. VULGATUM L. — *O. COMMUNE.* (*Langue de serpent, Herbe aux cent miracles, sans couture*). Viv. Print. Prés humides du littoral. TR. Indigène.

Fam. **ÉQUISÉTACÉES.** — *EQUISETACEÆ* DC.

(Du genre *Equisetum*, Prêle).

G. **Equisetum** *L.* — **Prêle.**

(De *Equus*, cheval, et *Seta*, soie; plante ressemblant à une queue de cheval).

E. ARVENSE L. — *P. DES CHAMPS.* (*Prêle queue de rat*). Viv. Print. Haies, champs humides, prés. C. Indigène.

E. TELMATEIA Ehrh. — *P. DES MARÉCAGES.* (*E. eburneum* Roth. — *fluviatile* Sm.) Viv. Print. Lieux marécageux. R. Indigène.

E. PALUSTRE L. — *P. DES MARAIS.* Viv. Eté. Prés marécageux, étangs. C. Indigène.

Fam. **LYCOPODIACÉES.** — *LYCOPODIACEÆ* DC.

(Nom tiré du genre *Lycopodium*).

G. **Lycopodium** *L.* — **Lycopode.**

(De λυκος, loup; πους, pied; allus. aux bifurcations de la tige).

L. CLAVATUM L. — *L. EN MASSUE.* (*Mousse terrestre, Soufre végétal, Herbe aux massues*). Viv. Automne. Bois, coteaux boisés. TR. Indigène.

L. SELAGO L. — *L. SELAGINE.* Viv. Eté. Coteaux arides. RRR. Indigène.

L. INUNDATUM L. — *L. INONDÉ.* Viv. Eté. Bruyères tourbeuses. TR. Indigène.

SÉRIE DES FAMILLES

PHANÉROGAMES ou COTYLÉDONÉES

I. DICOTYLÉDONES.

Monopétales périgynes

Monopétales hypogynes isandrées.

Monopétales hypogynes anisandrées.

Semi-Monopétalées.

Polypétales péri-hypogynes.

Polypétales périgynes axosporées albuminées.

Polypétales périgynes Pleurosporées.

Polypétales périgynes axosporées exalbuminées.

Polypétales hypogynes axosporées.

Polypétales hypogynes pleurosporées

Polypétales cyclosporées.

Apétales cyclosporées.

Apétales orthosporées.

Apétales diclines.

II. MONOCOTYLÉDONES.

Périanthées inférovariées.

Périanthées supérovariées.

Glumacées.

Spadiciflores.

Exalbuminées.

III. CRYPTOGAMES ou ACOTYLÉDONES.

Vasculaires.

Cellulaires.

Ces six dernières familles ne pouvant être élevées ou conservées dans une école botanique, ne figurent dans le Jardin et dans ce Catalogue que pour mémoire et comme complément de la classification.

TABLE DES GENRES LATINS ET FRANÇAIS.

Le genre latin est en italique et le français en romain ; quand le nom latin a été conservé en français, il n'a point été répété.

FIN DE LA TABLE

www.ingramcontent.com/pod-product-compliance
Ingram Content Group UK Ltd.
Pitfield, Milton Keynes, MK11 3LW, UK
UKHW021133260726
13994UKWH00001B/115

9 782329 498669